“十三五”职业教育规划教材

（第二版）

建筑设备工程

主　编　鲍东杰　李　静
副主编　陈　颖　林　青　王向宁　王　争
编　写　郭有才　何　宇　张晋明　徐　涛
　　　　陈　静　汤梦玲　焦丽君　马晓霞
　　　　杨江波
主　审　刘占孟　李同顺

中国电力出版社
CHINA ELECTRIC POWER PRESS

内 容 提 要

本书为“十三五”职业教育规划教材。全书共十章，主要内容分为建筑给水排水、供暖通风与空气调节和建筑电气三部分。每一部分均由专业理论知识和施工图识读两个专项组成。本书涉及的知识面宽，内容介绍深入浅出，注重实用性，将最新规范充分融入到专业理论知识中去，强化了施工图的识读，符合技术技能型人才培养的要求。

本书可作为高职高专院校建筑工程技术、工程监理、工程造价、建筑装饰工程技术、物业管理等相关专业的教材，也可供从事建筑设备工程技术、给水排水工程技术、建筑环境与设备工程等工作的人员学习参考。

图书在版编目（CIP）数据

建筑设备工程/鲍东杰，李静主编．—2版．—北京：中国电力出版社，2015.8

“十三五”职业教育规划教材

ISBN 978-7-5123-7851-3

Ⅰ.①建… Ⅱ.①鲍…②李… Ⅲ.①房屋建筑设备-高等职业教育-教材 Ⅳ.①TU8

中国版本图书馆CIP数据核字（2015）第120922号

中国电力出版社出版、发行

（北京市东城区北京站西街19号 100005 http：//www.cepp.sgcc.com.cn）

汇鑫印务有限公司印刷

各地新华书店经售

*

2009年1月第一版

2015年8月第二版 2015年8月北京第六次印刷

787毫米×1092毫米 16开本 13.75印张 329千字 4插页

定价**30.00**元

敬 告 读 者

本书封底贴有防伪标签，刮开涂层可查询真伪

本书如有印装质量问题，我社发行部负责退换

版 权 专 有 翻 印 必 究

前言

本书主要根据最新规范和标准编写，在修订的过程中，进行了一些必要的删减和补充。全书主要内容分为建筑给水排水、供暖通风与空气调节和建筑电气三部分，其中每一部分均由专业理论知识和施工图识读两个专项组成。

本书内容简明、深入浅出，注重实用性，将最新规范充分融入到专业理论知识中去，强化设备施工图的识读，充分培养学生的设备识图能力和专业施工中的协调配合能力。专业理论知识与工程实际相结合，以当前设备施工主体技术和方法为主，适当加大对前沿技术和方法的介绍，使教材内容具备一定的前瞻性。另外，在每一章中设置要点提示，便于学生自学和为教学提供参考。

本书可作为高职高专院校建筑工程技术、工程监理、工程造价、建筑装饰工程技术、物业管理等相关专业的教材，也可供从事建筑设备工程技术、给水排水工程技术、建筑环境与设备工程等工作的人员学习参考。

本书由鲍东杰、李静任主编，陈颖、林青、王向宁、王争任副主编。具体编写分工如下：鲍东杰（第1章1.1，第7、10章）、李静（第2、3章），马晓霞（第1章1.2～1.3），陈颖（第1章1.4），陈静（第1章1.5），郭有才（第1章1.6），林青（第4章4.1～4.6，第6章），何宇（第4章4.7），王向宁（第5章），王争（第8章8.1、8.2），杨江波（第8章8.3），汤梦玲（第8章8.4），徐涛（第9章9.1、9.2），张晋明（第9章9.3），焦丽君（第9章9.4）。

本书由全国注册电气工程师、邢台守敬建筑设计有限公司李同顺高级工程师和全国注册设备师、环评师、华东交通大学刘占孟博士共同审阅，提出了许多宝贵意见。

本次修订过程中，得到了邢台职业技术学院等单位的大力支持，在此一并表示感谢！

由于编者水平及实践经验有限，不妥之处在所难免，恳请广大读者批评指正。

编　者
2015年5月

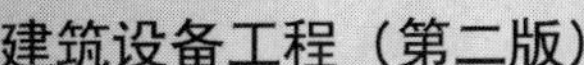

第一版前言

为贯彻落实教育部《关于进一步加强高等学校本科教学工作的若干意见》和《教育部关于以就业为导向深化高等职业教育改革的若干意见》的精神，加强教材建设，确保教材质量，中国电力教育协会组织制订了普通高等教育“十一五”教材规划。该规划强调适应不同层次、不同类型院校，满足学科发展和人才培养的需求，坚持专业基础课教材与教学急需的专业教材并重、新编与修订相结合。本书为新编教材。

建筑设备是现代建筑工程的三大组成部分（建筑与结构、建筑设备和建筑装饰）之一，因此，《建筑设备工程》是一门涵盖面极广的课程，是土建系列相关专业的平台课程。本书的编写目的就是为高职高专土建相关专业学生提供一本学习建筑给排水、供暖通风与空调和建筑电气知识的通用简明教材。帮助他们初步掌握建筑设备工程技术的基本知识和技能，拓宽知识面，为适应今后的专业技术工作，增强专业间的协调配合及提升就业竞争能力奠定坚实的基础。

教材内容分为建筑给水排水、供暖通风与空气调节和建筑电气三部分，共十章，其中每一部分均由专业理论知识和施工图识读两个专项组成。

教材编写力求简明、深入浅出，注重实用性，将最新规范充分融入专业理论知识中去，强化设备施工图的识读。注重培养学生的设备识图能力和专业施工中的协调配合能力。采用专业理论知识与工程实际相结合，以当前设备施工主体技术和方法为主，适当加大对前沿技术和方法的介绍，使教材内容具备一定的前瞻性。另外，在每一章中设置要点提示，便于学生自学和为教学提供参考。

本书可作为高职高专院校建筑工程技术、工程监理、工程造价、建筑装饰、物业管理等相关专业的教材，也可供从事建筑设备工程技术、给水排水工程技术、建筑环境与设备工程等工作的人员学习参考。

本书由鲍东杰、李静任主编，陈颖、林青、王向宁、苏娟任副主编，由鲍东杰统编定稿。具体编写分工如下：鲍东杰、李静（第1章1.1～1.3，第2章），陈颖（第1章1.4），杨超（第1章1.5），郭有才（第1章1.6），王占龙、商妍（第3章），林青（第4章4.1～4.6，第6章），杨超、何宇（第4章4.7），王向宁（第5章），苏娟、蒋建平（第7章，第9章），鲍东杰、张晋明（第8章），渠基磊、牛美英（第10章）。

全书由全国注册设备师、环评师华东交通大学刘占孟博士和邢台守敬建筑设计有限公司李同顺高级工程师担任主审。

本书在编写过程中得到了邢台职业技术学院、南通新华建筑集团有限公司、邯郸市政规划设计院、石家庄紫石房地产开发有限公司、邢台市市政设计有限公司等单位的大力支持，在此一并表示由衷的感谢。

由于编者水平及实践经验有限，加上时间仓促，不妥之处在所难免，恳请广大读者批评指正。

编　者

2009年1月

目 录

第1章 建筑给水系统

【要点提示】在本章将要学到建筑给水、消防、热水及中水等内容。通过学习，大家应了解建筑给水系统的分类、组成和给水方式，了解常用管材、管件、附件及设备的特点及用途，掌握给水管道的布设方法，熟悉消火栓灭火系统及自动喷水灭火系统的工作原理、系统组成及安装注意事项，熟悉建筑热水系统的给水方式和管网布置与敷设要求，了解建筑中水系统的基本知识。

1.1 给水系统的分类、组成及给水方式

建筑给水系统是将市政给水管网（或自备水源给水管网）中的水引入一幢建筑或一个建筑群体，供人们生活、生产和消防之用，并满足各类用水对水质、水量和水压要求的冷水供应系统。

1.1.1 给水系统的分类

给水系统按用途一般可分为生活给水系统、生产给水系统及消防给水系统三类基本系统。

一、生活给水系统

为民用建筑和工业建筑内的饮用、盥洗、洗涤、淋浴等日常生活用水所设的给水系统称为生活给水系统。给水系统的水质必须满足国家规定的饮用水水质标准。

二、生产给水系统

为工业、企业生产方面用水所设的给水系统称为生产给水系统，如冷却用水、锅炉用水等。生产给水系统的水质、水压因生产工艺不同而异。

三、消防给水系统

为建筑物扑灭火灾用水而设置的给水系统称为消防给水系统。消防给水系统对水质的要求不高，但必须根据建筑设计防火规范要求，保证足够的水量和水压。

这三种系统可以分别设置，也可以组成共用系统，如生活—生产—消防共用系统、生活—消防共用系统等。

1.1.2 给水系统的组成

建筑内部给水系统，如图1-1所示，一般由以下各部分组成。

一、引入管

引入管又称进户管，是市政给水管网和建筑内部给水管网之间的连接管道，它的作用是从市政给水管网引水至建筑内部给水管网。

二、水表节点

水表节点是指引入管上装设的水表及其前后设置的阀门和泄水装置的总称，见图1-2。水表用来计量建筑物的总用水量，阀门用以水表检修、更换时关闭管路，泄水装置用于系统检修时排空或检测水表精度及测定管道进户的水压值。

在建筑给水系统中，除了在引入管上安装水表外，在需要进行水量计量的部位也要安装水表。住宅建筑每户入户支管前应该安装水表，以便计量。

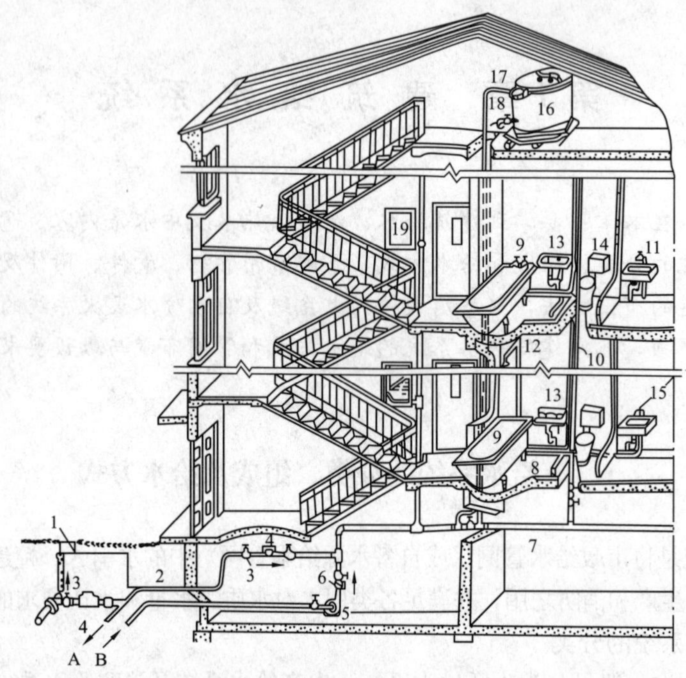

图1-1 建筑内部给水系统

1—阀门井；2—引入管；3—闸阀；4—水表；5—水泵；6—止回阀；7—干管；8—支管；9—浴盆；10—立管；11—水龙头；12—淋浴器；13—洗脸盆；14—大便器；15—洗涤盆；16—水箱；17—进水管；18—出水管；19—消火栓；A—入贮水池；B—来自贮水池

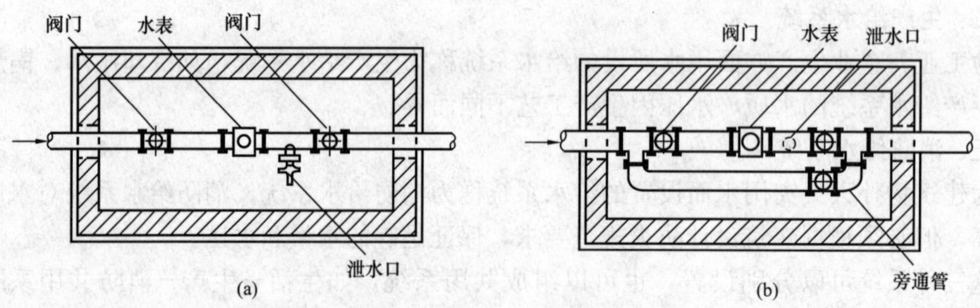

图1-2 水表节点

(a) 无旁通管的水表节点；(b) 有旁通管的水表节点

三、给水管网

给水管网指建筑内给水水平干管、立管和支管。

四、配水装置和附件

配水装置和附件，即配水龙头、消火栓、喷头与各类阀门（控制阀、减压阀、止回阀等）。

五、增压、贮水设备

当室外管网的水压、水量不能满足给水要求或要求供水压力稳定、确保供水安全可靠时，应设置水泵、气压给水设备和水池、水箱等增压及贮水设备。

六、给水局部处理设施

当有些建筑对给水水质要求很高，超出生活饮用水卫生标准时或其他原因造成水质不能满足要求时，就需设置一些设备、构筑物进行给水深度处理。

1.1.3 给水方式

给水方式是指建筑内部（含小区）给水系统的具体组成与具体布置的给水实施方案。

一、利用外网水压直接给水方式

给水系统直接在室外管网压力下工作。

(1) 室外管网直接给水方式。室外管网提供的水量、水压任何时候都能满足建筑内部用水要求，见图1-3。

(2) 单设水箱的给水方式。室外管网大部分时间能满足用水要求，仅高峰时期不能满足，或建筑内要求水压稳定，并且具备设置高位水箱的条件，见图1-4。

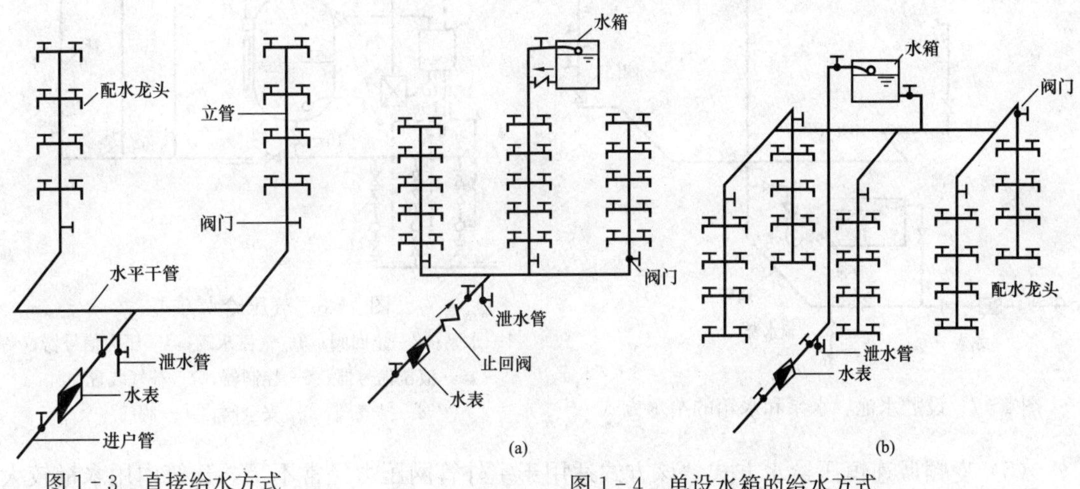

图1-3 直接给水方式

图1-4 单设水箱的给水方式

(a) 室内所需水量由室外给水管网和水箱联合供水；

(b) 室内所需水量全部由水箱供水

二、设有增压与贮水设备的给水方式

(1) 单设水泵的给水方式。室外管网水压经常不足，且室外管网允许直接抽水，见图1-5。

(2) 设水泵和水箱的给水方式。室外管网水压经常不足，室内用水不均匀，且室外管网允许直接抽水，见图1-6。

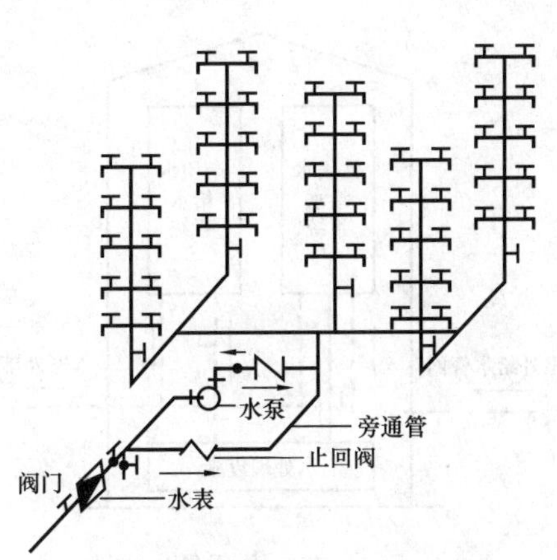

图1-5 单设水泵的给水方式

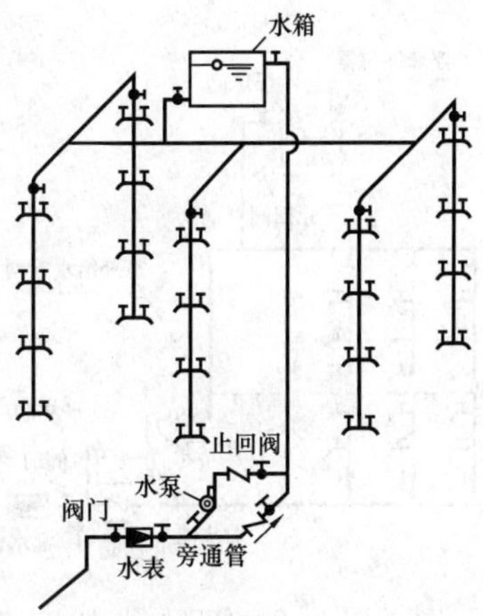

图1-6 设水泵和水箱的给水方式

(3) 设贮水池、水泵和水箱的给水方式。该方式适用于建筑的用水可靠性要求高，室外管网水量、水压经常不足，且室外管网不允许直接抽水；或室内用水量较大，室外管网不能保证建筑的高峰用水；或者室内消防设备要求储备一定容积的水量，见图1-7。

(4) 气压给水方式。室外管网压力低于或经常不能满足室内所需水压，室内用水不均匀，且不宜设置高位水箱的建筑，可采用气压给水方式，见图1-8。

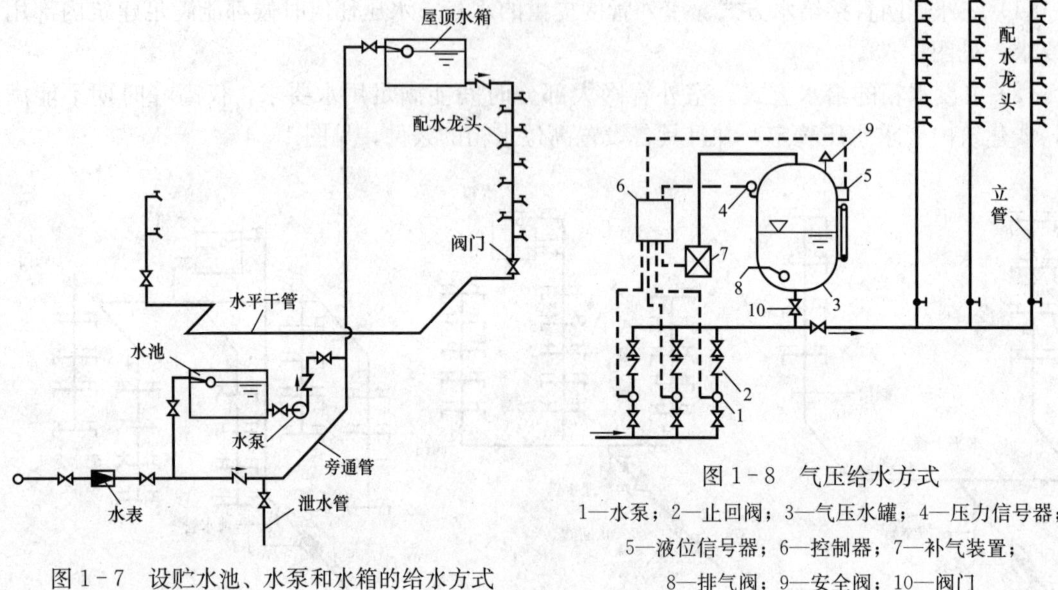

图1-7 设贮水池、水泵和水箱的给水方式

图1-8 气压给水方式

1—水泵；2—止回阀；3—气压水罐；4—压力信号器；5—液位信号器；6—控制器；7—补气装置；8—排气阀；9—安全阀；10—阀门

(5) 变频调速恒压给水方式。该方式适用于室外管网压力经常不足，建筑内用水量较大且不均匀，要求可靠性高、水压恒定；或者建筑物顶部不宜设置高位水箱。

三、分区给水方式

建筑物层数较多或高度较大时，若室外管网的水压只能满足较低楼层的用水要求，而不能满足较高楼层用水要求，则采用分区给水方式，见图1-9。

四、分质给水方式

根据不同用途所需的不同水质，分别设置独立的给水系统，见图1-10。

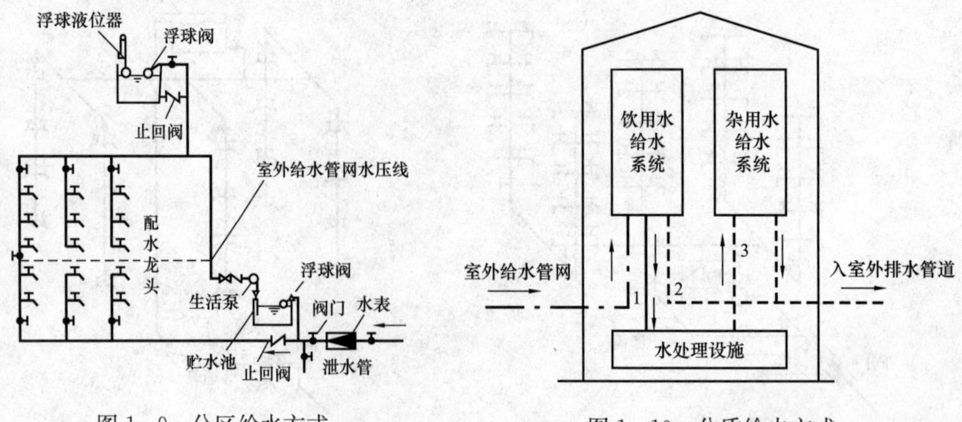

图1-9 分区给水方式

图1-10 分质给水方式

1—生活废水；2—生活污水；3—杂用水

1.2 给水管材、附件及设备

1.2.1 给水管材

建筑内部给水常用管材有塑料管、复合管、钢管、铜管等。

一、塑料给水管

塑料给水管按制造原料的不同，可分为硬聚氯乙烯给水管（UPVC管）、氯化聚氯乙烯给水管（CPVC管）、聚乙烯给水管（PE管）、聚丙烯管（PP管）、聚丁烯管（PB管）和工程塑料给水管（ABS管）等。塑料管的共同特点是质轻、耐腐蚀、管内壁光滑，流体摩擦阻力小，使用寿命长。塑料给水管近年来发展很快，已逐步成为建筑给水的主要管材。采用塑料管材时其供水系统压力一般不应大于0.6MPa，水温不应超过有关规定。

(1) 硬聚氯乙烯给水管（UPVC管）。UPVC管材抗腐蚀力强、技术成熟、易于黏合、价格低廉、质地坚硬，但UPVC管在高温下有单体和添加剂析出，只适用于输送温度不超过45℃的给水系统中。UPVC管材可分为平头管材、黏结承口端管材、弹性密封圈承口端管材，基本连接方式有螺纹连接（配件为注塑制品）、焊接（热空气焊、热熔焊、电熔焊）、法兰连接、螺纹卡套压接、承插接口、黏结等。

(2) 氯化聚氯乙烯给水管（CPVC管）。CPVC管材可耐较大的压力，抗腐蚀力强、阻燃性好、耐老化、不受余氯影响、无色无味无嗅，另外其抗张强度和抗弯曲强度均较PVC管有较大改进，具有优越的卫生性能标准。CPVC管材安装方便，使用专用熔合剂即可连接，安装时无需专用工具，既适用于明装，也适用于暗装。

(3) 聚乙烯给水管（PE管）。PE管耐腐蚀，且韧性好，又分为HDPE管（高密度聚乙烯管）、LDPE管（低密度聚乙烯管）和PEX管（交联聚乙烯管），常用连接方式有：热熔套接或对接、电熔连接及带密封圈塑料管件连接，有的也采用法兰连接。

(4) 聚丙烯管（PP管）。聚丙烯管具有密度小，力学均衡性好，耐化学腐蚀性强，易成型加工，热变形温度高等优点，按材质可分为均聚聚丙烯（PP-H）、嵌段共聚聚丙烯（PP-B）、无规共聚聚丙烯（PP-R）三种，其基本连接方式为热熔承插连接，局部采用螺纹接口配件与金属管件连接。

(5) 聚丁烯管（PB管）。PB管具有独特的抗蠕变（冷变形）性能，基本连接方式为热熔，局部采用螺纹接口配件与金属管件、附件连接。

(6) 工程塑料管（ABS管）。ABS管具有较高的耐冲击强度和表面硬度，基本连接方式为黏结，在与其他管道或金属管件、附件连接时，可采用螺纹、法兰等接口。

二、钢管

钢管主要有焊接钢管和无缝钢管两种，焊接钢管又分为镀锌钢管和不镀锌钢管。钢管镀锌的目的是防锈、防腐，不使水质变坏，延长使用年限。

钢管的连接方法有螺纹连接、焊接和法兰连接。螺纹连接多用于明装管道，利用配件连接，配件用可锻铸铁制成，也分镀锌和不镀锌两种，钢制配件较少。镀锌钢管必须用螺纹连接，见图1-11。焊接多用于暗装管道，接头紧密，不漏水，施工迅速，不需配件，但不能拆卸。焊接只能用于非镀锌钢管，因为镀锌钢管焊接时锌层被破坏，反而加速锈蚀。法兰连接用于较大管径的管道上，先将法兰盘焊接或用螺纹连接在管端，再以螺栓与法兰连接。法兰连接一般用于连接闸阀、止回阀、水泵、水表等处，以及需要经常拆卸、检修的管段上。

三、铜管

铜管可以有效地防止卫生洁具被污染，且其光亮美观、豪华气派。目前，铜管连接配件、阀门等也配套产出，但由于管材造价高，多在宾馆等较高级的建筑中采用。铜管的连接方法有螺纹卡套压接、焊接（有内置锡环焊接配件、内置银合金环焊接配件、加添焊药焊接配件）。

四、复合管

复合管包括钢塑复合管和铝塑复合管等多种类型。

钢塑复合管分衬塑和涂塑两大系列。第一系列为衬塑的钢塑复合管，兼有钢材强度高和塑料耐腐蚀的优点，但需在工厂预制，不宜在施工现场切割。第二系列为涂塑钢管，系将高分子粒末涂料均匀地涂敷在金属表面经固化或塑化后，在金属表面形成一层光滑、致密的塑料涂层，它也具备第一系列的优点。钢塑复合管一般采用螺纹连接，其配件一般也是钢塑制品。

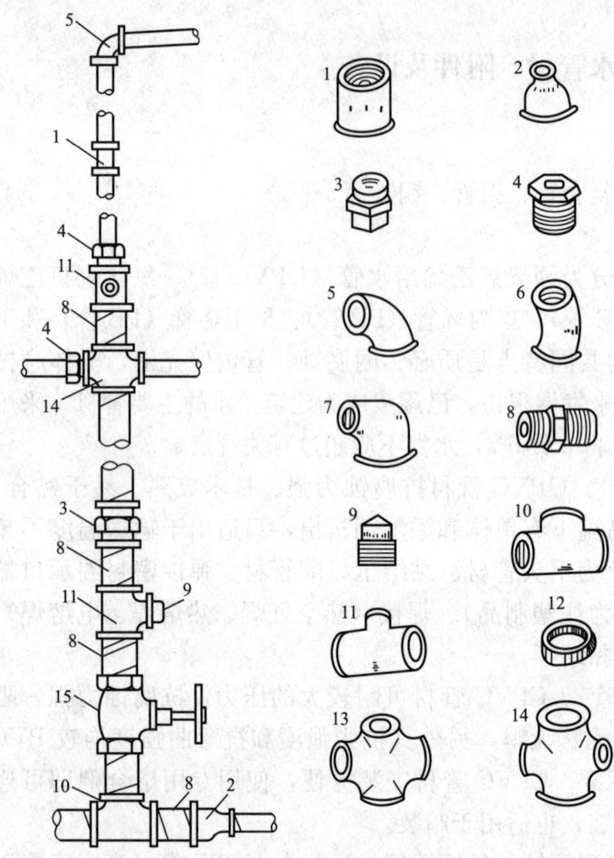

图 1-11 钢管螺纹管道配件及连接方法

1—管箍；2—异径管箍；3—活接头；4—补心；5—90°弯头；6—45°弯头；7—异径弯头；8—内管箍；9—管塞；10—等径三通；11—异径三通；12—根母；13—等径四通；14—异径四通；15—阀门

铝塑复合管内外壁均为聚乙烯，中间以铝合金为骨架，该种管材具有重量轻、耐压强度好、输送流体阻力小、耐化学腐蚀性能强、接口少、安装方便、耐热、可挠曲、美观等优点，是一种可用于给水、热水、供暖、煤气等方面的多用途管材，在建筑给水范围内可用于给水分支管。铝塑复合管一般采用螺纹卡套压接，其配件一般是铜制品。

1.2.2 管道附件

管道附件是给水管网系统中调节水量、水压，控制水流方向，关断水流等各类装置的总称，可分为配水附件和控制附件两类。

一、配水附件

配水附件主要是用以调节和分配水流，常用配水附件见图 1-12。

(1) 截止阀式配水龙头。截止阀式配水龙头一般安装在洗涤盆、污水盆、盥洗槽上。该龙头阻力较大，橡胶衬垫容易磨损，使之漏水。一些发达城市正逐渐淘汰此种铸铁龙头。

(2) 球形阀式配水龙头。球形阀式配水龙头装设在洗脸盆、污水盆、盥洗槽上，因水流改变流向，因此压力损失较大。

(3) 旋塞式配水龙头。该龙头旋塞转 90°时，即完全开启，短时间可获得较大的流量，

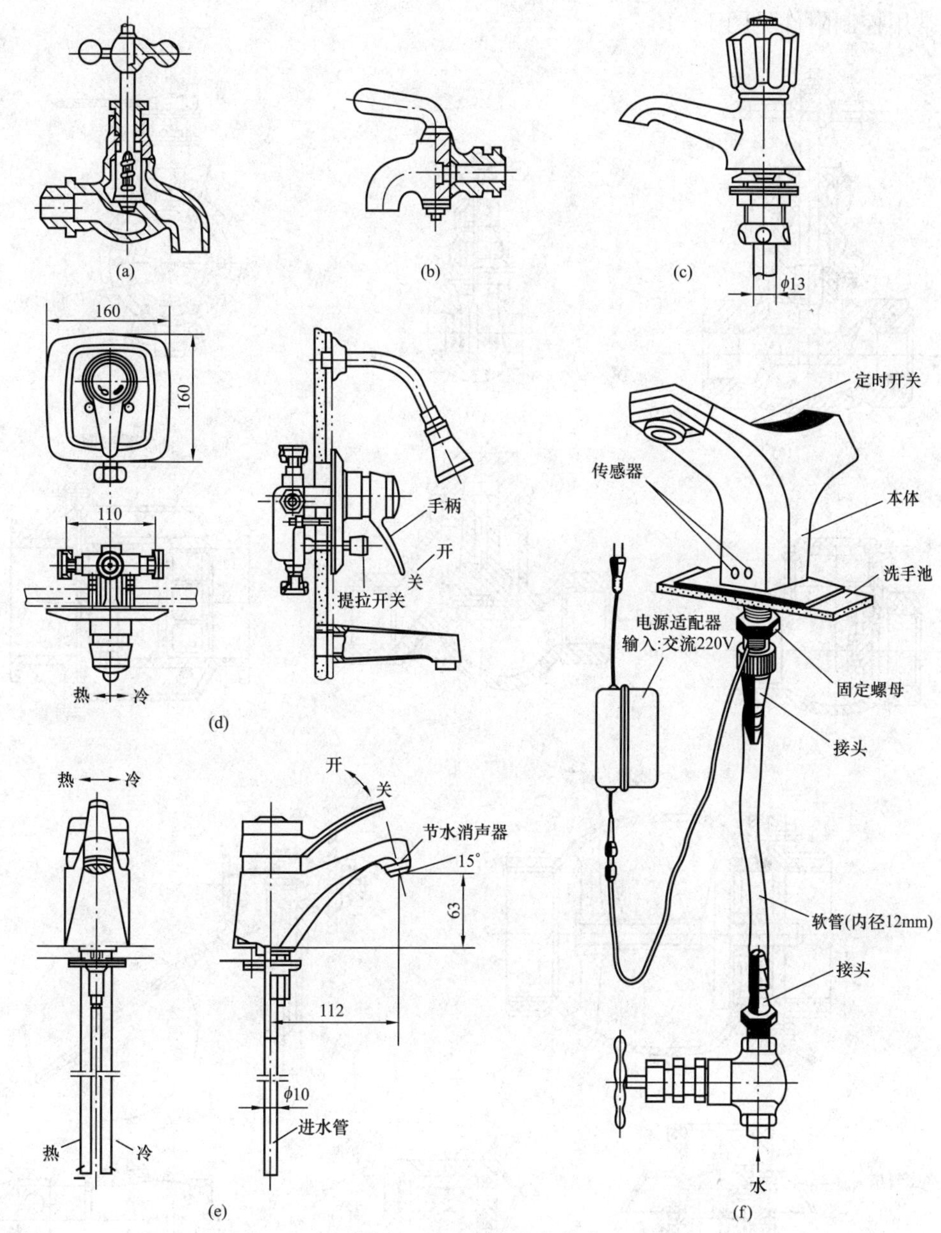

图1-12 各类配水龙头

(a) 球形阀式配水龙头；(b) 旋塞式配水龙头；(c) 普通洗脸盆配水龙头
(d) 单手柄浴盆水龙头；(e) 单手柄洗脸盆配水龙头；(f) 自动水龙头

由于水流呈直线通过，其阻力较小，但易产生水锤，适用于浴池、洗衣房、开水间等处。

(4) 盥洗龙头。盥洗龙头装设在洗脸盆上，用于供给冷热水，有莲蓬头式、角式、长脖式等多种形式。

(5) 混合配水龙头。混合配水龙头用以调节冷热水的温度，如盥洗、洗涤、浴用热水等。

此外，还有小便器水龙头、皮带水龙头、电子自动龙头等。

二、控制附件

控制附件用以调节水量和水压，关断水流等，如截止阀、闸阀、止回阀、浮球阀和安全阀等。常用控制附件见图 1-13。

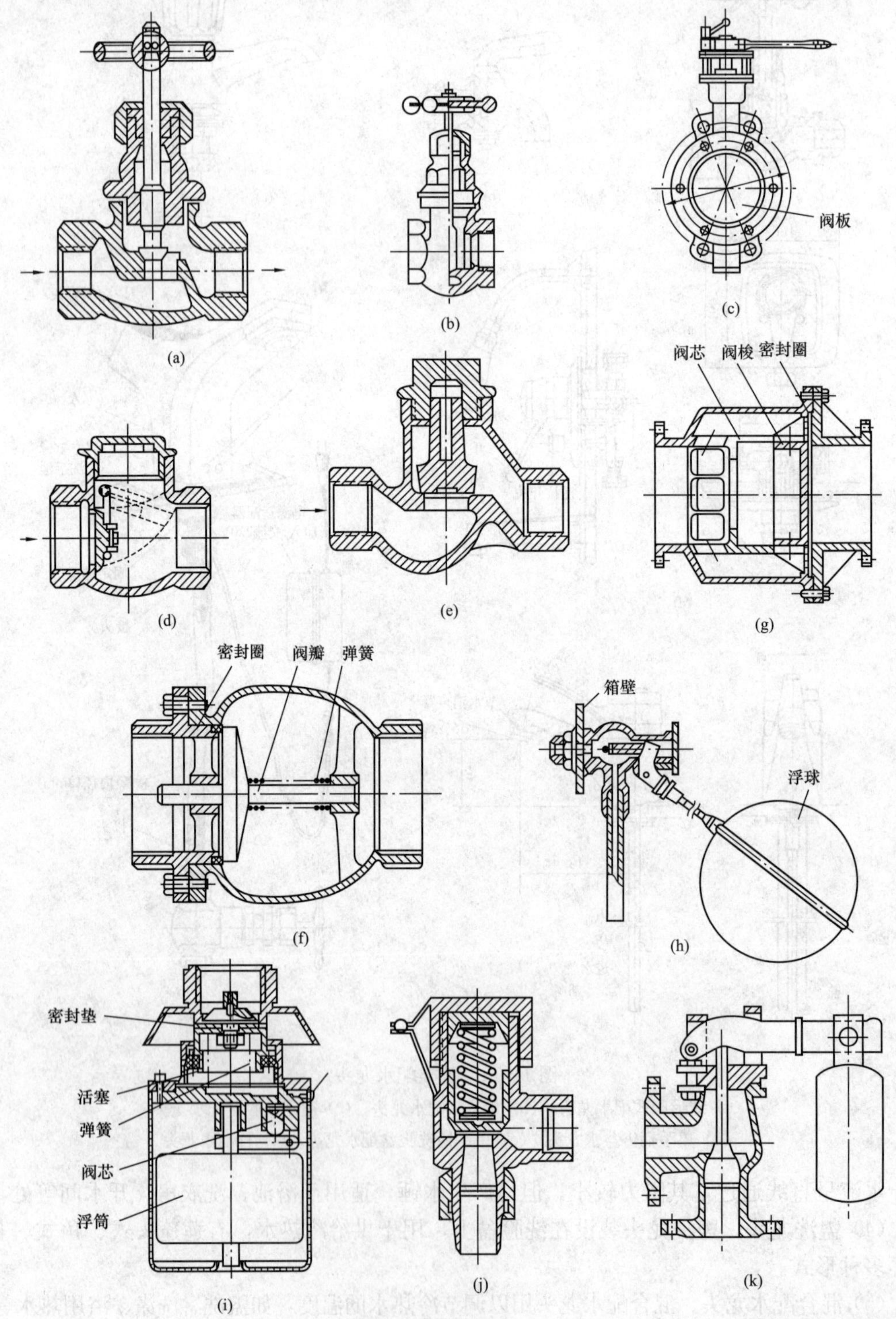

图 1-13 各类阀门

（a）截止阀；（b）闸阀；（c）蝶阀；（d）旋启式止回阀；（e）升降式止回阀；（f）消声止回阀；（g）梭式止回阀；（h）浮球阀；（i）液压水位控制阀；（j）弹簧式安全阀；（k）杠杆式安全阀

(1) 截止阀。截止阀关闭严密，但水流阻力较大，用于管径小于等于50mm的管段上。

(2) 闸阀。闸阀全开时，水流呈直线通过，压力损失小，但水中杂质沉积阀座时，阀板关闭不严，易产生漏水现象。管径大于50mm或双向流动的管段上宜采用闸阀。

(3) 蝶阀。此阀为盘状圆板启闭件，绕自身中轴旋转改变管道轴线间的夹角，从而控制水流通过，具有结构简单、尺寸紧凑、启闭灵活、开启度指示清楚、水流阻力小等优点。在双向流动的管段上应采用闸阀或蝶阀。

(4) 止回阀。室内常用的止回阀有升降式止回阀和旋启式止回阀，其阻力均较大。旋启式止回阀可水平安装或垂直安装，垂直安装时水流只能向上流，不宜用在压力大的管道中；升降式止回阀靠上下游压力差使阀盘自动启闭，宜用于小管径的水平管道上。此外，尚有消声止回阀和梭式止回阀等类型。

(5) 浮球阀。浮球阀是一种利用液位变化而自动启闭的阀门，一般设在水箱或水池的进水管上，用以开启或切断水流。

(6) 液位控制阀。液位控制阀是一种靠水位升降而自动控制的阀门，可代替浮球阀而用于水箱、水池和水塔的进水管上，通常是立式安装。

(7) 安全阀。安全阀是保证系统和设备安全的保安器材，有弹簧式安全阀和杠杆式安全阀两种。

三、水表

(1) 水表的种类。水表是一种计量建筑物或设备用水量的仪表，可分为流速式及容积式两种。建筑内部的给水系统广泛使用的是流速式水表。流速式水表是根据管径一定时，通过水表的水流速度与流量成正比的原理来测量用水量的。

流速式水表按叶轮构造不同，可分为旋翼式和螺翼式两种，见图1-14。旋翼式的叶轮转轴与水流方向垂直，阻力较大，多为小口径水表，用以测量较小流量。螺翼式水表叶轮转轴与水流方向平行，阻力较小，适用于测量大流量。复式水表是旋翼式和螺翼式的组合形式，在流量变化很大时采用。另外，流速式水表按计数机构是否浸于水中，又分为干式和湿式两种。

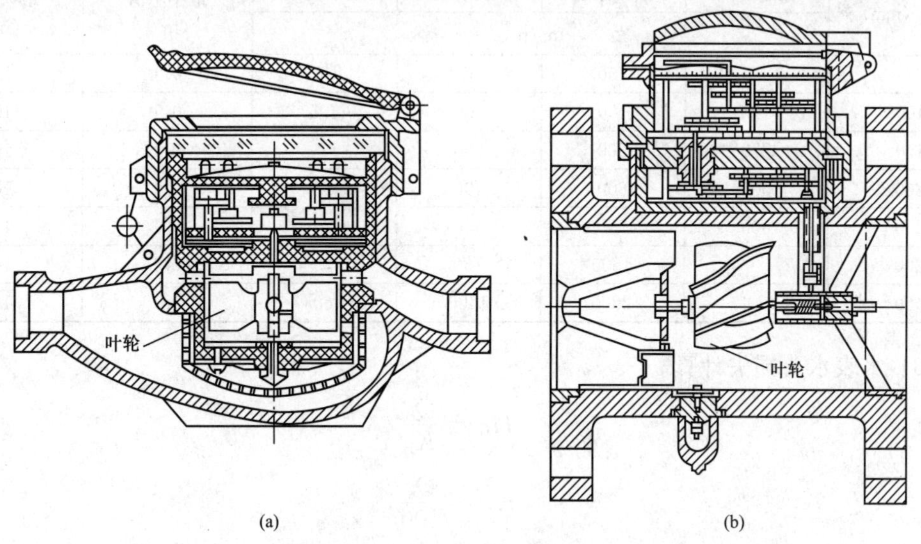

图1-14 流速式水表

(a) 旋翼式水表；(b) 螺翼式水表

目前，随着科学技术的进步和供水体制的改革，电磁流量计、远程计量仪等自动水表应运而生，TM 卡智能水表就是其中之一。

（2）水表的技术参数。

1）流通能力。水流通过水表产生 10kPa 水头损失时的流量。

2）特性流量。指水表中产生 100kPa 水头损失时的流量值。

3）最大流量。只允许水表在短时间内超负荷使用的流量上限值。

4）额定流量。水表长期正常运转流量的上限值。

5）最小流量。水表开始准确指示的流量值，为水表使用的下限值。

6）灵敏度。水表能连续记录（开始运转）的流量值，也称起步流量。

表 1－1 和表 1－2 分别为旋翼式和螺翼式水表的部分技术数据。

表 1－1　　旋翼式水表技术数据

直径（mm）	特性流量	最大流量	额定流量	最小流量	灵敏度 ≤（m^3/h）	最大示值（m^3）
	m^3/h					
15	3	1.5	1.0	0.045	0.017	10^3
20	5	2.5	1.6	0.075	0.025	10^3
25	7	3.5	2.2	0.090	0.030	10^3
32	10	5	3.2	0.120	0.040	10^3
40	20	10	6.3	0.220	0.070	10^5
50	30	15	10.0	0.400	0.090	10^5
80	70	35	22.0	1.100	0.300	10^6
100	100	50	32.0	1.400	0.400	10^6
150	200	100	63.0	2.400	0.550	10^6

表 1－2　　水平螺翼式水表技术数据

直径（mm）	流通能力	最大流量	额定流量	最小流量	最小示值（m^3）	最大示值（m^3）
	m^3/h					
80	65	100	60	3	0.1	10^5
100	110	150	100	4.5	0.1	10^5
150	270	300	200	7	0.1	10^5
200	500	600	400	12	0.1	10^7
250	800	950	450	20	0.1	10^7
300		1500	750	35	0.1	10^7
400		2800	1400	60	0.1	10^7

（3）水表水头损失计算。

$$H_B = \frac{Q_B^2}{K_B} \tag{1-1}$$

$$K_B = \frac{Q_t^2}{100} \tag{1-2}$$

$$K_B = \frac{Q_L^2}{10} \tag{1-3}$$

式中 H_B——水流通过水表产生的水头损失，kPa；

K_B——水表特性系数；

Q_B——通过水表的流量，m^3/h；

Q_t——水表特性流量，m^3/h；

Q_L——水表的流通能力，m^3/h。

(4) 水表选用。

1) 类型选择。一般情况下，公称直径小于或等于 50mm 时，应采用旋翼式水表；公称直径大于 50mm 时，应采用螺翼式水表；当通过流量变化幅度很大时，应采用复式水表；计量热水时，宜采用热水水表。一般应优先采用湿式水表。

2) 口径确定。当用水均匀时，应按设计秒流量不超过水表额定流量来确定水表的公称直径。当用水不均匀，且连续高峰负荷每昼夜不超过 3h 时，设计中可按设计秒流量不大于水表最大流量确定水表公称直径，同时应按表 1-3 复核水表的水头损失。当设计对象为生活（生产）—消防共用的给水系统时，水表的额定流量不包括消防流量，但应加上消防流量复核，使总流量不超过水表的最大流量限值（水头损失必须不超过允许水头损失值，见表 1-3)。根据经验，新建住宅的分户水表，公称直径一般可采用 15mm，但如住宅中装有自闭式大便器冲洗阀时，为保证必要的冲洗强度，水表的公称直径不宜小于 20mm。

表 1-3　按最大小时流量选用水表时的允许水头损失值　kPa

表型	正常用水时	消防时	表型	正常用水时	消防时
旋翼式	＜25	＜ 50	螺翼式	＜13	＜30

1.2.3 增压贮水设备

一、水泵

水泵是给水系统中的主要升压设备。在建筑给水系统中，一般采用离心式水泵，它具有结构简单、体积小、效率高，且流量和扬程在一定范围内可以调整等优点。

选择水泵应以节能为原则，使水泵在给水系统中大部分时间保持高效运行。当采用设水泵、水箱的给水方式时，通常水泵直接向水箱输水，水泵的出水量与扬程几乎不变，选用离心式恒速水泵即可保持高效运行。对于无水量调节设备的给水系统，在电源可靠的条件下，可选用带有自动调速装置的离心式水泵。在水泵房面积较小的条件下，可采用结构紧凑，安装管理方便的离心式立式水泵或管道泵。

水泵的流量、扬程应根据给水系统所需的流量、压力确定，由流量、扬程查水泵性能表即可确定型号。

(1) 水泵流量的确定。在生活（生产）给水系统中，无水箱（罐）调节时，水泵出水量应以系统的高峰用水量即设计秒流量确定；有水箱调节时，水泵流量可按最大时流量确定。若水箱容积较大，且用水量均匀，则水泵流量可按平均时流量确定。消防水泵流量应以室内消防设计水量确定。

(2) 水泵扬程的确定。水泵的扬程应根据水泵的用途及与室外给水管网连接的方式来确定。

当水泵直接由室外管网吸水向室内管网输水时，其扬程为

$$H_b = H_z + H_s + H_c - H_0 \tag{1-4}$$

当水泵从贮水池吸水向室内管网输水时，其扬程为

$$H_b = H_z + H_s + H_c \tag{1-5}$$

当水泵从贮水池吸水向高位水箱输水时，其扬程为

$$H_b = H_z + H_s + H_v \tag{1-6}$$

式中 H_b——水泵扬程，kPa；

H_z——水泵吸入端最低水位至最不利配水点所要求的静水压，kPa；

H_s——水泵吸入口至最不利点的总水头损失（含水表），kPa；

H_c——最不利配水点处用水设备的流出水头，kPa；

H_0——资用水头，即室外管网所能提供的最小压力，kPa；

H_v——水泵出水管末端的流速水头，kPa。

如遇到第一种情况，计算出扬程选泵后，还应以室外管网的最大压力校核水泵的工作效率和超压情况；如果超压过大，会损坏管路和设备，应设置水泵回流管及管网泄压管等保护措施。

（3）水泵的设置。每台水泵宜设置独立的吸水管，如必须设置成几台水泵合用吸水管时，吸水管应管顶平接且不得少于两条，并应装设必要的阀门，当一条吸水管检修时，另一条吸水管应能满足泵房设计流量的要求。水泵宜设置自动开关装置，间歇抽水的水泵装置宜采用自灌式（特别是消防泵）并在吸水管上设置阀门，当无法做到时，则采用吸上式。当水泵中心线高出吸水井或贮水池水面时，均需设引水装置启动水泵。

每台水泵的出水管上应设阀门、止回阀和压力表，并应采取防止水锤现象发生的措施。每组消防水泵的出水管应不少于两条与环状网连接，并应装设试验和检查用的放水阀门。室外给水管网允许直接吸水时，水泵宜直接从室外给水管上装设阀门和压力表，并应绕水泵设旁通管，旁通管上应装设阀门和止回阀。

水泵基础应高出地面 0.1～0.3m，吸水管内的流速宜控制在 1.0～1.2m/s 以内，出水管流速宜控制在 1.5～2.0m/s 以内。为减小水泵运行的噪声，宜尽量选用低噪声水泵，并采取必要的减振和隔振措施。

水泵机组一般设置在泵房内，泵房应远离需要安静，要求防震、防噪声的房间，并有良好的通风、采光、防冻和排水条件；水泵机组的布置，应保证机组工作可靠，运行安全，装卸、维修及管理方便，见图 1－15。

二、吸水井

室外给水管网能够满足建筑内所需水量、不需设置贮水池，但室外给水管网又不允许直接抽水，即可设置满足水泵吸水要求的吸水井。吸水井的尺寸应满足吸水管的布置、安装和水泵正常工作的要求，见图 1－16。吸水井的容积应大于最大一台水泵 3min 的出水量。

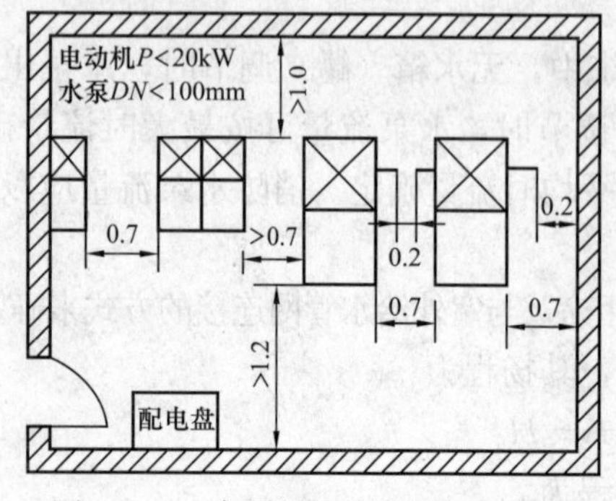

图 1－15 水泵机组的布置间距（m）

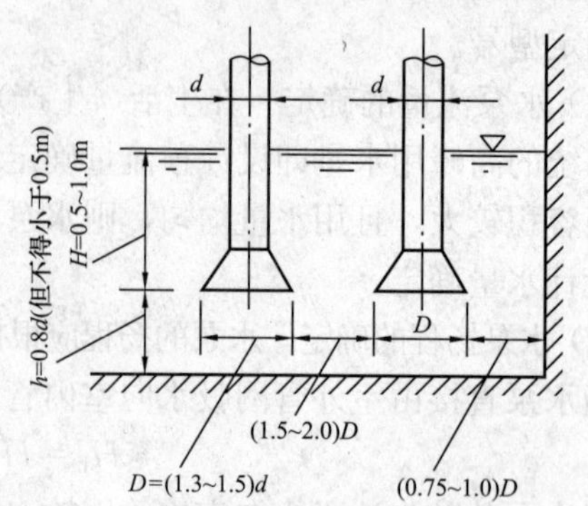

图 1－16 吸水管在吸水井中布置的最小尺寸

三、贮水池

贮水池是常用调节和储存水量的构筑物，采用钢筋混凝土、砖石等材料制作，形状多为圆形和矩形。

(1) 贮水池的设置要求。

1) 贮水池宜布置在地下室或室外泵房附近，并应有严格的防渗漏、防冻和抗倾覆措施。

2) 贮水池设计应保证池内水经常流动，不得出现滞流和死角，以防水质变坏。

3) 贮水池一般应分为两格，并能独立工作，分别泄空，以便清洗和维修。消防水池容积超过 500m^3 时，应分成两个，并在室外设供消防车取水用的吸水口。

4) 生活或生产用水与消防用水合用水池时，应设有消防水平时不被动用的措施，如设置溢流墙或在非消防水泵的吸水管上消防水位处设置透气小孔等。

5) 游泳池、戏水池、水景池等在能保证常年贮水的条件下，可兼作消防水池。

6) 贮水池应设进水管、出水管、溢流管、泄水管、通气管和水位信号装置。

7) 穿越贮水池壁的管道应设防水套管，贮水池与建筑物贴邻设置时，其穿越管路应采取防止因沉降不均而引起损坏的措施，如采用金属软管、橡胶接头等。

8) 贮水池内应设吸水坑，吸水坑平面尺寸和深度应通过计算确定。

(2) 贮水池容积的确定。贮水池的有效容积（不含被梁、柱、墙等构件占用的容积）应根据调节水量、消防贮备水量和生产事故备用水量确定，可按式（1-7）和式（1-8）计算，即

$$V \geqslant (Q_b - Q_L)T_b + V_x + V_s \tag{1-7}$$

$$(Q_b - Q_L)T_b \leqslant Q_L \cdot T_t \tag{1-8}$$

式中 V——贮水池有效容积，m^3；

Q_b——水泵出水量，m^3/h；

Q_L——水源供水能力，即水池进水量，m^3/h；

T_b——水泵运行时间，h；

T_t——水泵运行时间间隔，h；

V_x——消防贮备水量，m^3；

V_s——生产事故备用水量，m^3。

当资料不足时，贮水池的调节水量可按最高日用水量的10%～20%估算。

四、水箱

按用途不同，水箱可分为高位水箱、减压水箱、冲洗水箱和断流水箱等多种类型，其形状多为矩形和圆形，制作材料有钢板、钢筋混凝土、玻璃钢和塑料等。这里只介绍给水系统中广泛采用的起到保证水压和储存、调节水量的高位水箱。

(1) 水箱的配管、附件及设置要求。水箱的配管、附件如图1-17所示。

1) 进水管。一般由侧壁接入，也可由顶部或底部接入，管径按水泵出水量或设计秒流量确定。当水箱由室外管网提供压力充水时，应在进水管上安装水位控制阀，如液压阀、浮球阀，并在进水端设检修用的阀门；当进水管 $DN \geqslant 50$mm 时，控制阀不少于2个；利用水泵进水并采用液位自动控制水泵启闭时，可不设浮球阀或液压水位控制阀。侧壁进水管距水箱上缘应有150～200mm的距离。

2) 出水管。出水管可由水箱侧壁或底部接出，出口应距离水箱底50mm以上，管径按

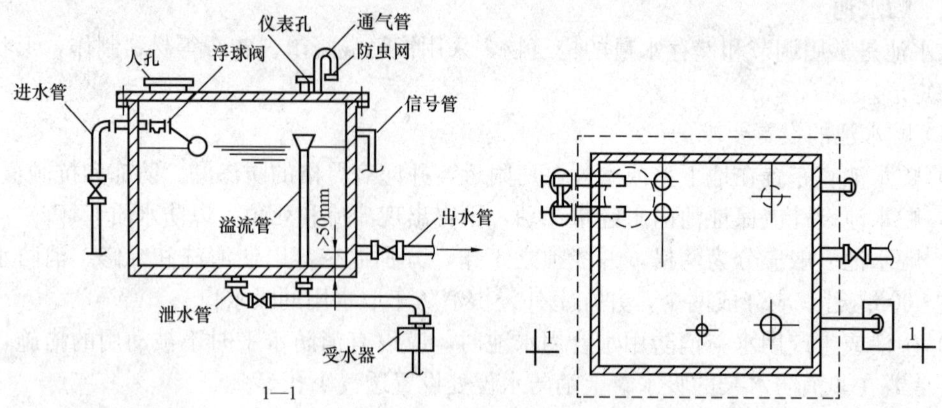

图1-17　水箱的配管、附件

水泵出水量或设计秒流量确定。出水管上应安装阻力较小的闸阀（不允许安装截止阀），为防止短流，水箱进出水管宜分设在水箱两侧。水箱进出水管若合用一根管道，则应在出水管上增设阻力较小的旋启式止回阀。

3）溢流管。溢流管可从底部或侧壁接出，进水口应高出水箱最高水位 50mm，管径一般比进水管大一号。溢流管上不允许设置阀门，并应装设网罩。

4）水位信号装置。该装置是反映水位控制失灵报警的装置，可在溢流管口（或内底）齐平处设水位信号管，直通值班室的洗涤盆等处，管径为 15～20mm 即可。若水箱液位与水泵联锁，则可在水箱侧壁或顶盖上安装液位继电器或信号器，采用自动水位报警装置。

5）泄水管。泄水管从水箱底接出，管上应设置阀门，可与溢流管相接，但不能与排水系统直接相连，管径应大于等于 50mm。

6）通气管。供生活饮用水的水箱，贮水量较大时，宜在箱盖上设通气管，以使水箱内空气流通，管径一般大于等于 50mm，管口应朝下并应设网罩防虫。

（2）水箱容积的确定。水箱容积由生活和生产储水量及消防储水量组成，理论上应根据用水和进水变化曲线确定，但由于变化曲线难以获得，因此常按经验确定。生产储水量由生产工艺决定。生活储水量由水箱进出水量、时间及水泵控制方式确定，实际工程如水泵自动启闭，可按最高日用水量的 10%计；水泵人工操作时，可按最高日用水量的 12%计；仅在夜间进水的水箱，宜按用水人数和用水定额确定。消防储水量以 10min 室内消防设计流量计。

水箱的有效水深一般采用 0.7～2.5m，保护高度一般为 200mm。

（3）水箱的设置高度。水箱的设置高度可由式（1-9）计算，即

$$H \geqslant H_c + H_s \tag{1-9}$$

式中　H——水箱最低水位至最不利配水点所需的静水压，kPa；

H_c——最不利配水点用水设备的流出水头，kPa；

H_s——水箱出口至最不利配水点的总水头损失，kPa。

储备消防用水的水箱，满足消防流出水头有困难时，应采用增压泵等措施。

五、气压给水设备

气压给水设备是利用密闭罐中空气的压缩性，进行储存、调节、压送水量和保持气压的装置，其作用相当于高位水箱或水塔。

气压给水设备设置位置限制条件少，便于操作和维护，但其调节容积小，供水可靠性稍差，耗材、耗能较大。

气压给水设备按罐内水、气接触方式，可分为补气式和隔膜式两类；按输水压力的稳定状况，可分为变压式和定压式两类。气压给水设备一般由气压水罐、水泵机组、管路系统、电控系统、自动控制箱（柜）等组成，补气式气压给水设备还有气体调节控制系统。

(1) 补气变压式气压给水设备。如图 1－18 所示，罐内的水在压缩空气的起始压力 p_2 的作用下，被压送至给水管网，随着罐内水量的减少，压缩空气体积膨胀，压力减小，当压力降至最小工作压力 p_1 时，压力信号器动作，使水泵启动。水泵出水除供用户外，多余部分进入气压水罐，罐内水位上升，空气又被压缩，当压力达到 p_2 时，压力信号器动作，使水泵停止工作，气压水罐再次向管网输水。

(2) 补气定压式气压给水设备。定压式气压给水设备输水水压相对稳定，如图 1－19 所示，一般是在气、水同罐的单罐变压式气压给水设备的供水管上安装压力调节阀，也可在气、水分罐的双罐变压式气压给水设备的压缩空气连通管上安装压力调节阀，以使供水压力稳定。

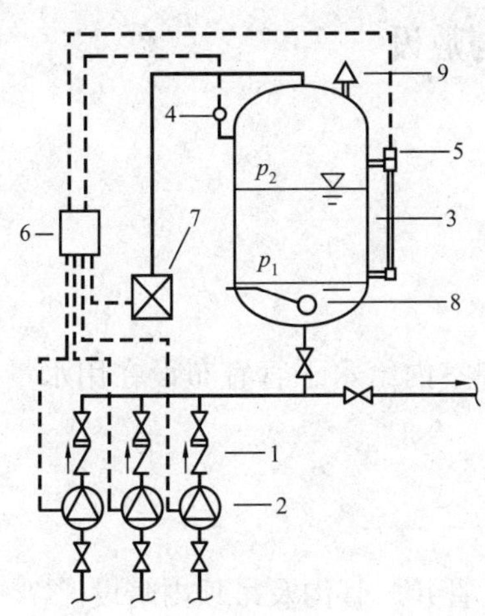

图 1－18 单罐变压式气压给水设备

1—止回阀；2—水泵；3—气压水罐；4—压力信号器；5—液位信号器；6—控制器；7—补气装置；8—排气阀；9—安全阀

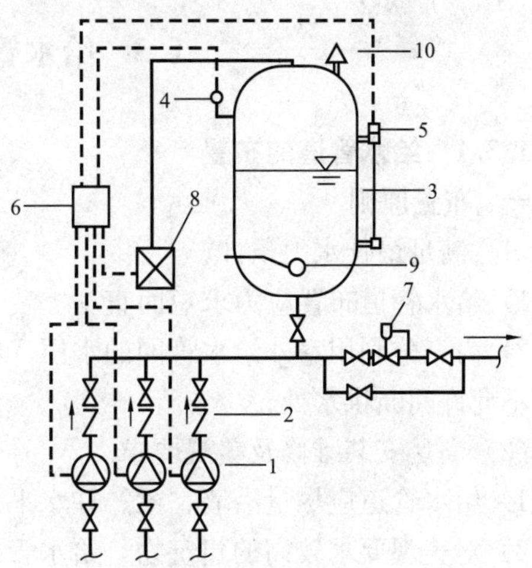

图 1－19 定压式气压给水设备

1—水泵；2—止回阀；3—气压水罐；4—压力信号器；5—液位信号器；6—控制器；7—压力调节阀；8—补气装置；9—排气阀；10—安全阀

补气式气压给水设备，气、水在气压水罐中直接接触。设备运行过程中，部分气体溶于水中，随着气量的减少，罐内压力下降，需设补气调压装置。在允许停水的给水系统中，可采用开启罐顶进气阀，泄空罐内存水的简单补气法。不允许停水时，可采用空气压缩机补气，也可通过在水泵吸水管上安装补气阀，水泵出水管上安装水射器或补气罐等方法补气，如图 1－20 所示为设补气罐的补气方法。

(3) 隔膜式气压给水设备。隔膜式气压给水设备在气压水罐中设置弹性隔膜，将气、水分离，水质不易污染，气体也不会溶入水中，因此不需设补气调压装置。隔膜主要有帽形、囊形两类，囊形隔膜又有球形、梨形、斗形、筒形、折形、胆囊形之分，这两类隔膜均固定在罐体法兰盘上，囊形隔膜气密性好，调节容积大，且隔膜受力合理，不易损坏，优于帽形隔膜。图 1－21 所示为胆囊形隔膜式气压给水设备。

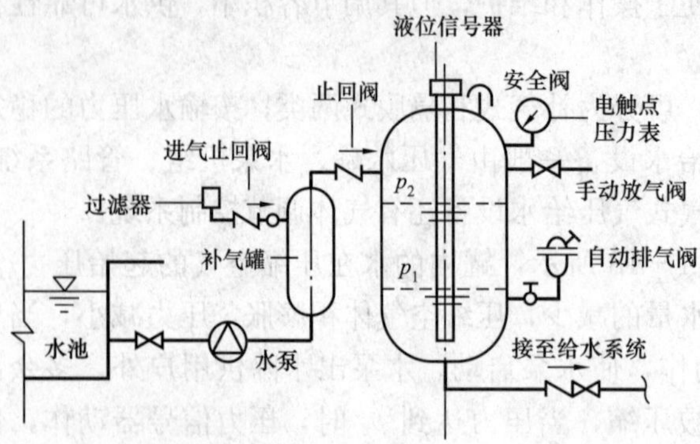

图 1-20　设补气罐的补气方法

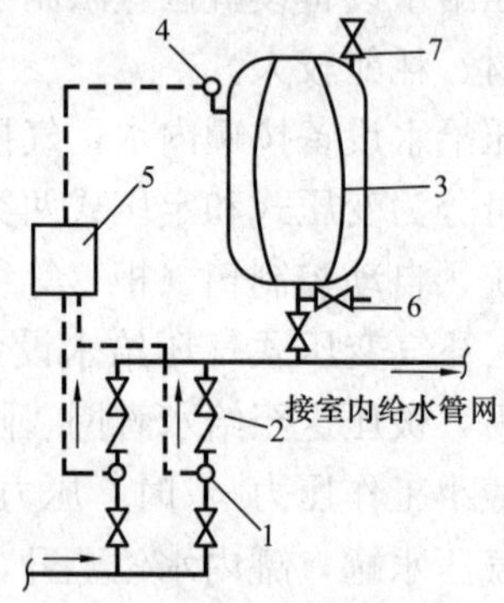

图 1-21　隔膜式气压给水设备

1—水泵；2—止回阀；3—隔膜式气压水罐；4—压力信号器；5—控制器；6—泄水阀；7—安全阀

1.3　给水管道的布置与敷设

1.3.1　给水管道的布置

一、布置原则

（1）满足最佳水力条件。

1）给水管道布置应力求短而直。

2）为充分利用室外给水管网的水压，给水引入管和室内给水干管宜布设在用水量最大处或不允许间断供水处。

（2）满足安装维修及美观要求。

1）给水管道应尽量沿墙、梁、柱水平或垂直敷设。

2）对美观要求较高的建筑物，给水管道可在管槽、管井、管沟及吊顶内暗设。

3）为便于检修，管井应每层设检修门，检修门宜开向走廊，每两层应有横向隔断。暗设在顶棚或管槽内的管道，在阀门处应留有检修门。

4）室内给水管道安装位置应有足够的空间，以方便拆换附件。

5）给水引入管应有不小于 0.003 的坡度坡向室外给水管网或坡向阀门井、水表井，以便检修时排空管道。

（3）保证生产及使用安全。

1）给水管道的位置，不得妨碍生产操作、交通运输和建筑物的使用。

2）给水管道不得布置在遇水会引起燃烧、爆炸或损坏原料、产品和设备的上面，并应尽量避免在生产设备上面通过。

3）给水管道不得穿过配电间，以免因渗漏造成电气设备故障或短路。

4）对不允许断水的建筑，应从室外环状管网不同管段接出两条或两条以上给水引入管，在室内连成环状或贯通枝状双向供水。若条件达不到，则可采取设贮水池（箱）或增设第二水源等安全供水措施。

（4）保护管道不受破坏。

1）给水埋地管道应避免布置在可能受重物压坏处。管道不得穿越生产设备基础，在特殊情况下必须穿越时，应与有关专业协商处理。

2）给水管道不得敷设在排水沟、烟道和风道内，不得穿过大便槽和小便槽，当给水立管距小便槽端部小于等于 0.5m 时，应采取建筑隔断措施。

3）给水引入管与室内排出管管外壁的水平距离不宜小于 1m。

4）建筑物内给水管与排水管之间的最小净距，平行埋设时为 0.5m，交叉埋设时为 0.15m，且给水管应在排水管的上面。

5）给水管宜有 0.002～0.005 的坡度坡向泄水装置。

6）给水管不宜穿过伸缩缝、沉降缝或抗震缝，必须穿过时应采取有效措施。常用的措施有螺纹弯头法（见图 1-22）、活动支架法（见图 1-23）和软性接头法（为金属波纹管或橡胶软管）。

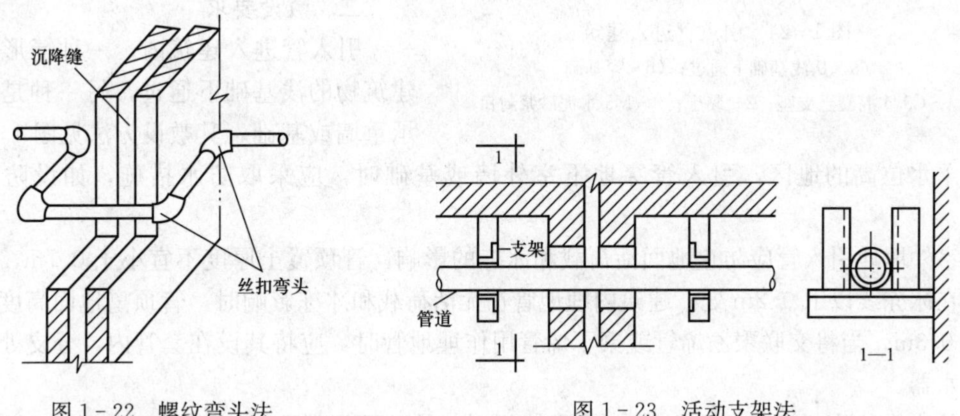

图 1-22　螺纹弯头法　　图 1-23　活动支架法

二、布置形式

给水管道的布置按供水可靠程度要求可分为枝状和环状两种形式。前者单向供水，供水安全可靠性差，但节省管材，造价低；后者管道相互连通，双向供水，安全可靠，但管线长，造价高。

按照水平干管的敷设位置，给水管道可以布置成上行下给、下行上给和中分式。上行下给式［见图 1-4（b）］水平配水管敷设在顶层顶棚下或吊顶之内，设有高位水箱的居住公共建筑、机械设备或地下管线较多的工业厂房多采用，与下行上给式布置相比，最高层配水点流出水头稍高，安装在吊顶内的配水干管可能漏水或结露而损坏吊顶和墙面。下行上给式（见图 1-3）水平配水管敷设在底层（明装、暗装或沟敷）或地下室顶棚下，居住建筑、公共建筑和工业建筑在用外网水压直接供水时多采用这种方式。该形式简单，明装便于安装维修，与上行下给式布置相比，最高层配水点流出水头较低，埋地管道检修不便。中分式布置方式的供水水平干管敷设在中间技术层或中间吊顶内，向上下两个方向供水，屋顶用作茶座、舞厅或设有中间技术层的高层建筑多采用。该形式管道安装在技术层内便于安装维修，有利于管道排气，不影响屋顶多功能使用，但需要设置技术层或增加某中间层的层高。

1.3.2　给水管道的敷设

一、敷设形式

给水管道的敷设有明装、暗装两种形式。明装即管道外露，其优点是安装维修方便，造

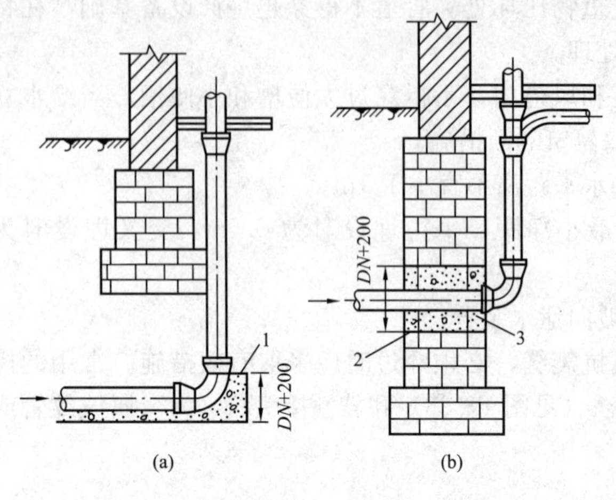

图 1 - 24 引入管进入建筑

（a）从浅基础下通过；（b）穿基础

1—C5.5 混凝土支座；2—黏土；3—M5 水泥砂浆封口

价低。但外露的管道影响美观，表面易结露、积尘。明装方式一般用于对卫生、美观没有特殊要求的建筑。暗装即管道隐蔽，如敷设在管道井、技术层、管沟、墙槽、顶棚或夹壁墙中，直接埋地或埋在楼板的垫层里，其优点是管道不影响室内的美观、整洁，但施工复杂，维修困难，造价高。暗装方式适用于对卫生、美观要求较高的建筑如宾馆、高级公寓和要求无尘、洁净的车间、实验室、无菌室等。

二、敷设要求

引入管进入建筑内，一种情形是从建筑物的浅基础下通过，另一种是穿越承重墙或基础，其敷设方法见图 1 - 24，在地下水位高的地区，引入管穿地下室外墙或基础时，应采取防水措施，如设防水套管等。

室外埋地引入管应防止地面活荷载和冰冻的影响，管顶覆土厚度不宜小于 0.7m，并应敷设在冰冻线以下 0.2m 处。建筑内埋地管在无活荷载和冰冻影响时，管顶离地面高度不宜小于 0.3m。当将交联聚乙烯管或聚丁烯管用作埋地管时，应将其设在套管内，分支处宜采用分水器。

给水横管穿承重墙或基础、立管穿楼板时，均应预留孔洞。暗装管道在墙中敷设时，也应预留墙槽，以免临时打洞、刨槽影响建筑结构的强度。横管穿过预留洞时，管顶上部净空不得小于建筑物的沉降量，以保护管道不致因建筑沉降而损坏，净空一般不小于 0.10m。

给水横干管宜敷设在地下室、技术层、吊顶或管沟内，宜有 0.002～0.005 的坡度坡向泄水装置；立管可敷设在管道井内，给水管道与其他管道同沟或共架敷设时，宜敷设在排水管、冷冻管的上面或热水管、蒸汽管的下面；给水管不宜与输送易燃、可燃或有害的液体或气体的管道同沟敷设；在铁路或地下构筑物下面通过的给水管道，宜敷设在套管内。

管道在空间敷设时，必须采取固定措施，以保证施工方便与安全供水。固定管道常用的支托架如图 1 - 25 所示。给水钢质立管一般每层需安装 1 个管卡，当层高

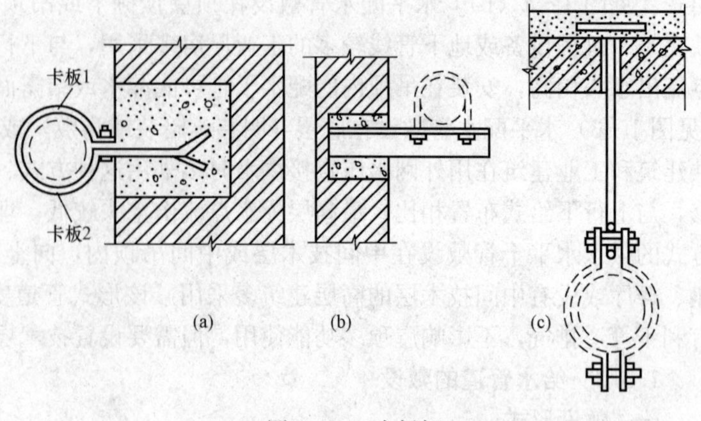

图 1 - 25 支托架

（a）管卡；（b）托架；（c）吊环

大于 5.0m 时，每层需安装 2 个。

1.4 消防给水系统

消防给水系统是在发生火灾时能够确保迅速及时控制火势的管道系统，按照设置位置的不同可分为室内消防系统、室外消防系统，按照灭火方式的不同可分为消火栓系统、自动喷水灭火系统和固定灭火器系统。

1.4.1 室外消防给水系统

室外消防系统主要用来供消防车从该系统取水，供消防车、曲臂车等的带架水枪用水，控制和扑救火灾；或利用消防车从该系统取水，经水泵接合器向室内消防系统供水，增补室内消防用水不足。室外消防系统由室外消防水源、室外消防管道和室外消火栓组成。

室外消防给水管道可采用低压管道、高压管道和临时高压管道。

一、低压管道

管网内平时水压较低，火场上水枪需要的压力由消防水车或其他移动式消防泵加压形成，以保障最不利点消火栓的压力大于等于 0.1MPa。

二、高压管道

管网内经常保持足够的压力，火场上不需使用消防车或其他移动式水泵加压，而直接由消火栓接出水带、水枪灭火。

高压管道最不利点处消火栓的压力可按式（1-10）计算，即

$$H_s = 10H_b + h_d + h_q \tag{1-10}$$

式中 H_s——管网最不利点处消火栓应保持的压力，kPa；

H_b——消火栓与站在最不利点水枪手的标高差（不应超过 24m），m；

h_d——6 条 DN65mm 麻质水带的水头损失之和，kPa；

h_q——充实水柱不小于 10m，流量不小于 5L/s 时，口径 19mm 水枪所需的压力，kPa。

三、临时高压管道

在临时高压给水管道内，平时水压不高，在水泵站内设有高压消防水泵，当接到火警时，高压消防水泵启动后，使管网内的压力达到高压给水管道的压力要求。

城镇、居住区、企业事业单位的室外消防给水管道，在有可能利用地势设置高位水池时，或设置集中高压水泵房，就有采用高压给水管道的可能。在一般情况下，多采用临时高压消防给水系统。

四、区域高压管道

当城镇、居住区或企业事业单位内有高层建筑时，一般情况下，能直接采用室外高压或临时高压消防给水系统的很少见到。因此，常采用区域（数幢或几幢建筑物）合用泵房加压或独立（每幢建筑物设水泵房）的临时高压给水系统，保证数幢建筑的室内消火栓（室内其他消防设备）或一幢建筑物的室内消火栓（室内其他消防设备）的水压要求。

区域高压或临时高压的消防给水系统，可以采用室外或室内均为高压或临时高压的消防给水系统，也可以采用室内为高压或临时高压消防给水系统，而室外为低压消防给水

系统。

室内采用高压或临时高压消防给水系统时，一般情况下，室外采用低压消防给水系统。气压给水装置只能形成临时高压。

1.4.2 室内消火栓给水系统

一、消火栓给水系统的组成

消火栓给水系统一般由水枪、水带、消火栓、消防管道、消防水池、高位水箱、水泵接合器及增压水泵等组成。

(1) 消火栓设备。消火栓设备由水枪、水带和消火栓组成，均安装在消火栓箱内，如图 1-26 所示。

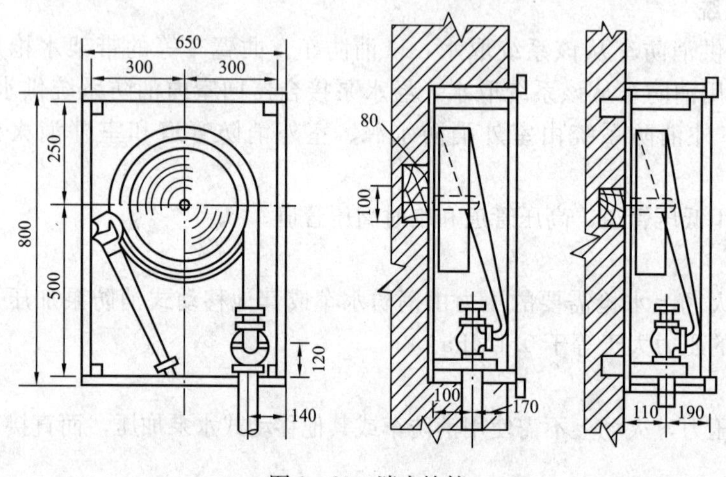

图 1-26 消火栓箱

水枪一般为直流式，用铝或塑料制成。喷嘴口径有 13、16、19mm 三种。口径为 13mm 的水枪配备直径为 50mm 的水带，口径为 16mm 的水枪可配备直径为 50mm 或 65mm 的水带，口径为 19mm 的水枪配备直径为 65mm 的水带。低层建筑的消火栓可选用 13mm 或 16mm 口径的水枪，高层建筑的消火栓用 19mm 口径的水枪。

水带口径有 50、65mm 两种，长度一般为 15、20、25、30m 四种；水带材质有麻织和化纤两种，有衬胶与不衬胶之分，衬胶水带阻力较小。水带长度应根据水力计算选定。

消火栓均为内扣式接口的球形阀式龙头，有单出口和双出口之分，如图 1-27 所示。双出口消火栓直径为 65mm；单出口消火栓直径有 50mm 和 65mm 两种。当每支水枪最小流量小于 5L/s 时，选用直径 50mm 消火栓；当最小流量大于 5L/s 时，选用 65mm 消火栓。

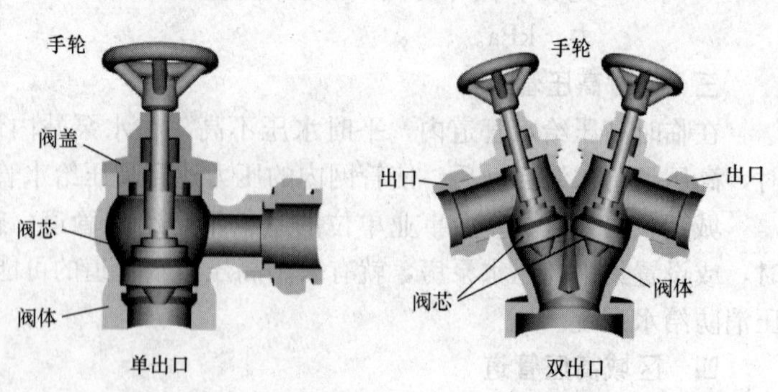

图 1-27 单出口、双出口消火栓

(2) 消防卷盘（消防水喉设备）。由 25mm 的小口径消火栓、内径为 19mm 的胶带和口径不小于 6mm 的消防卷盘喷嘴组成。

通常将消火栓、水枪和水带按要求配套置于消火栓箱内，需要设置消防卷盘时，可按要求配套单独装入一箱内或将以上四种组件装于一个箱内，如图 1-28 所示。

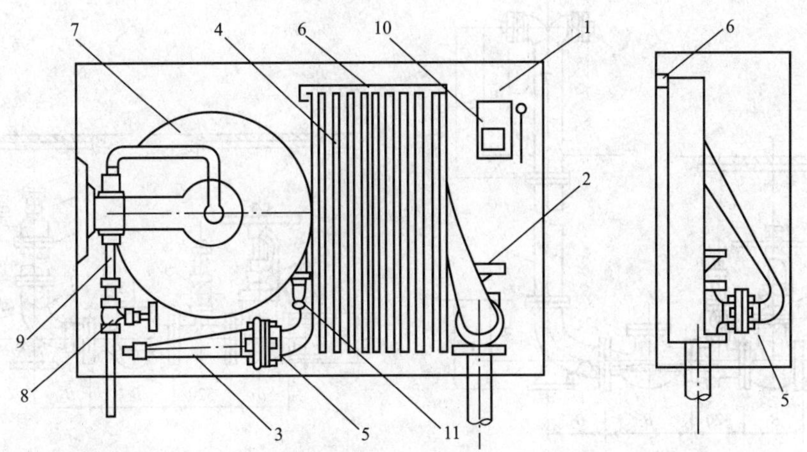

图 1-28 带消防卷盘的室内消火栓箱

1—消火栓箱；2—消火栓；3—水枪；4—水龙带；5—水龙带接扣；6—挂架；
7—消防卷盘；8—闸阀；9—钢管；10—消防按钮；11—消防卷盘喷嘴

(3) 水泵接合器。建筑消防给水系统中均应设置水泵接合器。水泵接合器是连接消防车向室内消防给水系统加压供水的装置，一端由消防给水管网水平干管引出，另一端设于消防车易于接近的地方，如图 1-29 所示。

(4) 消防管道。建筑物内消防管道是否与其他给水系统合用或独立设置，应根据建筑物的性质和使用要求在经技术经济比较后确定。单独消防系统的给水管一般采用非镀锌钢管（水煤气钢管）或给水铸铁管，与生活、生产给水系统合用时，采用镀锌钢管或给水铸铁管。

(5) 消防水池。消防水池用于无室外消防水源情况下，储存火灾持续时间内的室内消防用水量。消防水池可设于室外地下或地面上，也可设在室内地下室，或与室内游泳池、水景水池兼用。消防水池应设有水位控制阀的进水管和溢水管、通气管、泄水管、出水管及水位指示器等附属装置。根据各种用水系统的供水水质要求是否一致，可将消防水池与生活或生产贮水池合用，也可单独设置。

(6) 消防水箱。消防水箱对扑救初期火灾起着重要作用，为确保其自动供水的可靠性，应采用重力自流供水方式；消防水箱宜与生活（或生产）高位水箱合用，以保持箱内贮水经常流动，防止水质变坏；水箱的安装高度应满足室内最不利点消火栓所需的水压要求，且应储存有室内 10min 的消防用水量。

二、消火栓给水系统的设置

(1) 消火栓的设置。室内消火栓应符合下列要求：

1) 设有消防给水的建筑物，各层（无可燃物的设备层除外）均应设置消火栓。

2) 室内消火栓的布置，应保证有两支水枪的充实水柱同时到达室内任何部位（建筑高度小于等于 24m，且体积小于等于 5000m^3 的库房可采用一支），均用单出口消火栓布置，这是因为考虑到消火栓是室内主要的灭火设备，在任何情况下，均可使用室内消火栓进行灭火。因此，当相邻一个消火栓受到火灾威胁而不能使用时，该消火栓和不能使用的消火栓及相邻的一个消火栓协同仍能保护任何部位。

3) 消防电梯前室应设室内消火栓。

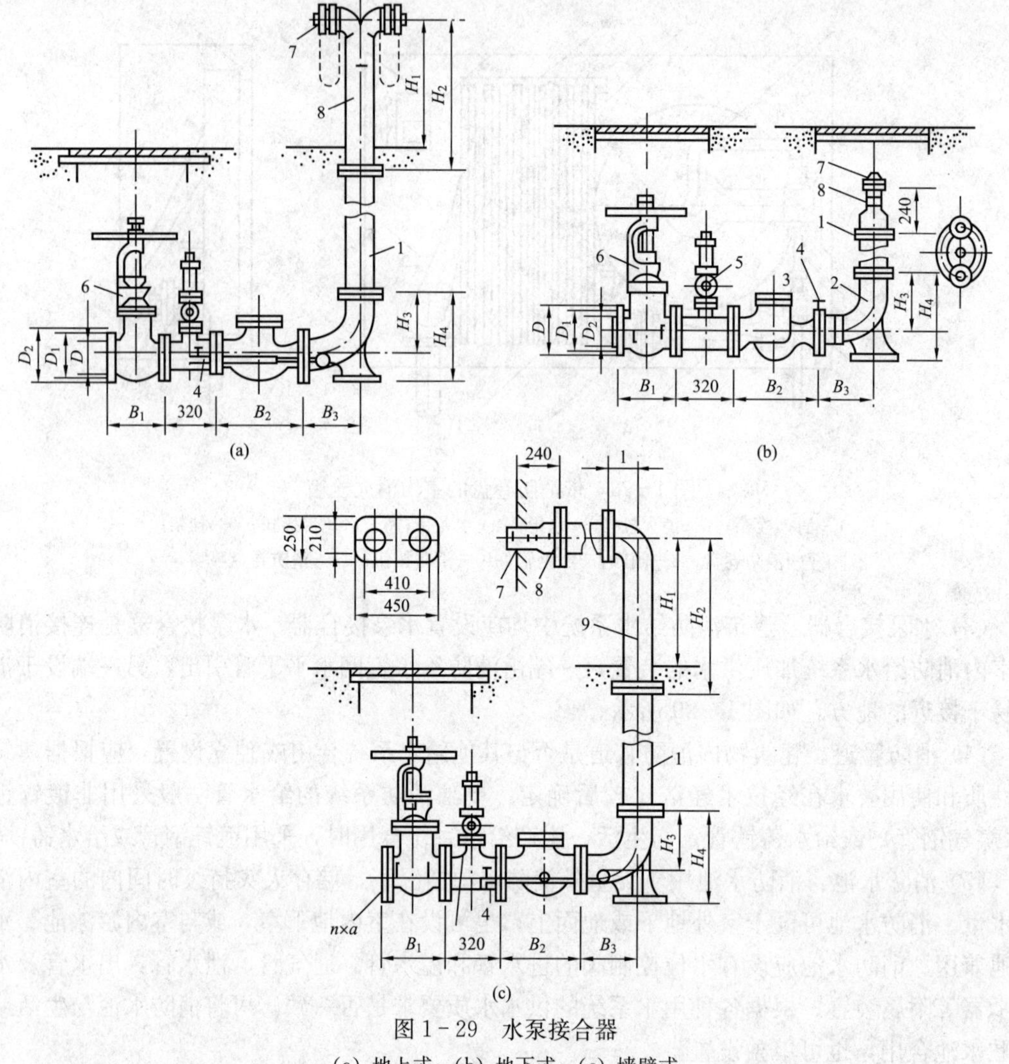

图 1-29　水泵接合器

（a）地上式；（b）地下式；（c）墙壁式

1—法兰接管；2—弯管；3—升降式单向阀；4—放水阀；5—安全阀；

6—楔式闸阀；7—进水用消防接扣；8—本体；9—弯管

4）室内消火栓应设在明显易于取用的地点。栓口离地面高度为 1.1m，出水方向宜向下或与设置消火栓的墙面成 90°。

5）冷库的室内消火栓应设在常温穿堂内或楼梯间内。

6）设有室内消火栓的建筑，如为平屋顶时宜在平屋顶上设置试验和检查用的消火栓。在寒冷地区，屋顶消火栓可设在顶层出口处、水箱间或采取防冻技术措施。

7）同一建筑物内应采用统一规格的消火栓、水枪和水带，以方便使用。

8）高层工业建筑和水箱设置高度不能满足最不利点消火栓水压要求的其他建筑，应在每个室内消火栓处设置直接启动消防水泵的按钮或报警信号装置，并应有保护设施。

9）设置常高压给水系统的建筑物，如能保证最不利点消火栓和自动喷火灭火设备等的水量和水压时，可不设消防水箱。临时高压给水系统应在建筑物的最高部位设置重力自流的消防水箱。

（2）水枪充实水柱长度。根据防火要求，从水枪射出的水流应具有射到着火点和足够冲击扑灭火焰的能力。充实水柱是指靠近水枪口的一段密集不分散的射流，充实水柱长度是直流水枪灭火时的有效射程，是水枪射流中在直径为26～38mm的圆断面内，且包含全部水量75%～90%的密实水柱长度，如图1-30所示。火灾发生时，火场能见度低，要使水柱能喷到着火点、防止火焰的热辐射和着火物下落烧伤消防人员，消防员必须距着火点有一定的距离，因此要求水枪的充实水柱应有一定长度。

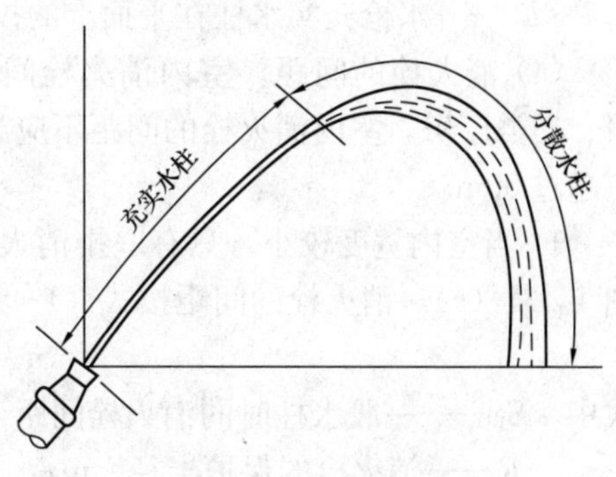

图1-30 充实水柱

水枪充实水柱长度的计算公式为

$$S_k = \frac{H_1 - H_2}{\sin\alpha} \qquad (1-11)$$

式中 S_k——所需水枪的喷射充实水柱长度，m；

α——水枪倾角（一般为45°～60°）；

H_1——室内最高着火点离地面高度，m；

H_2——水枪喷嘴离地面高度，一般取1m。

根据实验数据统计，当水枪充实水柱长度小于7m时，火场的辐射热使消防人员无法接近着火点，从而达不到有效灭火的目的；当水枪的充实水柱长度大于15m时，因射流的反作用力而使消防人员无法把握水枪灭火。表1-4为各类建筑要求水枪充实水柱长度，设计时可参照选用。

表1-4　　各类建筑要求水枪充实水柱长度

建筑物类别		充实水柱长度（m）
低层建筑	一般建筑	≥7
	甲、乙类厂房，大于六层民用建筑，大于四层厂、库房	≥10
	高架库房	≥13
高层建筑	民用建筑高度大于等于100m	≥13
	民用建筑高度小于100m	≥10
	高层工业建筑	≥13
人防工程内		≥10
停车库、修车库内		≥10

（3）消火栓的保护半径。消火栓的保护半径系指：某种规格的消火栓、水枪和一定长度的水带配套后，并考虑当消防人员使用该设备时有一定安全保障的条件下，以消火栓为圆心，消火栓能充分发挥其作用的半径。

消火栓的保护半径可按式（1-12）计算，即

$$R = L_d + L_s \qquad (1-12)$$

$$L_s = S_k\cos\alpha$$

式中 R——消火栓保护半径，m；

L_d——水带敷设长度，m，每根水带长度不应超过25m，应乘以水带的转弯曲折系数0.8；

L_s——水枪充实水柱在平面上的投影长度。

(4) 消火栓的间距。室内消火栓间距应由计算确定，并且高层工业建筑，高架库房，甲、乙类厂房，室内消火栓的间距不应超过 30m；其他单层和多层建筑室内消火栓的间距不应超过 50m。

1）当室内宽度较小，只有一排消火栓，并且要求有一股水柱达到室内任何部位时，见图 1-31（a)，消火栓的间距按式（1-13）计算，即

$$S_1 = 2(R^2 - b^2)^{1/2} \tag{1-13}$$

式中 S_1——一股水柱时的消火栓间距，m；

R——消火栓的保护半径，m；

b——消火栓的最大保护宽度，外廊式建筑为建筑物宽度，内廊式建筑为走道两侧中较大一边的宽度，m。

2）当室内只有一排消火栓，且要求有两股水柱同时达到室内任何部位时，见图 1-31（b)，消火栓的间距按式（1-14）计算，即

$$S_2 = (R^2 - b^2)^{1/2} \tag{1-14}$$

式中 S_2——两股水柱时的消火栓间距。

R、b 含义同上式。

3）当房间较宽，需要布置多排消火栓，且要求有一股水柱达到室内任何部位时，见图 1-31（c)，其消火栓间距可按式（1-15）计算，即

$$S_n = \sqrt{2}R \tag{1-15}$$

4）当室内需要布置多排消火栓，且要求有两股水柱达到室内任何部位时，可按图 1-31（d）布置，即将按式（1-15）确定的间距缩短一半。

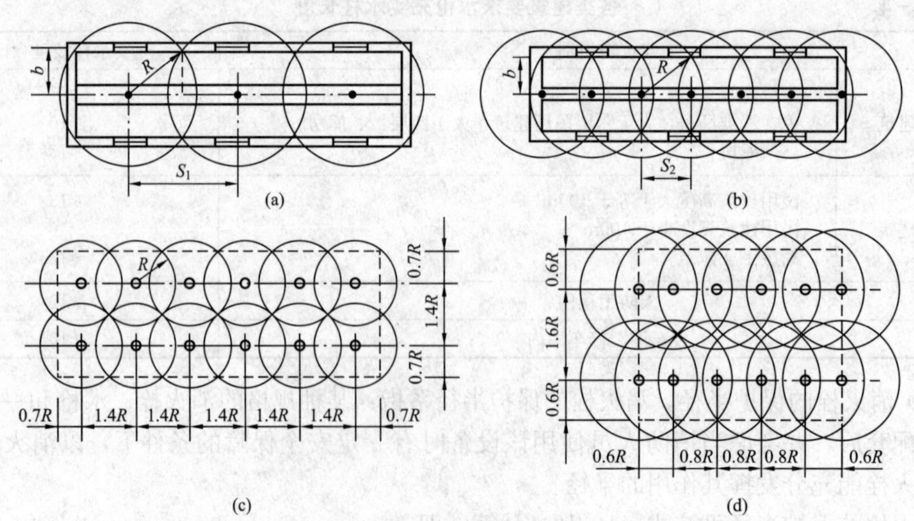

图 1-31 消火栓布置间距

(a) 一股水柱时的消火栓布置间距（仅一排消火栓）；(b) 两股水柱时的消火栓布置间距（仅一排消火栓）；(c) 一股水柱时的消火栓布置间距（布置多排消火栓时）；(d) 两股水柱时的消火栓布置间距（布置多排消火栓时）

(5) 消防给水管道的设置。当室外消防用水量大于 15L/s，消火栓个数多于 10 个时，室内消防给水管道应布置成环状，进水管应布置两条。对于 7～9 层单元式住宅，允许采用一

条进水管。

对于塔式和通廊式住宅，体积大于10 000m^3的其他民用建筑，厂房和多于4层的库房，当室内消防立管大于等于2条时，至少每两条竖管相连组成环状管网。7～9层单元式住宅的消防立管允许布置成枝状。每条竖管的直径应按最不利点消火栓出水并根据计算确定，即

1）当每根竖管最小流量为5L/s时，按最上层消火栓出水计算竖管管径。

2）当每根竖管最小流量为10L/s时，按最上两层消火栓出水计算竖管管径。

3）当每根竖管最小流量为15L/s时，按最上三层消火栓出水进行计算竖管管径。

消火栓给水管网应与自动喷水灭火管网分开设置。若布置有困难时，可共用给水干管。

在自动喷水灭火系统报警阀后不允许设消火栓。

室内消防给水管道应该用阀门分成若干独立段，如某段损坏时，检修关闭停止使用的消火栓在一层中不应超过5个。阀门的设置应便于管网维修和使用安全，并应有明显的启闭标志。多层、高层厂房、库房和多层民用建筑室内消防给水管网上阀门的布置，应保证其中一条竖管检修时，其余竖管仍能供应消防水量。超过三条竖管时，可关闭两条，其余竖管仍能供应消防水。

超过六层的住宅和超过五层的其他民用建筑、超过四层的厂房和库房，高层工业建筑，其室内消防给水管网应设消防水泵接合器，水泵接合器应设在消防车易于到达的地点，同时还应考虑在其附近15～40m范围内有供消防车取水的室外消火栓或贮水池。每个水泵接合器流量可达到10～15L/s，水泵接合器的数量应按室内消防用水量计算确定，一般不少于2个。

消防用水与其他用水合并的室内管道，当其他用水达到最大秒流量时，应能供应全部消防用水量。但其中淋浴用水量可按计算用水量的15%计算，洗刷用水量可不计算在内。

当生产、生活用水量达到最大，且市政给水管道仍能满足室内外消防用水量时，室内消防泵的吸水管宜直接从市政管道接出吸水。

1.4.3 自动喷水灭火系统及布置

一、分类和组成

(1) 湿式喷水灭火系统。该系统由闭式喷头、湿式报警阀、报警装置、管网及供水设施等组成，如图1-32所示。

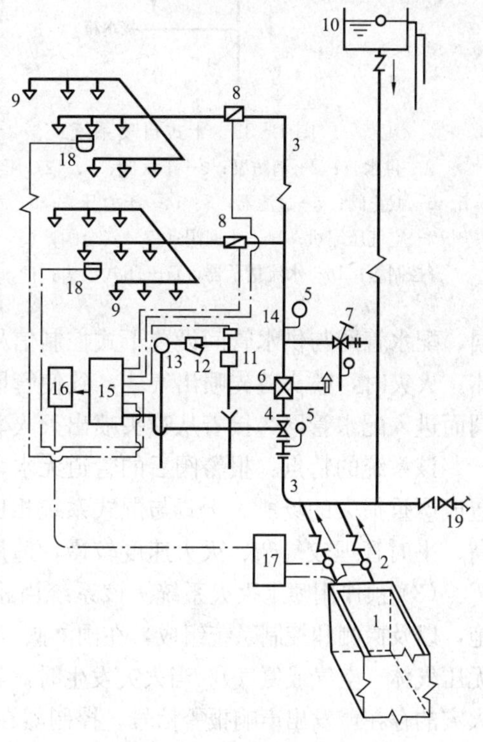

图1-32 湿式自喷系统

1—消防水池；2—消防泵；3—管网；4—控制蝶阀；5—压力表；6—湿式报警阀；7—泄放试验阀；8—水流指示器；9—喷头；10—高位水箱、稳压水泵或气压给水设备；11—延时器；12—过滤器；13—水力警铃；14—压力开关；15—报警控制器；16—非标控制箱；17—水泵启动箱；18—探测器；19—水泵接合器

火灾发生的初期，建筑物的温度随之不断上升，当温度上升到以闭式喷头温感元件爆破或熔化脱落时，喷头即自动喷水灭火。此时，管网中的水由静止变为流动，水流指示器被感应送出电信号，在报警控制器上指示某一区域

已在喷水。持续喷水造成报警阀的上部水压低于下部水压，其压力差达到一定值时，原来处于关闭状的报警阀就会自动开启。此时，消防水通过湿式报警阀，流向干管和配水管供水灭火。同时，一部分水流沿着报警阀的环形槽进入延迟器、压力开关及水力警铃等设施发出火警信号。此外，根据水流指示器和压力开关的信号或消防水箱的水位信号，控制箱内控制器能自动启动消防泵向管网加压供水，达到持续自动供水的目的。

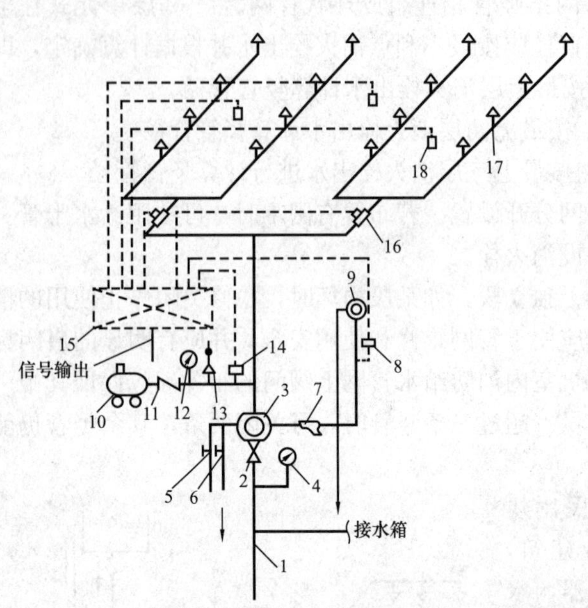

图 1 - 33　干式自喷系统

1—供水管；2—消防泵；3—干式阀；4、12—压力表；5、6—截止阀；7—过滤器；8、14—压力开关；9—水力警铃；10—空气压缩机；11—止回阀；13—安全阀；15—火灾报警控制箱；16—水流指示器；17—闭式喷头；18—探测器

该系统结构简单，使用方便、可靠，便于施工、管理，灭火速度快，控火效率高，比较经济，适用范围广，但由于管网中充有压水，当渗漏时会损坏建筑装饰和影响建筑的使用。该系统适用安装在常年室温不低于 4℃，且不高于 70℃能用水灭火的建筑物、构筑物内。

(2) 干式喷水灭火系统。该系统是由闭式喷头、管道系统、干式报警阀、干式报警控制装置、充气设备、排气设备和供水设施等组成，如图 1 - 33 所示。

该系统与湿式喷水灭火系统类似，只是控制信号阀的结构和作用原理不同，配水管网与供水管间设置干式控制信号阀将它们隔开，而在配水管网中平时充满有压气体。火灾时，喷头首先喷出气体，致使管网中压力降低，供水管道中的压力水打开控制信号阀而进入配水管网，接着从喷头喷出灭火。

该系统的特点：报警阀后的管道无水，不怕冻、不怕环境温度高，也可用在对水渍不会造成严重损失的场所。干式与湿式系统相比较，多增设了一套充气设备，从而使一次性投资高、平时管理较复杂、灭火速度较慢，适用于温度低于 4℃或温度高于 70℃以上的场所。

(3) 预作用喷水灭火系统。该系统由预作用阀门、闭式喷头、管网、报警装置、供水设施，以及探测和控制系统组成，在雨淋阀（属干式报警阀）之后的管道系统，平时充以有压或无压气体（空气或氮气）。当火灾发生时，与喷头一起安装在现场的火灾探测器，首先探测出火灾的存在，发出声响报警信号，控制器在将报警信号作声光显示的同时，开启雨淋阀，使消防水进入管网，并在很短时间内完成充水（不宜大于 3min），即原为干式系统迅速转变为湿式系统，完成预作用程序，该过程靠温感尚未形成动作，迟后闭式喷头才会喷水灭火。

该系统综合运用了火灾自动探测控制技术和自动喷水灭火技术，兼容了湿式和干式系统的特点。系统平时为干式，火灾发生时立刻变成湿式，同时进行火灾初期报警。系统由干式转为湿式的过程包含有灭火预备功能，因此称为预作用喷水灭火系统。这种系统由于有独到的功能和特点，因此，有取代干式灭火系统的趋势。

预作用喷水灭火系统适用于冬季结冰和不能采暖的建筑物内，以及凡不允许有误喷而造成水渍损失的建筑物（如高级旅馆、医院、重要办公楼、大型商场等）和构筑物。

(4) 雨淋喷水灭火系统。该系统由开式喷头、管道系统、雨淋阀、火灾探测器、报警控制装置、控制组件和供水设备等组成。

平时雨淋阀后的管网充满水或压缩空气，其中的压力与进水管中水压相同，此时，雨淋阀由于传动系统中的水压作用而紧紧关闭着。当建筑物发生火灾时，火灾探测器感受到火灾因素，便立即向控制器送出火灾信号，控制器将此信号作声光显示并相应输出控制信号，由自动控制装置打开集中控制阀门，自动地释放掉传动管网中有压力的水，使传动系统中的水压骤然降低，从而使整个保护区域的所有喷头喷水灭火。该系统具有出水量大，灭火及时的优点，适用于火灾蔓延快、危险性大的建筑或部位。

(5) 水幕系统。该系统由水幕喷头、控制阀（雨淋阀或干式报警阀等）、探测系统、报警系统和管道等组成，如图 1-34 所示。

水幕系统中用开式水幕喷头，将水喷洒成水帘幕状，不能直接用来扑灭火灾，与防火卷帘、防火幕配合使用，对它们进行冷却和提高它们的耐火性能，以阻止火势扩大和蔓延。该系统也可单独使用，用来保护建筑物的门窗，洞口或在大空间造成防火水帘起防火分隔作用。

(6) 水喷雾灭火系统。该系统由水源、供水设备、管道、雨淋阀组、过滤器和水雾喷头等组成，如图 1-35 所示。

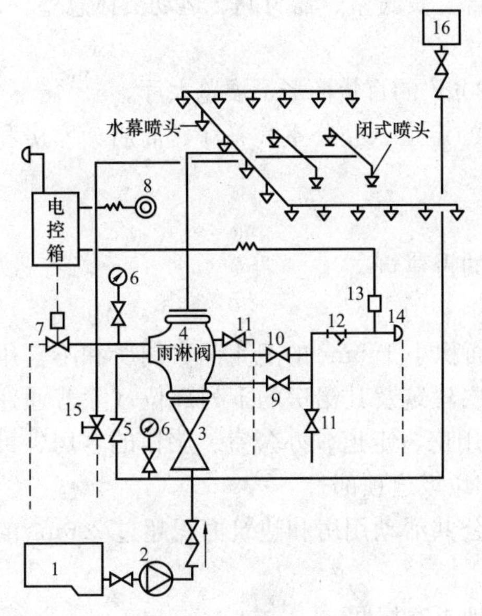

图 1-34 水幕系统

1—水池；2—水泵；3—供水阀；4—雨淋阀；5—止回阀；6—压力表；7—电磁阀；8—按钮；9—试警铃阀；10—警铃管阀；11—放水阀；12—滤网；13—压力开关；14—警铃；15—手动快开阀；16—水箱

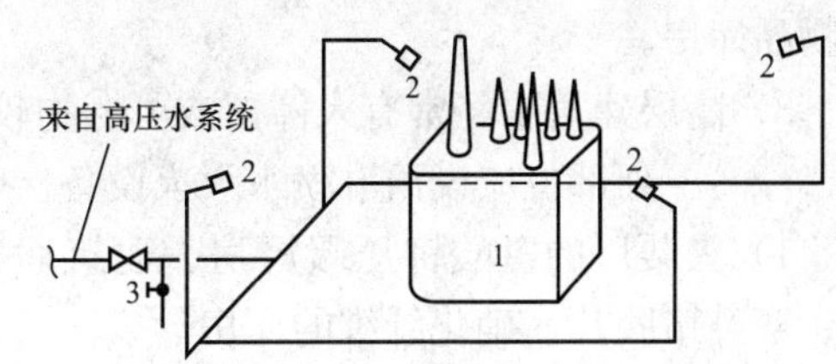

图 1-35 变压器水喷雾灭火系统

1—变压器；2—水雾喷头；3—排水阀

该系统灭火机理是，当水以细小的雾状水滴喷射到正在燃烧的物质表面时，产生表面冷却、窒息、乳化和稀释的综合效应，从而实现灭火。

水喷雾灭火系统具有适用范围广的优点，不仅可以提高扑灭固体火灾的灭火效率，同时由于水雾具有不会造成液体火飞溅、电气绝缘性好的特点，在扑灭可燃液体火灾、电气火灾中均得到广泛的应用。

二、自动喷水灭火系统设置规定

(1) GB 50016—2006《建筑设计防火规范》、GB 50084—2001《自动喷水灭火系统设计规范》和 GB 50045—95《高层民用建筑设计防火规范》（2005 年版）规定，下列部位应设置闭式自动喷水灭火设备。

单层公共建筑及单层、多层和高层工业建筑。

1）等于或大于50 000纱锭的棉纺厂的开包、清花车间；等于或大于50 000锭的麻纺厂的分级、梳麻车间；服装、针织高层厂房；面积超过1500m^2的木器厂房；火柴厂的烤梗、筛选部位；泡沫塑料厂的预发、成型、切片、压花部位。

2）每座占地面积超过1000m^2的棉、毛、丝、麻、化纤、毛皮及其制品库房；每座占地面积超过600m^2的火柴库房；建筑面积超过500m^2的可燃物品的地下库房；可燃、难燃物品的高架库房和高层库房（冷库除外）；省级以上或藏书量超过100万册图书馆的书库。

3）超过1500个座位的剧院观众厅、舞台上部（屋顶采用金属构件时）、化妆室、道具室、储藏室、贵宾室；超过2000个座位的会堂或礼堂的观众厅、舞台上部，储藏室、贵宾室；超过3000个座位的体育馆、观众厅的吊顶上部、贵宾室、器材间、运动员休息室。

4）省级邮政楼的信函和包裹分捡间、邮袋库。

5）每层面积超过3000m^2或建筑面积超过9000m^2的百货商场、展览大厅。

6）设有空气调节系统的旅馆和综合办公楼内的走道、办公室、餐厅、商店、库房和无楼层服务台的客房。

7）飞机发动机试验台的准备部位。

8）国家级文物保护单位的重点砖木或木结构的古建筑。

高层民用建筑。

1）建筑高度超过100m的一类高层建筑（除面积小于5m^2的卫生间、厕所和不宜用水扑救的部位外），建筑高度不超过100m的一类高层建筑及其裙房的下列部位（除普通住宅和高层建筑中不宜用水扑救的部位外）：公共活动用房、走道、办公室、旅馆的客房、可燃物品库房、高级住宅的居住用房、自动扶梯底部和垃圾道顶部。

2）二类高层建筑中的商业营业厅、展览厅等公共活动用房和建筑面积超过200m^2的可燃物品库房。

3）高层建筑中经常有人停留或可燃物较多的地下室房间。

（2）下列部位应设雨淋喷水灭火设备。

1）火柴厂的氯酸钾压碾厂房、建筑面积超过100m^2生产使用硝化棉、喷漆棉、火胶棉、赛璐珞胶片、硝化纤维的厂房。

2）建筑面积超过60m^2或储存量超过2t的硝化棉、喷漆棉、火胶棉、赛璐珞胶片、硝化纤维库房。

3）日装瓶数量超过3000瓶的液化石油气储配站的灌瓶间、实瓶库。

4）超过1500个座位的剧院和超过2000个座位的会堂、舞台的葡萄架下部。

5）建筑面积超过的400m^2的演播室，建筑面积超过500m^2的电影摄影棚。

6）乒乓球厂的轧坯、切片、磨球、分球检验部位。

（3）下列部位应设水幕设备。

1）超过1500个座位的剧院和超过2000个座位的会堂、礼堂的舞台口，以及与舞台相连的侧台、后台的门窗洞口。

2）应设防火墙等防火分隔物而无法设置的开口部位。

3）防火卷帘或防火幕的上部。

4）高层建筑超过800个座位的剧院、礼堂的舞台口宜设防火幕或水幕分隔。

（4）下列部位应设水喷雾灭火系统。

1）单台储油量大于5t的电力变压器。

2）飞机发动机试验台的试车部位。

3）一类民用高层主体建筑内的可燃油浸电力变压器室，充有可燃油高压电容器和多油开关室等。

三、自动喷水灭火系统的组件

（1）喷头。闭式喷头是一种直接喷水灭火的组件，是带热敏感元件及密封组件的自动喷头。该热敏感元件可在预定温度范围下动作，使热敏感元件及密封组件脱离喷头主体，并按规定的形状和水量在规定的保护面积内喷水灭火。它的性能好坏直接关系着系统的启动和灭火、控火效果。此种喷头按热敏感元件不同可分为玻璃球喷头和易熔元件喷头两种类型；按安装形式、布水形状又可分为直立型、下垂型、边墙型、吊顶型和干式下垂型等，如图1-36所示。它们的适用场所、安装朝向和喷水量分布，见表1-5。另外，还有四种具有特殊结构或用途的喷头：自动启闭洒水喷头、快速反应洒水喷头、扩大覆盖面洒水喷头和大水滴洒水喷头。

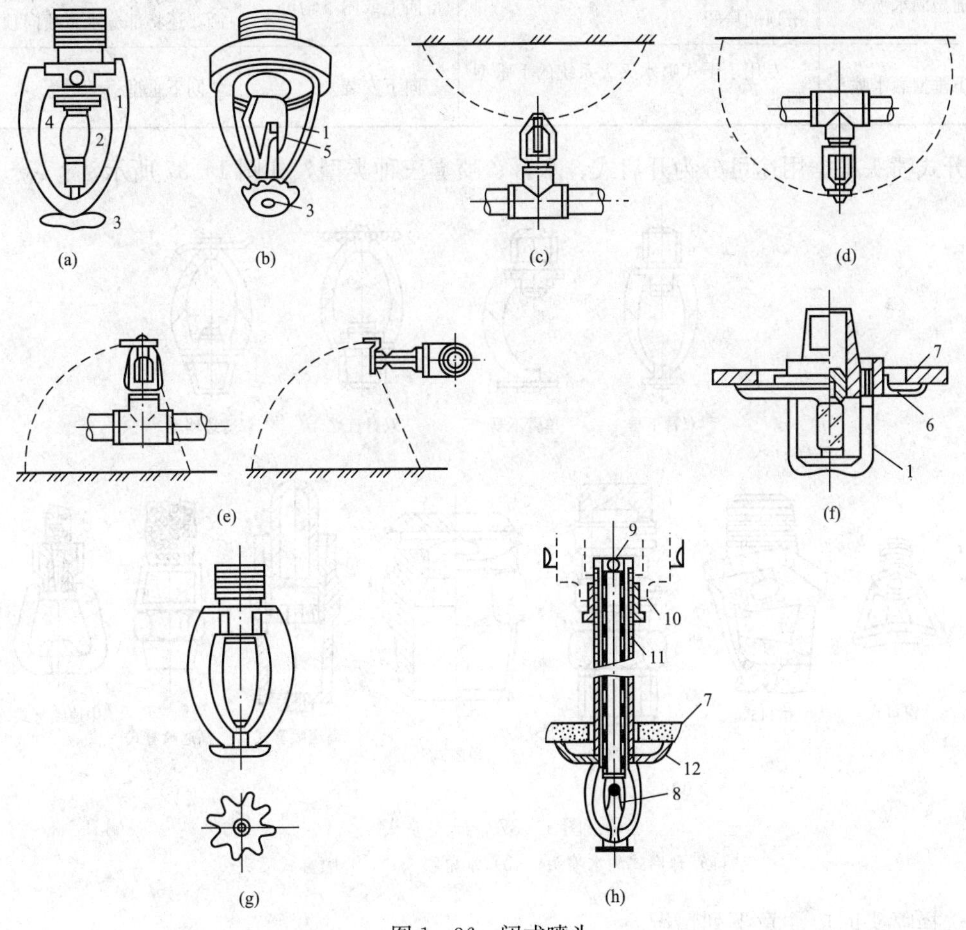

图1-36　闭式喷头

（a）玻璃球洒水喷头；（b）易熔合金洒水喷头；（c）直立型；（d）下垂型；（e）边墙型（立式、水平式）；（f）吊顶型；（g）普通型；（h）干式下垂型

1—支架；2—玻璃球；3—溅水盘；4—喷水口；5—合金锁片；6—装饰罩；7—吊顶；8—热敏元件；9—钢球；10—铜球密封圈；11—套筒；12—装饰罩

表 1-5 常用闭式喷头的性能

喷头类别	适用场所	溅水盘朝向	喷水量分配
玻璃球洒水喷头	宾馆等美观要求高的或具有腐蚀性的场所；环境温度高于－10℃		
易熔合金洒水喷头	外观要求不高或腐蚀性不大的工厂、仓库或民用建筑		
直立型洒水喷头	在管路下经常有移动物体的场所或尘埃较多的场所	向上安装	向下喷水量占 60%～80%
下垂型洒水喷头	管路要求隐蔽的各种保护场所	向下安装	全部水量洒向地面
边墙型洒水喷头	安装空间狭窄、走廊或通道状建筑，以及需靠墙壁安装	向上或水平安装	水量的 85%喷向喷头前方，15%喷在后面
吊顶型喷头	装饰型喷头，可安装于旅馆、客房、餐厅、办公室等建筑	向下安装	
普通型洒水喷头	可直立或下垂安装，适用于有可燃吊顶的房间	向上或向下均可	水量的 40%～60%向地面喷洒，还将部分水量喷向顶棚
干式下垂型洒水喷头	专用于干式喷水灭火系统的下垂型喷头	向下安装	同下垂型

开式喷头根据用途可分为开启式、水幕、喷雾三种类型，如图 1-37 所示。

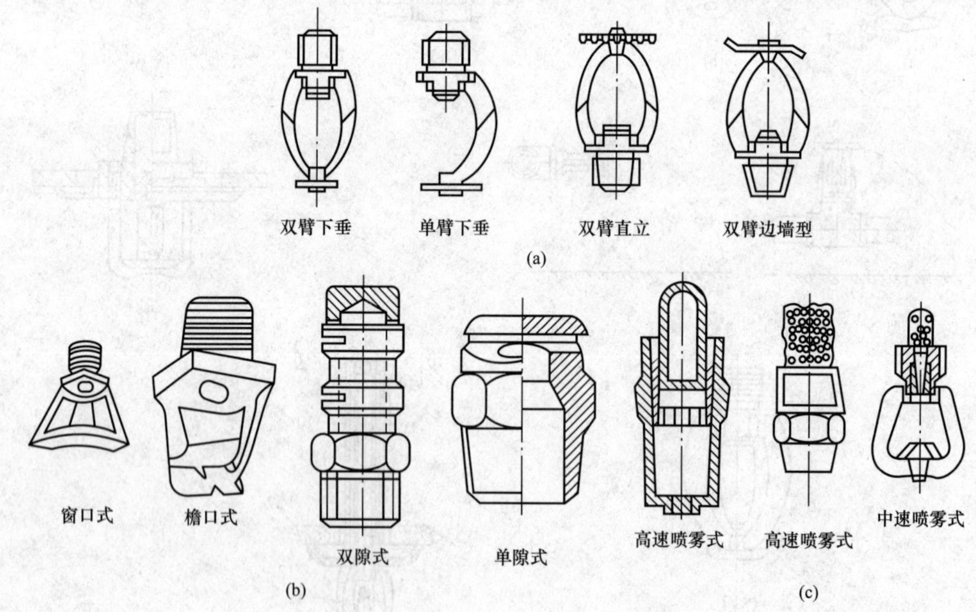

图 1-37 开式喷头

(a) 开启式洒水喷头；(b) 水幕喷头；(c) 喷雾式喷头

选择喷头时应注意下列情况：

应严格按照环境温度来选用喷头温级。为了准确有效地使喷头发挥作用，在不同的环境温度场所内设置喷头时，喷头公称动作温度要比环境温度高 30℃左右。

在蒸汽压力小于 0.1MPa 的散热器附近 2m 以内的空间，采用高温级喷头（121～

149℃)；2～6m以内在空气热流趋向的一面采用中温级喷头（79～107℃）。

在没有保温的蒸汽管上方0.76m和两侧0.3m以内的空间，应采用中温级喷头（79～107℃)；在低压蒸汽安全阀旁边2m以内，采用高温级喷头（121～149℃)。

在既无绝热措施，又无通风的木板或瓦楞铁皮房顶的闷顶中，及受到日光曝晒的玻璃天窗下，应采用中温级喷头（79～107℃)。

在装置喷头的场所，应注意防止腐蚀性气体的侵蚀，为此要进行防腐处理。喷头不得受外力的撞击，经常清除喷头上面的尘土。

喷头的公称动作温度和色标见表1-6。

表1-6　　　闭式喷头的公称动作温度

玻璃球喷头		易熔元件喷头	
公称动作温度（℃）	工作液色标	公称动作温度（℃）	轭臂色标
57	橙色	57～77	本色
68	红色	80～107	白色
79	黄色	121～149	蓝色
93	绿色	163～191	红色
141	蓝色	204～246	绿色
182	紫红色	260～302	橙色
227	黑色	320～343	黑色
260	黑色		
343	黑色		

(2）水力警铃主要用于湿式喷水灭火系统，安装在湿式报警阀附近（连接管不宜超过6m)，当报警阀打开消防水源后，具有一定压力的水流冲动叶轮，旋转铃锤，打铃报警。水力警铃不得由电动报警装置代替。

(3）报警阀的作用是开启和关闭管网的水流，传递控制信号至控制系统并启动水力警铃直接报警，有湿式、干式、干湿式和雨淋式四种类型。

(4）延迟器。延迟器是一个罐式容器，安装于报警阀与水力警铃（或压力开关）之间，用来防止由于水压波动原因引起报警阀开启而导致的误报。

(5）火灾探测器。火灾探测器有感烟和感温两种类型，布置在房间或走道的顶棚下面。

1.4.4 灭火器及其布置

一、手提灭火器

(1）灭火器配置场所。为了有效地扑救工业与民用建筑初起火灾，减少火灾损失，保护人身和财产的安全，需要合理配置建筑灭火器。GB 50140—2005《建筑灭火器配置设计规范》适用于生产、使用或储存可燃物的新建、改建、扩建的工业与民用建筑工程存在可燃的气体、液体、固体等物质，需要配置灭火器的场所，不适用于生产或储存炸药、弹药、火工品、花炮的厂房或库房。

(2）灭火器配置场所的火灾种类和危险等级。

1）火灾种类。根据灭火器配置场所内的物质及燃烧特性划分为以下五类：

A类火灾：固体物质火灾。

B类火灾：液体火灾或可熔化固体物质火灾。

C类火灾：气体火灾。

D类火灾：金属火灾。

E类火灾（带电火灾）：物体带电燃烧的火灾。

2）危险等级。民用建筑灭火器配置场所的危险等级，根据使用性质、人员密集程度、用电用火情况、可燃物数量、火灾蔓延速度、扑救难易程度等因素，划分为以下三级，严重危险级：使用性质重要，人员密集，用电用火多，可燃物多，起火后蔓延迅速，扑救困难，容易造成重大财产损失或人员群死群伤的场所；中危险级：使用性质较重要，人员较密集，用电用火较多，可燃物较多，起火后蔓延较迅速，扑救较难的场所；轻危险级：使用性质一般，人员不密集，用电用火较少，可燃物较少，起火后蔓延较缓慢，扑救较易的场所。

（3）灭火器的选择。灭火器的选择应考虑灭火器配置场所的火灾种类、危险等级、灭火器的灭火效能和通用性、灭火剂对保护物品的污损程度、灭火器设置点的环境温度、使用灭火器人员的体能等因素。

在同一灭火器配置场所，宜选用相同类型和操作方法的灭火器。当同一灭火器配置场所存在不同火灾种类时，应选用通用型灭火器。

在同一灭火器配置场所，当选用两种或两种以上类型灭火器时，应采用灭火剂相容的灭火器。

不相容的灭火剂见表1-7。

表1-7　不相容的灭火剂

灭火剂类型	不相容的灭火剂	
干粉与干粉	磷酸铵盐	碳酸氢钠、碳酸氢钾
干粉与泡沫	碳酸氢钠、碳酸氢钾	蛋白泡沫
泡沫与泡沫	蛋白泡沫、氟蛋白泡沫	水成膜泡沫

（4）灭火器的类型选择。

A类火灾场所应选择水型灭火器、磷酸铵盐干粉灭火器、泡沫灭火器或卤代烷灭火器。

B类火灾场所应选择泡沫灭火器、碳酸氢钠干粉灭火器、磷酸铵盐干粉灭火器、二氧化碳灭火器、灭B类火灾的水型灭火器或卤代烷灭火器。极性溶剂的B类火灾场所应选择灭B类火灾的抗溶性灭火器。

C类火灾场所应选择磷酸铵盐干粉灭火器、碳酸氢钠干粉灭火器、二氧化碳灭火器或卤代烷灭火器。

D类火灾场所应选择扑灭金属火灾的专用灭火器。

E类火灾场所应选择磷酸铵盐干粉灭火器、碳酸氢钠干粉灭火器、卤代烷灭火器或二氧化碳灭火器，但不得选用装有金属喇叭喷筒的二氧化碳灭火器。

（5）灭火器的设置。灭火器应设置在位置明显和便于取用的地点，且不得影响安全疏散。对有视线障碍的灭火器设置点，应设置指示其位置的发光标志。灭火器的摆放应稳固，铭牌应朝外。手提式灭火器宜设置在灭火器箱内或挂钩、托架上，顶部离地面高度不应大于1.50m；底部离地面高度不宜小于0.08m。灭火器箱不得上锁。灭火器不宜设置在潮湿或强腐蚀性的地点。当必须设置时，应有相应的保护措施。灭火器设置在室外时，应有相应的保护措施。灭火器不得设置在超出其使用温度范围的地点。

设置在A类火灾场所的灭火器，最大保护距离应符合表1-8的规定。设置在B、C类火灾场所的灭火器，最大保护距离应符合表1-9的规定。D类火灾场所的灭火器，最大保护距离应根据具体情况研究确定。E类火灾场所的灭火器，最大保护距离不应低于该场所内A类或B类火灾的规定。

表1-8 A类火灾场所的灭火器最大保护距离 m

危险等级＼灭火器形式	手提式灭火器	推车式灭火器
严重危险级	15	30
中危险级	20	40
轻危险级	25	50

表1-9 B、C类火灾场所的灭火器最大保护距离 m

危险等级＼灭火器形式	手提式灭火器	推车式灭火器
严重危险级	9	18
中危险级	12	24
轻危险级	15	30

(6) 灭火器的配置。一个计算单元内配置的灭火器数量不得少于2具。每个设置点的灭火器数量不宜多于5具。当住宅楼每层的公共部位建筑面积超过100m^{2}时，应配置1具1A的手提式灭火器；每增加100m^{2}时，应增配1具1A的手提式灭火器。

灭火器的最低配置基准：A类火灾场所灭火器的最低配置基准应符合表1-10的规定，B、C类火灾场所灭火器的最低配置基准应符合表1-11的规定。D类火灾场所的灭火器最低配置基准应根据金属的种类、物态及其特性等研究确定。E类火灾场所的灭火器最低配置基准不应低于该场所内A类（或B类）火灾的规定。

表1-10 A类火灾场所灭火器的最低配置基准

危险等级	严重危险级	中危险级	轻危险级
单具灭火器最小配置灭火级别	3A	2A	1A
单位灭火级别最大保护面积（m^2/A）	50	75	100

表1-11 B、C类火灾场所灭火器最低配置基准

危险等级	严重危险级	中危险级	轻危险级
单具灭火器最小配置灭火级别	89B	55B	21B
单位灭火级别最大保护面积（m^2/B）	0.5	1.0	1.5

(7) 灭火器配置设计计算。灭火器配置的设计与计算应按计算单元进行。灭火器最小需配灭火级别和最少需配数量的计算值应进位取整。每个灭火器设置点实配灭火器的灭火级别和数量不得小于最小需配灭火级别和数量的计算值。灭火器设置点的位置和数量应根据灭火器的最大保护距离确定，并应保证最不利点至少在1具灭火器的保护范围内。

灭火器配置设计的计算单元应按下列规定划分：当一个楼层或一个水平防火分区内各场所的危险等级和火灾种类相同时，可将其作为一个计算单元；当一个楼层或一个水平防火分区内各场所的危险等级和火灾种类不相同时，应将其分别作为不同的计算单元；同一计算单元不得跨越防火分区和楼层。

计算单元保护面积的确定应符合下列规定：建筑物应按其建筑面积确定；可燃物露天堆场，甲、乙、丙类液体贮罐区，可燃气体贮罐区应按堆垛、贮罐的占地面积确定。

计算单元的最小需配灭火级别应按式（1-16）计算，即

$$Q = K\frac{S}{U} \tag{1-16}$$

式中　Q——计算单元的最小需配灭火级别，A 或 B；

S——计算单元的保护面积，m^2；

U——A 类或 B 类火灾场所单位灭火级别最大保护面积，m^2/A 或 m^2/B；

K——修正系数。

修正系数应按表 1－12 的规定取值。

表 1－12　　修 正 系 数

计算单元	K
未设室内消火栓系统和灭火系统	1.0
设有室内消火栓系统	0.9
设有灭火系统	0.7
设有室内消火栓系统和灭火系统	0.5
可燃物露天堆场 甲、乙、丙类液体贮罐区 可燃气体贮罐区	0.3

歌舞娱乐放映游艺场所、网吧、商场、寺庙，以及地下场所等的计算单元的最小需配灭火级别应按式（1－17）计算，即

$$Q = 1.3K\frac{S}{U} \tag{1-17}$$

计算单元中每个灭火器设置点的最小需配灭火级别应按式（1－18）计算，即

$$Q_e = \frac{Q}{N} \tag{1-18}$$

式中　Q_e——计算单元中每个灭火器设置点的最小需配灭火级别，A 或 B；

N——计算单元中的灭火器设置点数，个。

灭火器配置的设计计算可按下述程序进行：

1）确定各灭火器配置场所的火灾种类和危险等级。

2）划分计算单元，计算各单元的保护面积。

3）计算各单元的最小需配灭火级别。

4）确定各计算单元中的灭火器设置点的位置和数量。

5）计算每个灭火器设置点的最小需配灭火级别。

6）确定每个设置点灭火器的类型、规格与数量。

7）确定每具灭火器的设置方式和要求。

8）在工程设计图上用灭火器图例和文字标明灭火器的型号、数量及设置位置。

1.5　建筑内部热水及饮水供应系统

1.5.1　热水供应系统的分类

建筑内部的热水供应系统按供水范围的大小，可分为局部热水供应系统、集中热水供应系统和区域热水供应系统。局部热水供应系统供水范围小，热水分散制备。一般采用小型加热器在用水场所就地加热水，供局部范围内一个或几个配水点使用，系统简单，造价低，维修管理容易，热水管路短，热损失小，适用于使用要求不高，用水点少而分散的建筑，其热源宜采用蒸汽、煤气、炉灶余热、电或太阳能等。集中热水供应系统如图 1－38 所示，供水范围大，热水集中制备，用管道输送到各配水点，一般在建筑内设专用锅炉房或热交换器将水集中加热后，通过热水管道将水输送到一幢或几幢建筑使用。该系统加热设备集中，管理方便，但设备系统复杂，建设投资较高，管路热损失较大，适用于热水用量大，用水点多且分布较集中的建筑。区域热水供应系统中水在热电厂或区域性锅炉或区域热交换站加热，通

过室外热水管网将热水输送至城市街坊、住宅小区各建筑中。该系统便于集中统一维护管理和热能综合利用，并且消除分散的小型锅炉房，减少环境污染，设备、系统复杂，需敷设室外供水和回水管道，基建投资较高，适用于要求供热水的建筑甚多且较集中的区域住宅和大型工业企业。

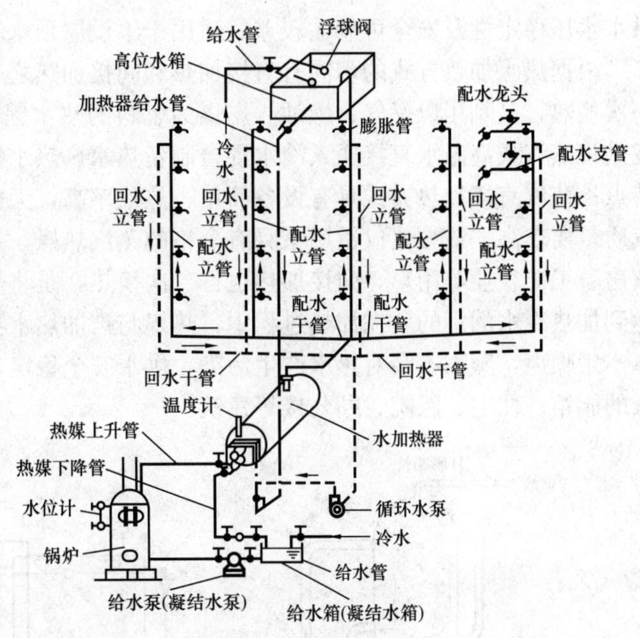

图1-38 热媒为蒸汽的集中热水供应系统

按管网压力工况的特点，热水供应系统可分为开式热水供应系统和闭式热水供应系统。开式热水供水方式中一般是在管网顶部设有水箱，管网与大气连通，系统内的水压仅取决于水箱的设置高度，而不受室外给水管网水压波动的影响。所以，当给水管道的水压变化较大，且用户要求水压稳定时，宜采用开式热水供水方式，如图1-39所示，该方式中必须设置高位冷水箱和膨胀管或开式加热水箱；闭式热水供水方式中管网不与大气相通，冷水直接进入水加热器，需设安全阀，有条件时还可以考虑设隔膜式压力膨胀罐，以确保系统的安全运转，如图1-40所示。闭式热水供水方式具有管路简单，水质不易受外界污染的优点，但

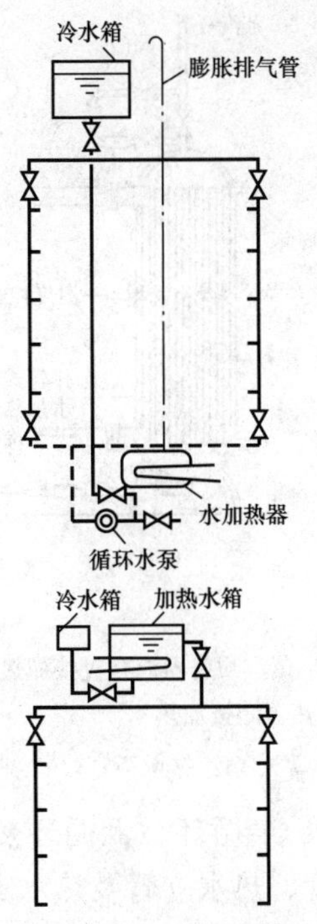

图1-39 开式热水供应系统

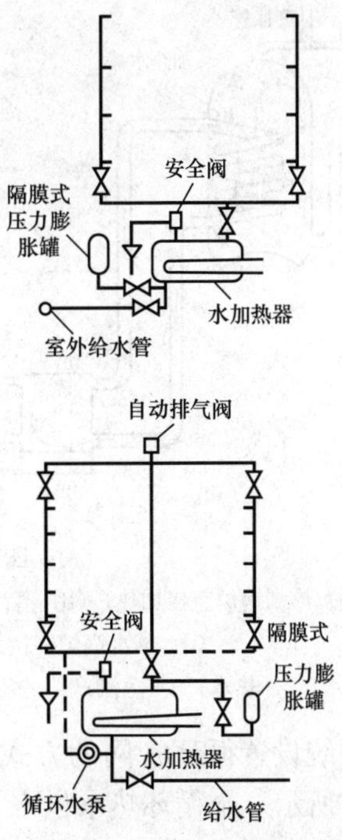

图1-40 闭式热水供应系统

供水水压稳定性及安全可靠性较差，适用于不设屋顶水箱的热水供应系统。

根据热水加热方式的不同有直接加热和间接加热之分，如图 1 - 41 所示。直接加热也称一次换热，是利用以燃气、燃油、燃煤为燃料的热水锅炉，把冷水直接加热到所需的温度，或是将蒸汽或高温水直接通入冷水混合制备热水。热水锅炉直接加热具有热效率高、节能的特点；蒸汽直接加热方式具有设备简单、热效率高，无需冷凝水管的优点，但噪声大，对蒸汽质量要求高。该方式仅适用于具有合格的蒸汽热媒，且对噪声无严格要求的公共浴室、洗衣房、工矿企业等用户。间接加热也称二次换热，是将热媒通过水加热器把热量传递给冷水达到加热冷水的目的，在加热过程中，热媒与被加热水不直接接触。该方式的优点是加热时不产生噪声，蒸汽不会对热水产生污染，供水安全稳定，适用于要求供水稳定、安全、噪声低的旅馆、住宅、医院、办公楼等建筑。

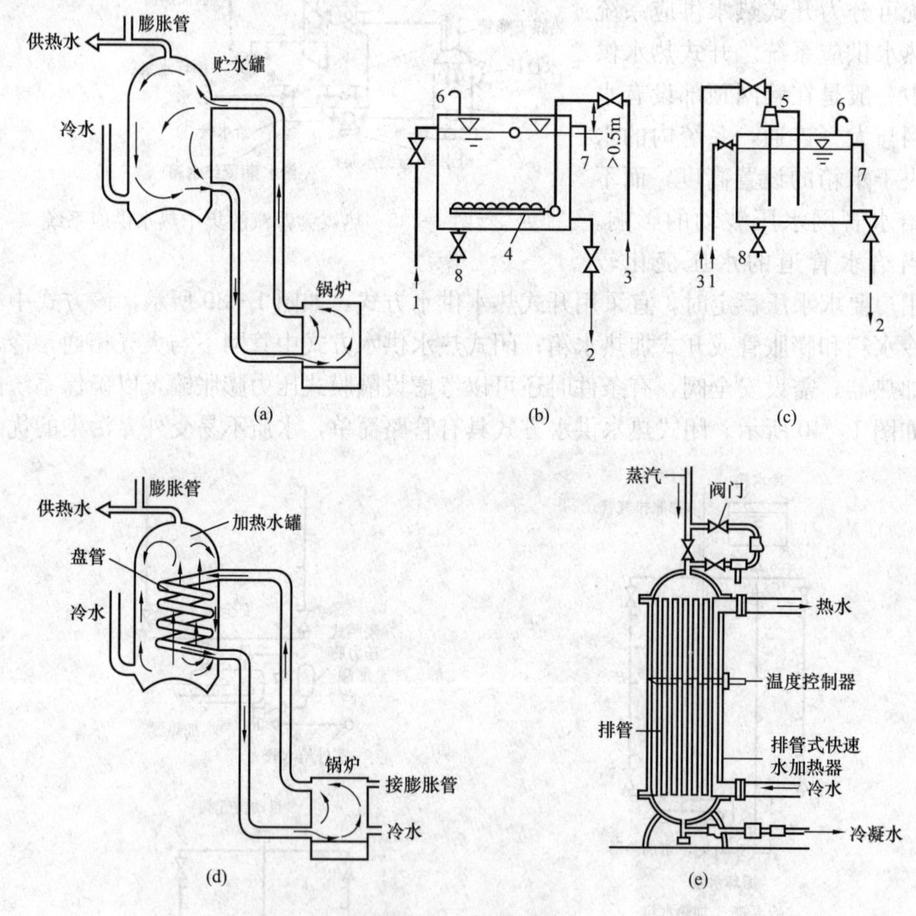

图 1 - 41　加热方式

(a) 热水锅炉直接加热；(b) 蒸汽多孔管直接加热；(c) 蒸汽喷射器混合直接加热；
(d) 热水锅炉间接加热；(e) 蒸汽—水加热器间接加热
1—给水；2—热水；3—蒸汽；4—多孔管；5—喷射器；6—通气管；7—溢水管；8—泄水管

根据热水系统设置循环管网的方式不同，有全循环、半循环、无循环热水供水方式之分，如图 1 - 42 所示。全循环热水供水方式是指热水干管、热水立管及热水支管均能保持热水的循环，各配水龙头随时打开均能提供符合设计水温要求的热水，该方式用于有特殊要求的高标准建筑中，如高级宾馆、饭店、高级住宅等。半循环方式又分为立管循环和干管循环热水供水方式。立管循环热水供水方式是指热水干管和热水立管内均保持有热水的循环，打开配水龙头时只需放掉热水支管中少量的存水，就能获得规定水温的热水，该方式多用于设有全日供应热水的建筑和设有定时供应热水的高层建筑中；干管循环热水供水方式是指仅保持热水干管内的热水循环，多用于采用定时供应热水的建筑中，在热水供应前，先用循环泵把干管中已冷却的存水循环加热，当打开配水龙头时只需放掉立管和支管内的冷水就可流出符合要求的热水。无循环热水供水方式是指在热水管网中不设任何循环管道，适用于热水供应系统较小、使用要求不高的定时供应系统，如公共浴室、洗衣房等。

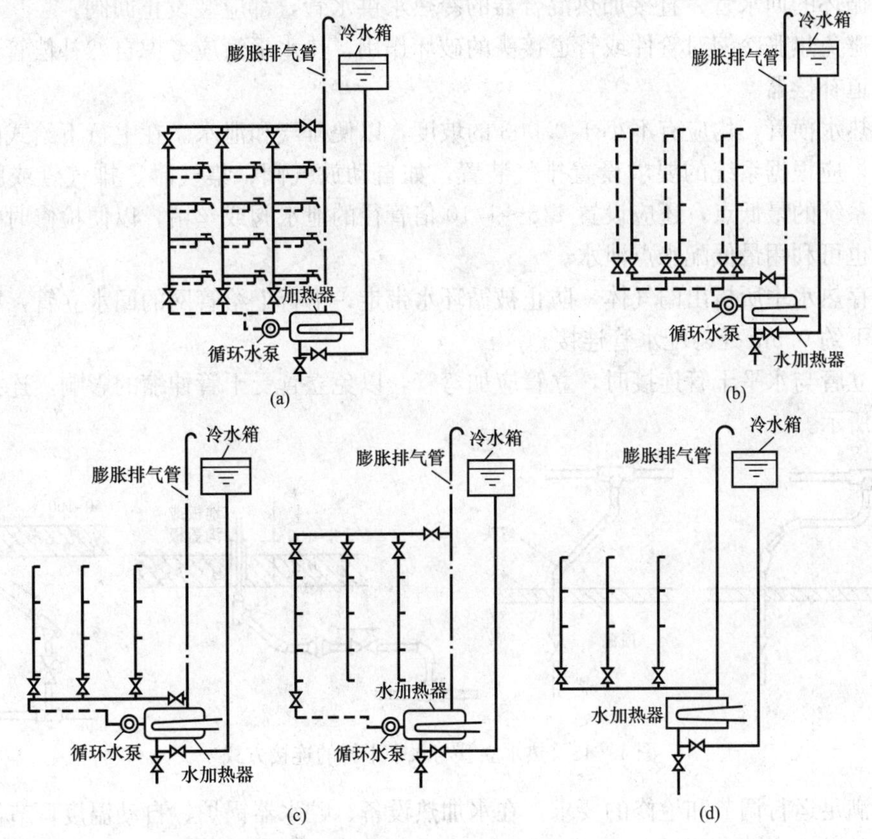

图1-42 循环方式

(a) 全循环；(b) 立管循环；(c) 干管循环；(d) 无循环

根据热水循环系统中采用的循环动力不同，有设循环水泵的机械强制循环方式和不设循环水泵靠热动力差循环的自然循环方式。

根据热水配水管网水平干管的位置不同，还有下行上给供水方式和上行下给的供水方式。

选用何种热水供水方式应根据建筑物用途、热源的供给情况、热水用水量和卫生器具的布置情况进行技术和经济比较后确定。

1.5.2 热水管网的布置与敷设

热水管网布置与给水管网布置的原则基本相同。另外，还需注意因水温高而引起的体积膨胀、管道伸缩补偿、保温、防腐、排气等问题。热水管道敷设时一般多为明装。明装时，管道应尽可能地布置在卫生间、厨房或非居住人的房间。暗装不得埋于地面下，多敷设于地沟内、地下室顶部、建筑物最高层的顶板下或顶棚内及专用设备技术层内。热水管可以沿墙、梁、柱敷设，也可敷设在管道井及预留沟槽内。设于地沟内的热水管，应尽量与其他管道同沟敷设。

管道穿过墙和楼板时应设套管，若地面有积水可能时，套管应高出室内地面 5～10cm，以避免地面积水从套管缝隙渗入下层。

热水管网的配水立管始端、回水立管末端和支管上装设多于五个配水龙头的支管始端，均应设置阀门，以便于调节和检修。为了防止热水倒流或串流，水加热器或热水贮罐的进水管、机械循环的回水管、直接加热混合器的冷热水供水管，都应装设止回阀。

为了避免热胀冷缩对管件或管道接头的破坏作用，热水干管应考虑自然补偿管道或装设足够的管道补偿器。

所有热水横管，均应有不小于 0.003 的坡度，以便排气和泄水。在上行下给式配水干管的最高点，应根据系统的要求设置排气装置，如自动放气阀、集气罐、排气管或膨胀水箱等。管网系统的最低点，还应设置 1/5～1/10 倍管径的泄水阀或丝堵，以便检修时排泄系统的积水，也可利用最低配水点泄水。

为集存热水中所析出的气体，防止被循环水带走，下行上给管网的回水立管，应在最高配水点以下约 0.5m 处与配水管连接。

热水立管与水平干管连接时，立管应加弯管，以免立管受干管伸缩的影响，连接方式如图 1-43 所示。

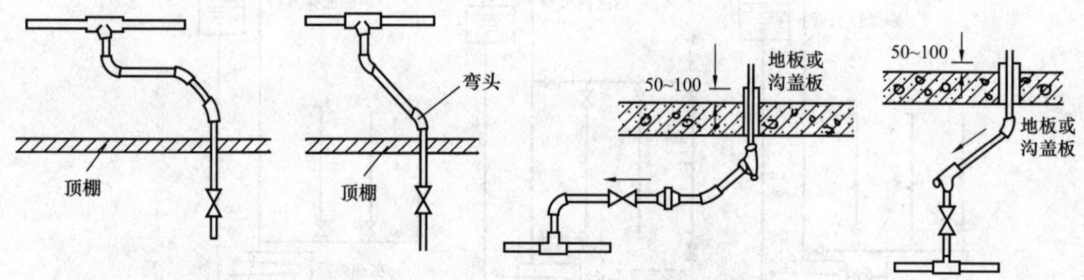

图 1-43　热水立管与水平干管的连接方式

为了满足运行调节和检修的要求，在水加热设备、贮水器锅炉、自动温度调节器和疏水器等设备的进出水口的管道上，还应装设必需的阀门。

根据要求，管道上应设活动与固定支架，其间距由设计决定。

管道防腐，应在作管道保温层前进行。首先要对管道除锈，然后再刷耐热防锈漆两道。对不保温的回水管及附件，除锈后刷红丹漆一道后，再刷沥青漆两道。

为减少热损失，热水配水、循环干管和通过不采暖房间的管道及锅炉、水加热器、热水箱等，均应保温。常用的保温材料有石棉、矿渣棉、蛭石类、珍珠岩、玻璃纤维、泡沫混凝土等。保温层构造通常由保温、保护两层组成，保护层的作用是增加保温结构的机械强度和防水能力。

1.5.3　饮水供应系统

一、饮水供应的类型和标准

(1) 饮水供应的类型。饮水供应系统有开水供应和冷饮水供应之分，采用何种类型应根据当地的生活习惯和建筑物的使用性质等因素确定。开水供应系统适用于办公楼、旅馆、学生公寓、军营等场所。冷饮水供应系统适用于大型娱乐场所等公共建筑、工矿企业生产车间。

(2) 饮水的标准。

1) 饮水水质。各种饮水水质必须符合 GB 5749—2006《生活饮用水卫生标准》的规定，除此之外，作为饮用的温水、生水和冷饮水，还应在接至饮水装置之前进行必要的过滤或消毒处理，以防在储存和运输过程中二次污染。

2) 饮水温度。开水：应将水烧至100℃后并持续3min，计算温度采用100℃，饮用开水是目前我国采用较多的饮水方式。温水：计算温度采用50～55℃，目前我国采用较少。生水：水温一般为10～30℃，国外较多，国内一些饭店、宾馆提供这样的饮水系统。冷饮水：一般为7～15℃，国内除工矿企业夏季劳保用水供应和高级饭店采用外，均较少采用。目前，在一些星级宾馆、饭店中直接为客人提供瓶装矿泉水等饮用水。

二、饮水的制备方法及供应方式

饮水的制备与供应通常有以下几种方式。

(1) 开水集中制备分散供应。在开水间统一制备开水，通过管道输送到开水用水点，如图1-44所示。这种系统对管道材质要求较高，以确保水质不受污染。该系统加热器的出水水温不小于105℃，回水温度为100℃，为保证供水点的水温，多采用机械循环方式。

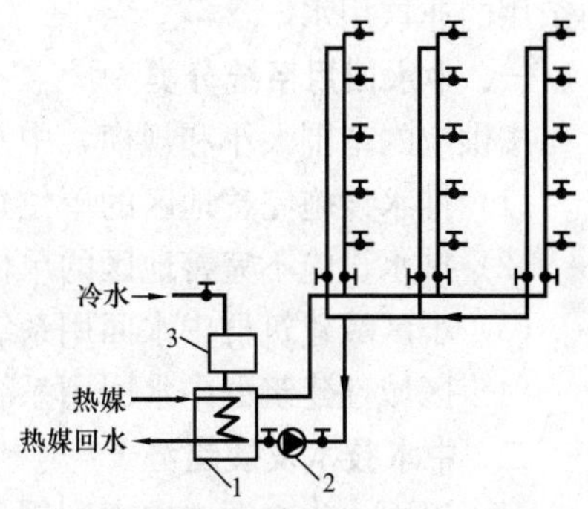

图1-44 集中制备分散供应方式

1—水加热器；2—循环水泵；3—过滤器

(2) 开水集中制备集中供应。在开水间集中制备开水，人们用容器取水饮用，如图1-45所示。

(3) 冷饮水集中制备分散供应。该系统如图1-46所示，适用于中小学校、体育场、游泳场、火车站等人员流动较集中的公共场所。

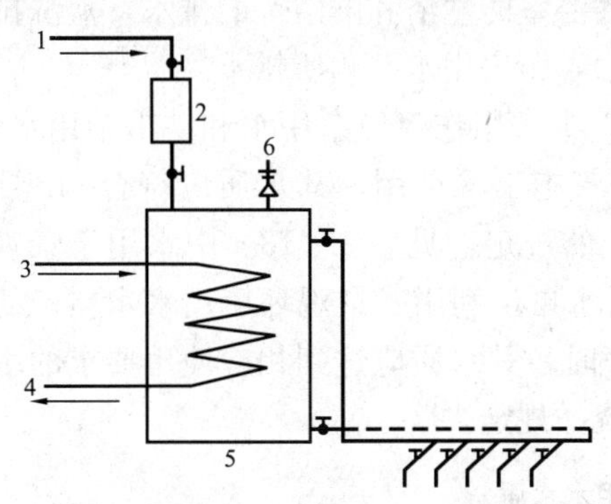

图1-45 集中制备集中供应方式

1—供水；2—过滤器；3—蒸汽；4—冷凝水；5—开水器；6—安全阀

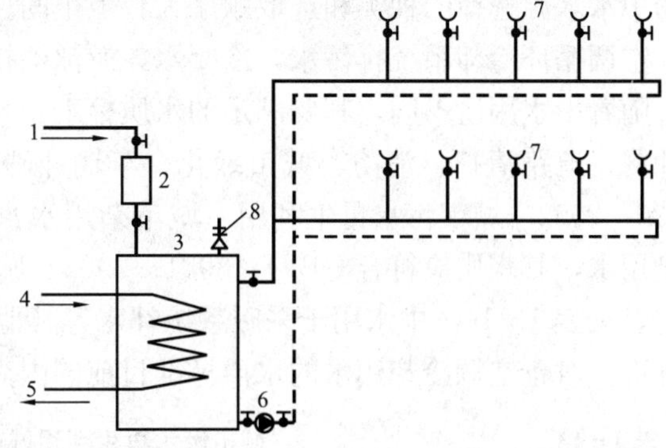

图1-46 冷饮水供应系统

1—冷水；2—过滤器；3—开水器；4—蒸汽；5—冷凝水；6—循环水泵；7—饮水器；8—安全阀

冷饮水在夏季一般不用加热，冷饮水水温与自来水水温相同即可，在冬季，冷饮水温度一般为35～40℃，与人体温度接近，饮用后无不适感觉。

冷饮水供应系统，为避免水流滞留影响水质，应设置循环管道，循环回水也应进行消毒灭菌处理。

1.6 建筑中水

中水是对应给水、排水的内涵而得名，翻译过来的名词有再生水、中水道、回用水、杂用水等，通常称为“中水”，是对建筑物、建筑小区的配套设施而言，又称为中水设施。

1.6.1 中水的概念

所谓中水是指各种排水经处理后，达到规定的水质标准，可在生活、市政、环境等范围内杂用的非饮用水。

一、中水回用系统分类

按供应的范围大小和规模，中水一般有下面四大类：

（1）排水设施完善地区的单位建筑中水回用系统。

（2）排水设施不完善地区的单位建筑中水回用系统。

（3）小区域建筑群中水回用系统。

（4）区域性建筑群中水回用系统。

二、中水技术发展趋势

（1）以雨水为水源的中水利用日益受到重视。

（2）建筑小区和城市中水系统成为发展重点。

（3）新的中水处理工艺不断被采用。

1.6.2 中水水源及水质

城市污水经处理设施深度净化处理后的水（包括污水处理厂经二级处理，再进行深化处理后的水和大型建筑物、生活社区的洗浴水、洗菜水等集中经处理后的水）统称“中水”，其水质介于自来水（上水）与排入管道内污水（下水）之间。中水利用也称作污水回用。建筑物中水水源选择的种类和选取顺序为：卫生间、公共浴室的盆浴和淋浴等的排水，盥洗排水，空调循环冷却系统排污水，冷凝水，游泳池排污水，厨房用水，厕所排水。

随着中水用途不同，其要满足的水质标准也不同。中水用作建筑杂用水和城市杂用水，如冲厕、道路清扫、消防、城市绿化、车辆冲洗、建筑施工等杂用，其水质应符合 GB/T 18920—2002《城市污水再生利用　城市杂用水水质》的规定，见表 1－13。中水用于景观环境用水，其水质应符合 GB/T 18921—2002《城市污水再生利用　景观环境用水水质》的规定，见表 1－14。中水用于采暖系统补水等其他用途时，其水质应达到相应使用要求的水质标准。对于空调冷却用水的水质标准目前国内尚无统一规定。

表 1－13　　城市污水再生利用城市杂用水水质

序号	项　目		冲厕	道路清扫、消防	城市绿化	车辆冲洗	建筑施工
1	pH 值		6.0～9.0				
2	色度（度）	≤	30				
3	嗅		无不快感				
4	浊度（NTU）	≤	5	10	10	5	20

续表

序号	项目		冲厕	道路清扫、消防	城市绿化	车辆冲洗	建筑施工
5	溶解性总固体（mg/L）	≤	1500	1500	1000	1000	—
6	五日生化需氧量（BOD_5）（mg/L）	≤	10	15	20	10	15
7	氨氮（mg/L）	≤	10	10	20	10	20
8	阴离子表面活性剂（mg/L）	≤	1.0	1.0	1.0	0.5	1.0
9	铁（mg/L）	≤	0.3	—	—	0.3	—
10	锰（mg/L）	≤	0.1	—	—	0.1	—
11	溶解氧（mg/L）	≥	1.0				
12	总余氯（mg/L）		接触30min后大于等于1.0，管网末端大于等于0.2				
13	总大肠菌群（个/L）	≤	3				

表1-14　城市污水再生利用景观环境用水水质

序号	项目		观赏性景观环境用水			娱乐性景观环境用水		
			河道	湖泊	水景	河道	湖泊	水景
1	基本要求		无漂浮物，无令人不愉快的嗅和味					
2	pH值（无量纲）		6～9					
3	五日生化需氧量（BOD_5）	≤	10	6		6		
4	悬浮物（SS）	≤	20	10		—		
5	浊度（NTU）	≤	—			5.0		
6	溶解氧	≥	1.5			2.0		
7	总磷（以P计）	≤	1.0	0.5		1.0	0.5	
8	总氮	≤	15					
9	氨氮（以N计）	≤	5					
10	粪大肠菌群（个/L）	≤	10 000	2000		500	不得检出	
11	余氯	≥	0.05					
12	色度（度）	≤	30					
13	石油类	≤	1.0					
14	阴离子表面活性剂	≤	0.5					

注 1. 对于需要通过管道输送再生水的非现场回用情况采用加氯消毒方式；而对于现场回用情况不限制消毒方式。
2. 若使用未经过除磷脱氮的再生水作为景观环境用水，鼓励使用本标准的各方在回用地点积极探索通过人工培养具有观赏价值水生植物的方法，使景观水体的氮磷满足表1-13的要求，使再生水中的水生植物有经济合理的出路。

1.6.3 中水管道系统

中水原水管道系统可根据原水为优质杂排水、杂排水、生活污水等区别，对排水进行分系统设备分别设置合流制和分流制两种系统。

中水供水系统为杂用水系统，其供水系统和给水供水系统相似，也可以分为水泵加压直接供水、水泵—水箱（高位）供水、水泵—气压罐供水和变频供水等方式。

一、中水系统组成

中水系统由原水收集系统、水处理系统和中水供水系统组成。

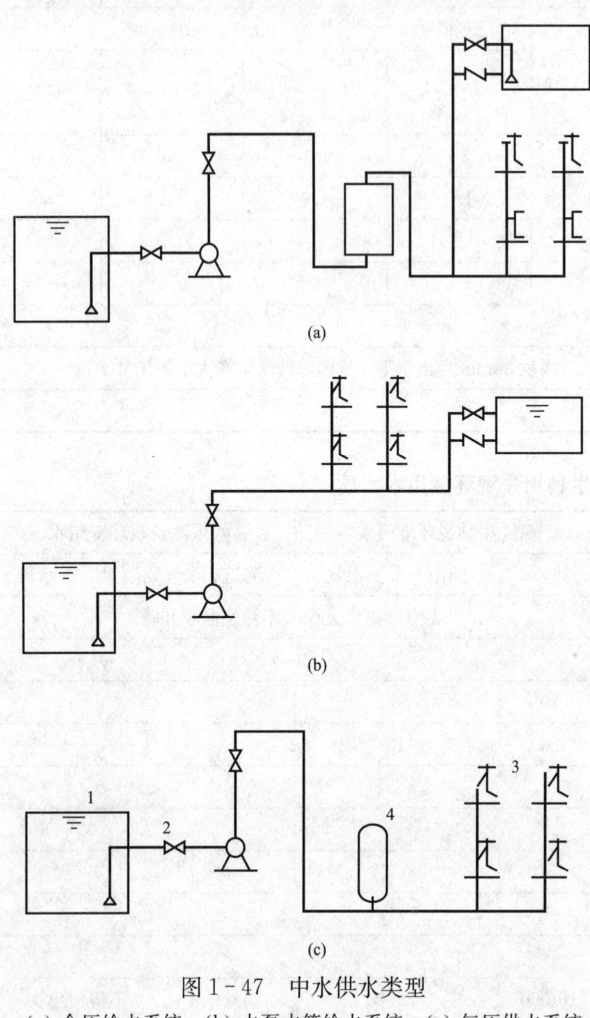

图 1－47　中水供水类型

(a) 余压给水系统；(b) 水泵水箱给水系统；(c) 气压供水系统
1—中水贮池；2—水泵；3—中水用水器具；4—气压罐

(1) 原水收集系统。原水收集系统主要是采集原水，包括室内中水采集管道、室外中水采集管道和相应的集流配套设施。

(2) 中水处理设备。中水处理设备是用来处理原水使其达到中水的水质标准，一般可分为预处理设备、主要处理设施和后处理设施。

(3) 中水供水系统。中水供水系统通过室内外和小区的中水给水管道系统向用户提供中水，对中水管道和设备的要求主要有：①中水供水系统必须独立设置；②中水管道必须具有耐腐蚀性；③不能采用耐腐蚀材料的管道和设备，应做好防腐蚀处理，使其表面光滑，易于清洗结垢；④中水供水系统应根据使用要求安装计量装置；⑤中水管道不得装置取水龙头，便器冲洗宜采用密闭型设备和器具。绿化、洗洒、汽车冲洗宜采用壁式或地下式的给水栓；⑥中水管道、设备及受水器具应按规定着浅绿色，以免引起误用。

二、中水系统供水形式

常用的中水供水系统有余压给水系统、水泵水箱供水系统、气压给水系统三种形式，见图 1－47。

1.6.4　中水的处理工艺

几种典型的中水处理工艺流程如图 1－48 所示。

中水处理工艺流程的选择，主要根据原水水质及中水用途决定，并且每一种流程的处理步骤也非一成不变，可以根据使用要求进行取舍。

1.6.5　建筑中水的安全防护与控制

中水系统应从以下几点注意安全防护与控制：

(1) 中水处理站的处理系统和供水系统应采用自动控制装置，并应同时设置手动控制。

(2) 中水处理系统应对使用对象要求的主要水质指标定期检测，对常用控制指标（水量、主要水位、pH 值、浊度、余氯等）实现现场监测，有条件的可实现在线监测。

(3) 中水系统的自来水补水宜在中水池或供水箱处，采取最低报警水位控制的自动补给。

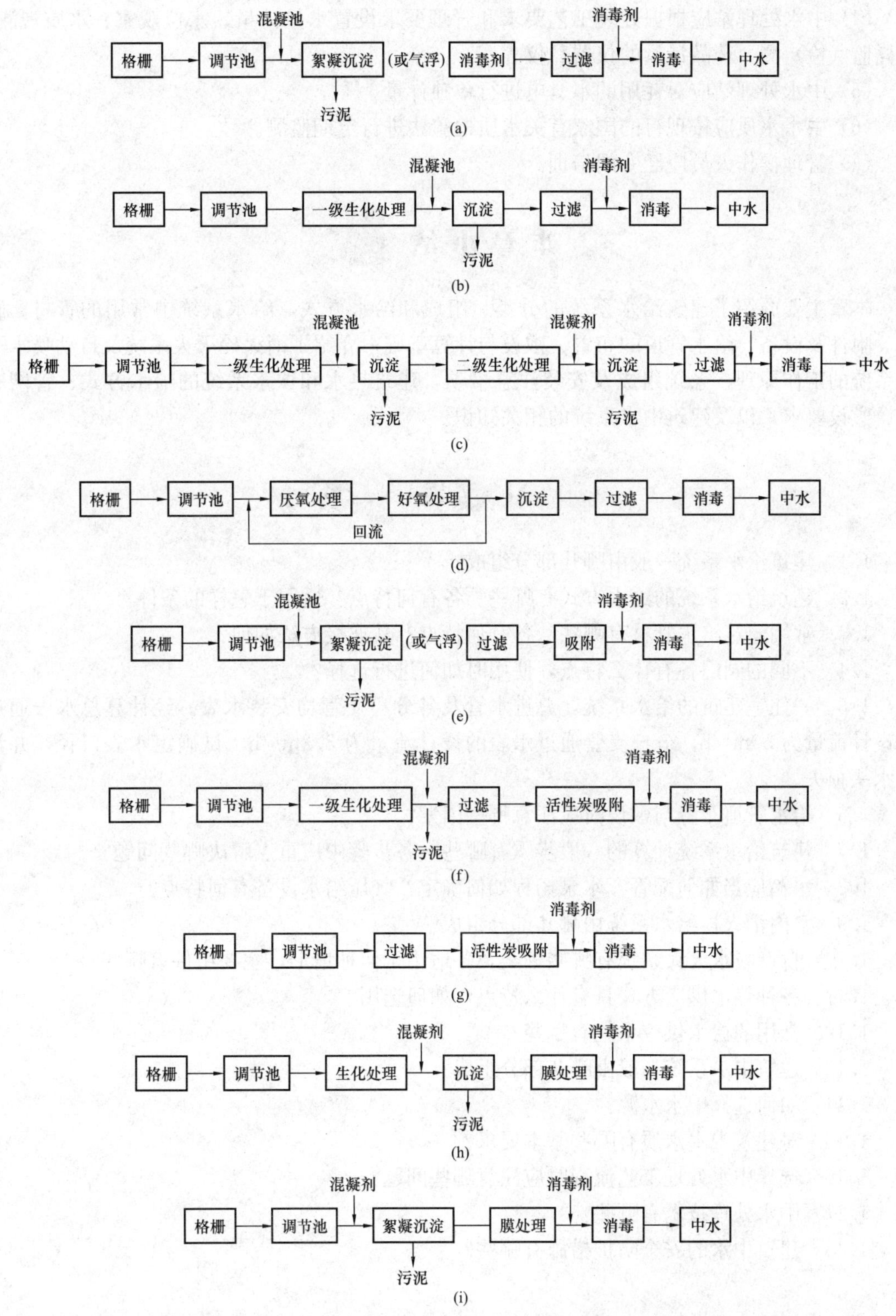

图1-48 中水处理工艺流程

(a) 工艺流程（一）；(b) 工艺流程（二）；(c) 工艺流程（三）；(d) 工艺流程（四）；
(e) 工艺流程（五）；(f) 工艺流程（六）；(g) 工艺流程（七）；(h) 工艺流程（八）；(i) 工艺流程（九）

（4）中水处理站应根据处理工艺要求和管理要求设置水量计量、水位观察、水质观测、取样监（检）测、药品计量的仪器、仪表。

（5）中水处理站应对耗用的水、电进行单独计量。

（6）中水水质应按现行的国家有关水质检验法进行定期监测。

（7）管理操作人员应经专门培训。

本章小结

本章主要介绍了建筑给水系统的分类、组成和给水方式，给水系统中常用的管材、管件、附件及设备，给水管道的布置、敷设与计算基础；介绍了消火栓灭火系统及自动喷水灭火系统的工作原理、系统组成及安装注意事项，建筑热水和饮水系统的给水方式、管网布置、敷设要求，以及建筑中水系统的相关知识。

习题

1.1 建筑给水系统一般由哪几部分组成？

1.2 建筑给水系统的给水方式有哪些？各有何特点？适用于怎样的条件？

1.3 常用建筑给水管材有哪些？各有何特点？其连接方法如何？

1.4 不同的阀门各有什么特点，使用时如何进行选择？

1.5 一住宅建筑的给水系统，总进水管及各分户支管均安装水表。经计算总水表通过的设计流量为 $50m^3/h$，分户支管通过水表的设计流量为 $3.2m^3/h$。试确定水表口径，并计算水头损失。

1.6 给水管道布置与敷设时应注意哪些因素？

1.7 建筑给水系统计算的一般步骤有哪些？各步骤中应重点解决哪些问题？

1.8 水箱应当如何配管？水泵扬程如何确定？气压给水设备有何特点？

1.9 室内消火栓给水系统由哪几部分组成？

1.10 自动喷水灭火系统有哪些种类，各适用于何种情形，主要组件有哪些？

1.11 各种热水供应方式具有什么特点，如何选用？

1.12 常用的饮水供应系统有哪些？

1.13 建筑中水系统一般由哪几部分组成？

1.14 如何选择中水水源？

1.15 对建筑中水水质有哪些基本要求？

1.16 选择中水处理工艺流程时应注意哪些问题？

1.17 中水处理技术有哪些？

1.18 建筑中水的安全防护措施有哪些？

第2章 建筑排水系统

【要点提示】在本章将要学到建筑排水系统的内容。通过学习，要求掌握排水系统的分类及组成，熟悉常用的排水管材、管件及附件，掌握卫生器具和排水管道的布置与敷设方法，了解排水通气管系统的类型和作用，了解常用的特殊单立管排水系统和屋面雨水排水系统的有关知识。

2.1 排水系统的分类、体制及组成

2.1.1 排水系统的分类

建筑排水系统是将建筑内生活、生产中使用过的水收集并排放到室外的污水管道系统。

根据系统接纳的污废水类型，排水系统可分为三大类：

(1) 生活排水系统。生活排水系统用于排除居住、公共建筑及工厂生活间的盥洗、洗涤和冲洗便器等污废水，可进一步分为生活污水排水系统和生活废水排水系统。

(2) 工业废水排水系统。用于排除生产过程中产生的工业废水。由于工业生产门类繁多，所排水质极为复杂，根据污染程度又可分为生产污水排水系统和生产废水排水系统。

(3) 雨水排水系统。用于收集排除建筑屋面上的雨雪水。

2.1.2 排水体制选择

一、排水体制

建筑内部的排水体制可分为分流制和合流制两种，分别称为建筑内部分流排水和建筑内部合流排水。

建筑内部分流排水是指居住建筑和公共建筑中的粪便污水和生活废水，工业建筑中的生产污水和生产废水各自由单独的排水管道系统排除。

建筑内部合流排水是指建筑中两种或两种以上的污、废水合用一套排水管道系统排除。

建筑物宜设置独立的屋面雨水排水系统，迅速、及时地将雨水排至室外雨水管渠或地面。在缺水或严重缺水地区宜设置雨水贮水池。

二、排水体制选择

建筑内部排水体制的确定，应根据污水性质、污染程度，结合建筑外部排水系统体制，有利于综合利用中水系统的开发和污水的处理要求等进行综合考虑。

(1) 下列情况，宜采用分流排水体制。

1) 两种污水合流后会产生有毒、有害气体或其他有害物质时。

2) 污染物质同类，但浓度差异大时。

3) 医院污水中含有大量致病菌或含有放射性元素超过排放标准规定的浓度时。

4) 不经处理和稍经处理后可重复利用的水量较大时。

5) 建筑中水系统需要收集原水时。

6) 餐饮业和厨房洗涤水中含有大量油脂时。

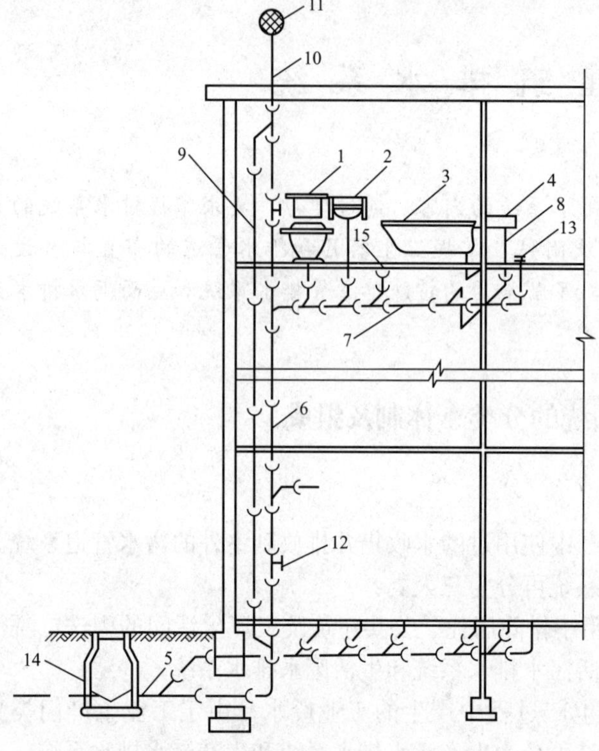

图 2-1 建筑内部排水系统的组成

1—大便器；2—洗脸盆；3—浴盆；4—洗涤盆；5—排出管；6—立管；7—横支管；8—支管；9—通气立管；10—伸顶通气管；11—网罩；12—检查口；13—清扫口；14—检查井；15—地漏

7）工业废水中含有贵重工业原料需回收利用时及夹有大量矿物质或有毒和有害物质需要单独处理时。

8）锅炉、水加热器等加热设备排水水温超过 40℃时。

（2）下列情况，宜采用合流排水体制。

1）城市有污水处理厂，生活废水不需回用时。

2）生产污水与生活污水性质相似时。

2.1.3 排水系统的组成

完整的排水系统一般由下列各部分组成（见图 2-1）。

一、卫生器具和生产设备受水器

它们是用来承受用水和将用后的废水、废物排泄到排水系统中的容器。建筑内的卫生器具应具有内表面光滑、不渗水、耐腐蚀、耐冷热、便于清洁卫生、经久耐用等性质。

二、排水管道

排水管道由器具排水管（连接卫生器具和横支管之间的一段短管，除坐式大便器外，其间均含有一个存水弯）、横支管、立管、埋设在地下的总干管和排出到室外的排出管等组成，其作用是将污（废）水能迅速、安全地排除到室外。

三、通气管道

卫生器具排水时，需向排水管系补给空气，以减小内部气压的变化，防止卫生器具水封破坏，使水流畅通；需将排水管系中的臭气和有害气体排到大气中去，使管系内经常有新鲜空气与废气之间对流，这样可减轻管道内废气造成的锈蚀。因此，排水管系应设置一个与大气相通的通气系统。

四、清通设备

为疏通建筑内部排水管道，保障排水畅通，常需设置检查口、清扫口及带有清通门的 90°弯头或三通接头、室内埋地横干管上的检查井等。

五、提升设备

当建筑物内的污（废）水不能自流排至室外时，则需设置污水提升设备。建筑内部污废水提升包括污水泵的选择、污水集水池容积确定和污水泵房设计，常用的污水泵有潜水泵、液下泵和卧式离心泵。

六、污水局部处理构筑物

当室内污水未经处理不允许直接排入城市排水系统或水体时而设置的局部水处理构筑物。

常用的局部水处理构筑物有化粪池、隔油井和降温池。化粪池是一种利用沉淀和厌氧发酵原理去除生活污水中悬浮性有机物的最初级处理构筑物，由于目前我国许多小城镇还没有生活污水处理厂，所以建筑物卫生间内所排出的生活污水，必须经过化粪池处理后才能排入合流制排水管道。隔油井的工作原理是使含油污水流速降低，并使水流方向改变，使油类浮在水面上，然后将其收集排除。隔油井适用于食品加工车间、餐饮业的厨房排水、由汽车库排出的汽车冲洗污水和其他一些生产污水的除油处理。一般，城市排水管道允许排入的污水温度规定不大于40℃，所以当室内排水温度高于40℃（如锅炉排污水）时，首先应尽可能将其热量回收利用。如不可能回收时，在排入城市管道前应采取降温措施，一般可在室外设降温池加以冷却。

2.2 排水管材和卫生设备

2.2.1 排水管材和管件

一、塑料管

目前，在建筑内使用的排水塑料管是硬聚氯乙烯管（简称UPVC管）。该管具有质量轻、不结垢、不腐蚀、外壁光滑、容易切割、便于安装、可制成各种颜色、投资省和节能的优点，正在全国推广使用。但塑料管也有强度低、耐温性差（适用于连续排放温度不大于40℃，瞬时排放温度不大于80℃的生活排水）、立管产生噪声、暴露于阳光下管道易老化、防火性能差等缺点。目前，市场供应的塑料管有实壁管、芯层发泡管、螺旋管等。排水塑料管规格见表2-1。

表2-1 建筑排水用硬聚氯乙烯塑料管规格

公称直径（mm）	40	50	75	100	150
外径（mm）	40	50	75	110	160
壁厚（mm）	2.0	2.0	2.3	3.2	4.0
参考质量（kg/m）	0.341	0.431	0.751	1.535	2.803

塑料管通过各种管件来连接，图2-2为常用的几种塑料排水管件。

二、柔性抗震排水铸铁管

对于建筑内的排水系统，铸铁管正在逐渐被排水硬聚氯乙烯塑料管取代，只有在某些特殊的地方使用，此处仅介绍在高层和超高层建筑中应用的柔性抗震排水铸铁管。

随着高层和超高层建筑迅速兴起，一般以石棉水泥或青铅为填料的刚性接头排水铸铁管，已不能适应高层建筑各种因素引起的变形，尤其有抗震要求的地区的建筑物，对重力排水管道的抗震要求，已成为最应值得重视的问题。

高耸构筑物和建筑高度超过100m的超高层建筑物内，排水立管应采用柔性接口。在地震设防烈度为Ⅷ的地区或排水立管高度在50m以上时，则应在立管上每隔两层设置柔性接口。在地震设防烈度为Ⅸ的地区，立管、横管均应设置柔性接口。

近年来，国内生产的GP-1型柔性抗震排水铸铁管，是当前采用较为广泛的一种，见图2-3，它是采用橡胶圈密封，螺栓紧固，在内水压下，具有曲挠性、伸缩性、密封性及抗震等性能，施工方便，可作为高层及超高层建筑及地震区的室内排水管道，也可用于埋地排水管。

近年来，国外对排水铸铁管的接头做了不少改进，如采用橡胶圈及不锈钢带连接，见

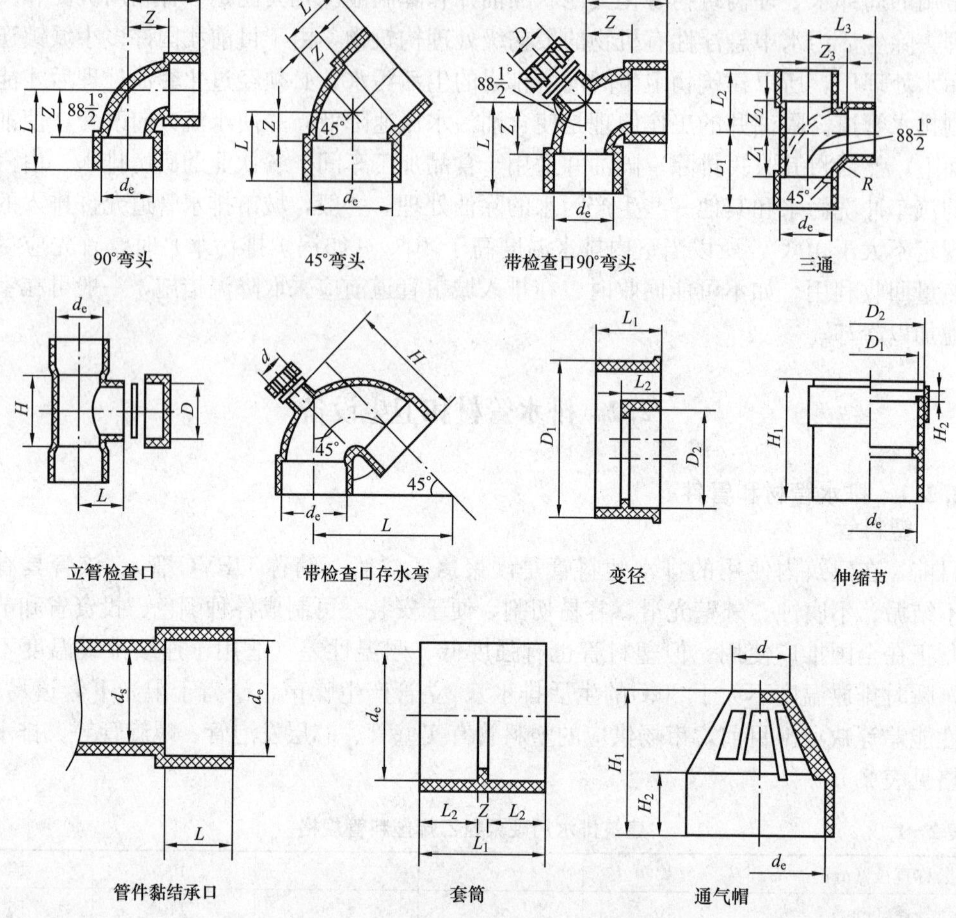

图 2-2　常用塑料排水管件

图 2-4。这种连接方法便于安装和维修，必要时可根据需要更换管段，具有装卸简便，安装时立管距墙尺寸小、接头轻巧和外形美观等优点。这种接头安装时，只需将橡胶圈套在两连接管段的端部，外用不锈钢带卡紧螺栓锁住即可。在美国，这种接头的排水铸铁管已基本取代了承插式排水铸铁管。目前，我国也在研制这种产品。

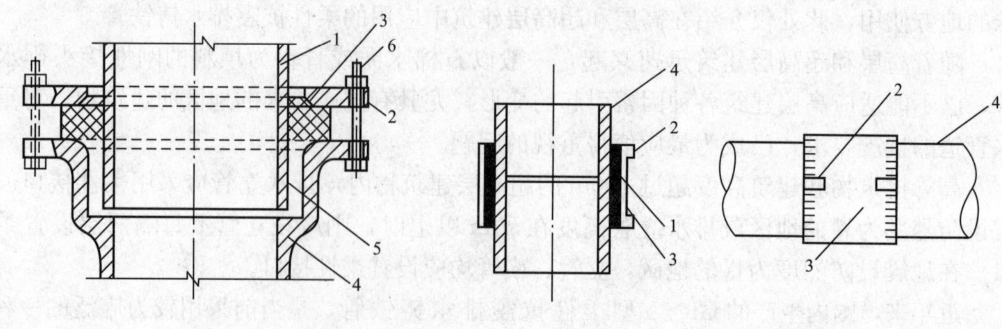

图 2-3　柔性排水铸铁管件接口

1—直管、管件直部；2—法兰压盖；3—橡胶密封圈；4—承口端头；5—插口端头；6—定位螺栓

图 2-4　排水铸铁管接头

1—橡胶圈；2—卡紧螺栓；3—不锈钢带；4—排水铸铁管

三、钢管

钢管主要用作洗脸盆、小便器、浴盆等卫生器具与横支管间的连接短管，管径一般为32、40、50mm。在工厂车间内振动较大的地点也可用钢管代替铸铁管。

四、带釉陶土管

带釉陶土管耐酸碱腐蚀，主要用于腐蚀性工业废水排放。室内生活污水埋地管也可采用陶土管。

2.2.2 排水附件

一、存水弯

存水弯是建筑内排水管道的主要附件之一，有的卫生器具构造内已有存水弯（如坐式大便器），构造中不具备者和工业废水受水器与生活污水管道或其他可能产生有害气体的排水管道连接时，必须在排水口以下设存水弯，作用是在其内形成一定高度的水柱（一般为50～100mm），该部分存水高度称为水封高度。它能阻止排水管道内各种污染气体及小虫进入室内。为了保证水封正常功能的发挥，排水管道的设计必须考虑配备适当的通气管。

存水弯的水封除因水封深度不够等原因容易遭受破坏外，有的卫生器具由于使用间歇时间过长，尤其地漏，长时期没有补充水，水封水面不断蒸发而失去水封作用，是造成臭气外逸的主要原因，因此要求管理人员应有这方面的常识，有必要定时向地漏的存水弯部分注水，以保持一定水封高度。近年来，我国有些厂家生产的双通道和三通道地漏解决了补水和臭气外逸等问题，有的国家，对起点地漏，也有采用专设一注水管的做法，见图2-5。

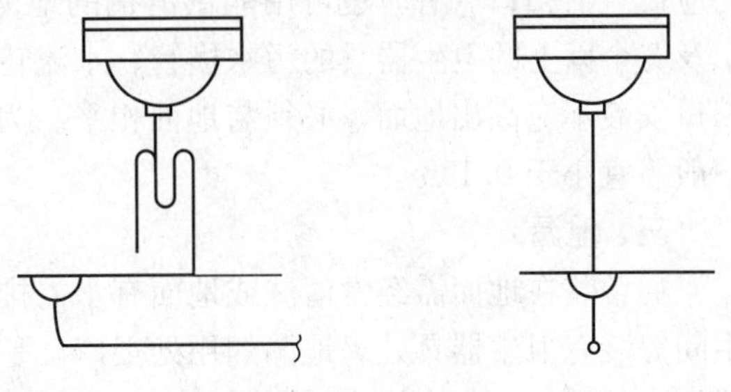

图2-5 注水地漏

存水弯由于使用面较广，为了适用于多种卫生器具和排水管道的连接，其种类较多，一般有以下几种形式：

（1）S形存水弯，用于和排水横管垂直连接的场所。

（2）P形存水弯，用于和排水横管或排水立管水平直角连接的场所。

（3）瓶式存水弯及带通气装置的存水弯，一般明设在洗脸盆或洗涤盆等卫生器具排出管上，形式较美观。

（4）存水盒，与S形存水弯相同，安装较灵活，便于清掏。

存水弯亦可两个卫生器具合用一个，或多个卫生器具共用一个。但是，医院建筑内门诊、病房、医疗部门等的卫生器具不得采用共用存水弯的方式，防止不同病区或医疗室的空气通过器具排水管的连接互相串通，以致产生病菌传染。

二、检查口和清扫口

为了保持室内排水管道排水畅通，必须加强经常性的维护管理，在设计排水管道时，做到每根排水立管和横管一旦堵塞时有便于清掏的可能，因此在排水管规定的必要场所均需配置检查口和清扫口。

（1）检查口。检查口一般装于立管，供立管或立管与横支管连接处有异物堵塞时清掏用，多层或高层建筑的排水立管上，每隔一层就应装一个，检查口间距不大于10m。但在立管的最底层和设有卫生器具的两层以上，坡顶建筑物的最高层必须设置检查口，平顶建筑可用通气口代替检查口。另外，立管如装有乙字管，则应在该层乙字管上部装设检查口。检查口设置高度，一般从地面至检查口中心 1m 为宜。当排水横管管段超过规定长度时，也应设置检查口，见表 2－2。

表 2－2　污水横管直线段上清扫口或检查口的最大距离

管径（mm）	生产废水（m）	生活污水或与生活污水成分接近的生产污水（m）	含有大量悬浮物和沉淀物的生产污水（m）	清扫设备的种类
50～75	15	12	10	检查口
50～75	10	8	6	清扫口
100～150	20	15	12	检查口
100～150	15	10	8	清扫口
200	25	20	15	检查口

（2）清扫口。清扫口一般装于横管，尤其各层横支管连接卫生器具较多时，横支管起点均应设置清扫口（有时也可用能供清掏的地漏代替）。当连接 2 个及 2 个以上的大便器或 3 个及 3 个以上的卫生器具的污水横管、水流转角小于 135°的污水横管，均应设置清扫口。清扫口安装不应高出地面，必须与地面相平。为了便于清掏，清扫口与墙面应保持一定距离，一般不宜小于 0.15m。

三、地漏

通常装在地面需经常清洗或地面有水需排泄处，如淋浴间、水泵房、厕所、盥洗间、卫生间等装有卫生器具处。地漏的用处很广，是排水管道上可供独立使用的附件，不但具有排泄污水的功能，装在排水管道端头或管道接点较多的管段，可代替地面清扫口起到清掏作用。为防止排水管道的臭气由地漏逸入室内，地漏内应具有一定的水封形式和高度，其是决定地漏结构质量优劣的指标。

地漏的形式较多，一般有以下几种：

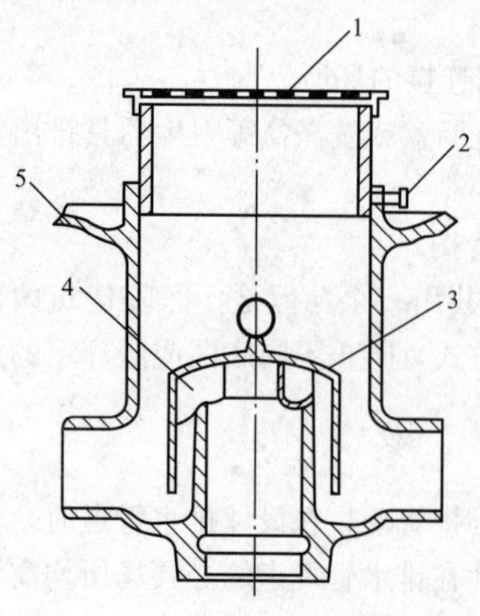

图 2－6　存水盒地漏

1—箅子；2—调高螺栓；3—存水盒罩；4—支撑件；5—防水翼环

（1）普通地漏。这种地漏水封较浅，一般为 25～30mm，易发生水封被破坏或水面蒸发造成水封干燥等现象。目前，这种地漏已被新型结构的地漏取代。

（2）高水封地漏。高水封地漏的水封高度不小于 50mm，并设有防水翼环，地漏盖为盒状，可随不同地面做法所需要的安装高度进行调节，施工时将翼环放在结构板面。板面以上的厚度，可按建筑所要求的面层做法，调整地漏盖面标高，这种地漏还附有单侧通道和双侧通道，可按实际情况选用，见图 2－6。

（3）多用地漏。这种地漏一般埋设在楼板的面层内，其高度为 110mm，有单通道、双通道、三通道等多种形式，水封高度为 50mm，一般内装塑料球以防回流。三通道地漏可供多用途使用，地漏盖除能排泄地面水外，还可连接洗脸盆或洗衣机的排出水，其侧向通道可连接浴盆的排水。为防止浴盆放水时，洗浴废水可能从地漏盖面溢出，因此设有塑料球可封住通向地面的通道，其缺点是所连接的排水横支管均为暗设，一旦损坏维修比较麻烦，见图2-7。

(4) 双箅杯式水封地漏。这种地漏的内部水封盒采用塑料制作，形如杯子，水封高度为50mm，便于清洗，比较卫生，地漏盖的排水分布合理，排泄量大，排水快，采用双箅有利于阻截污物。此地漏另附塑料密封盖，施工时可利用此密封盖防止水泥、沙石等物从盖的箅子孔进入排水管道，造成管道堵塞，排水不畅。平时用户不需要使用地漏时，也可用塑料密封盖封死，见图2-8。

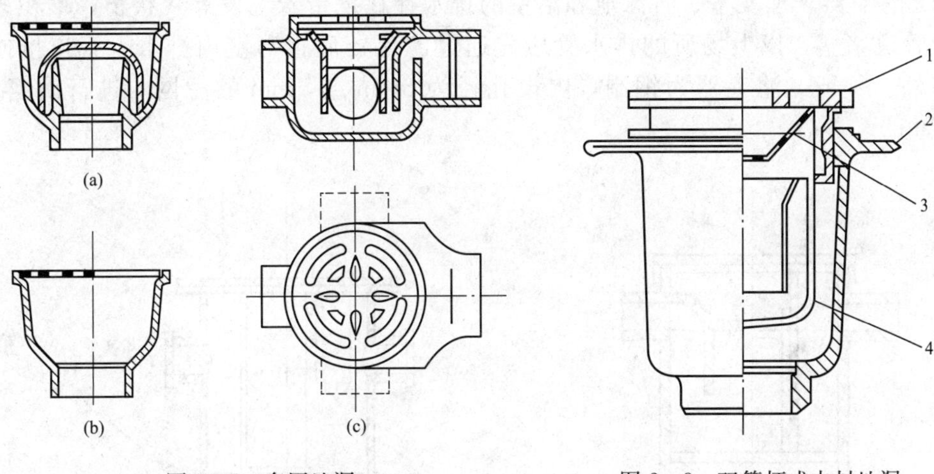

图2-7　多用地漏

(a) 无水封地漏；(b) 圆形水封地漏；
(c) DL型通道地漏（无虚线表示的两通道）

图2-8　双箅杯式水封地漏

1—镀铬地漏；2—防水翼环；
3—箅子；4—塑料杯式水封

(5) 防回流地漏。防回流地漏适用于地下室或为深层地面排水用，如用于电梯井排水及地下通道排水等。此种地漏内设防回流装置，可防止污水干浅、排水不畅、水位升高而发生的污水倒流。一般，附有浮球的钟罩形地漏或附塑料球的单通道地漏，也可采用一般地漏附回流止回阀，见图2-9和图2-10。

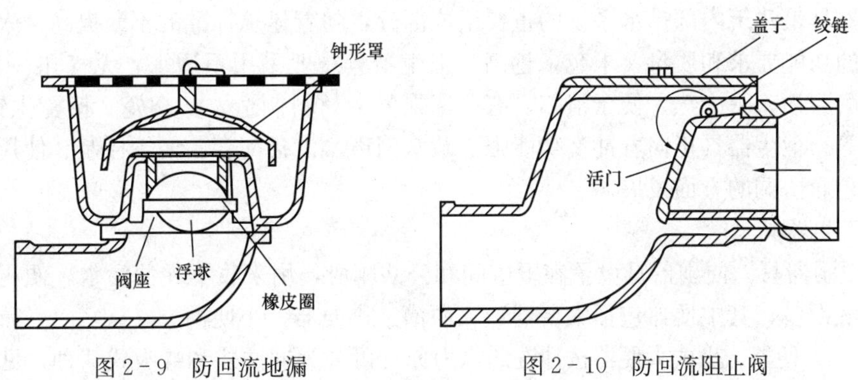

图2-9　防回流地漏　　图2-10　防回流阻止阀

地漏安装时，应放在易溅水的卫生器具附近的地面最低处，一般要求其箅子顶面低于地面5～10mm。

四、其他附件

(1) 隔油具。厨房或配餐间的洗鱼、洗肉、洗碗等含油脂污水，从洗涤池排入下水道前，必须先进行初步的隔油处理。这种隔油装置简称隔油具，装在室内靠近水池的台板下面，隔一定时间打开隔油具，将浮积在水面上的油脂除掉，也可几个水池的排水连接横管上设一个公用隔油具。但应尽量避免隔油具前的管道太长，如将含有油脂的污水，由管道引至室外设隔油池的做法，因管道长，在流程中，油脂早已凝固在管壁上，使用一段时期后，管道被油脂堵塞，影响使用。因此，室外设有公共隔油池时，也不可忽视室内隔油具的作用，见图 2-11。

(2) 滤毛器。理发室、游泳池和浴室的排水往往携带着毛发等絮状物，堆积多时容易造成管道堵塞。以上场所的排水管应先通过滤毛器后再与室内排水干管连接或直接排至室外。一般，滤毛器为钢制，内设孔径为 3mm 或 5mm 的滤网，进行防腐处理，见图 2-12。

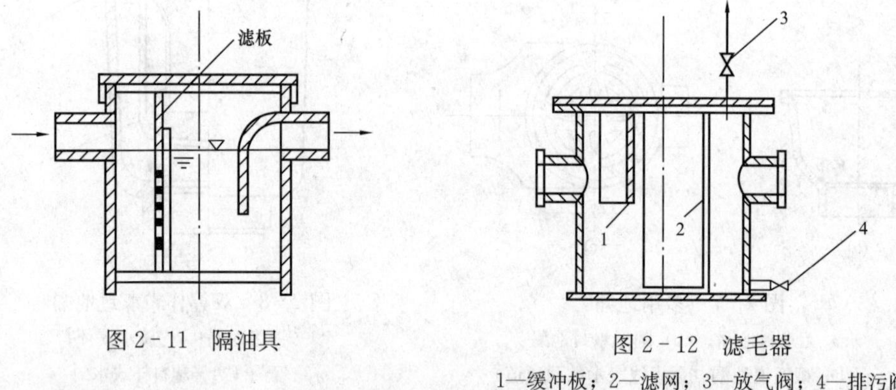

图 2-11　隔油具

图 2-12　滤毛器

1—缓冲板；2—滤网；3—放气阀；4—排污阀

(3) 吸气阀。在使用 UPVC 管材的排水系统中，为保持压力平衡或无法设通气管时，可在排水横支管上装设吸气阀。吸气阀分Ⅰ型和Ⅱ型两种，其设置的位置、数量和安装详见给水排水标准图集。

2.2.3　卫生器具及其设备和布置

卫生器具是建筑内部排水系统的重要组成部分，随着建筑标准的不断提高，人们对建筑卫生器具的功能要求和质量要求越来越高，卫生器具一般采用不透水、无气孔、表面光滑、耐腐蚀、耐磨损、耐冷热、便于清扫、有一定强度的材料制造，如陶瓷、搪瓷生铁、塑料、复合材料等。卫生器具正向着冲洗功能强、节水消声、设备配套、便于控制、使用方便、造型新颖、色彩协调的方面发展。

一、卫生器具

(1) 便溺器具。便溺器具设置在卫生间和公共厕所，用来收集粪便污水。便溺器具包括便器和冲洗设备，其中便器包括大便器、大便槽、小便器、小便槽。

1) 坐式大便器。坐式大便器按冲洗的水力原理可分为冲洗式和虹吸式两种，见图 2-13，坐式大便器都自带存水弯。后排式坐便器与其他坐式大便器不同之处在于排水口设在背后，便于排水横支管敷设在本层楼板上时选用，见图 2-14。

2) 蹲式大便器。蹲式大便器一般用于普通住宅、集体宿舍、公共建筑物的公用厕所，

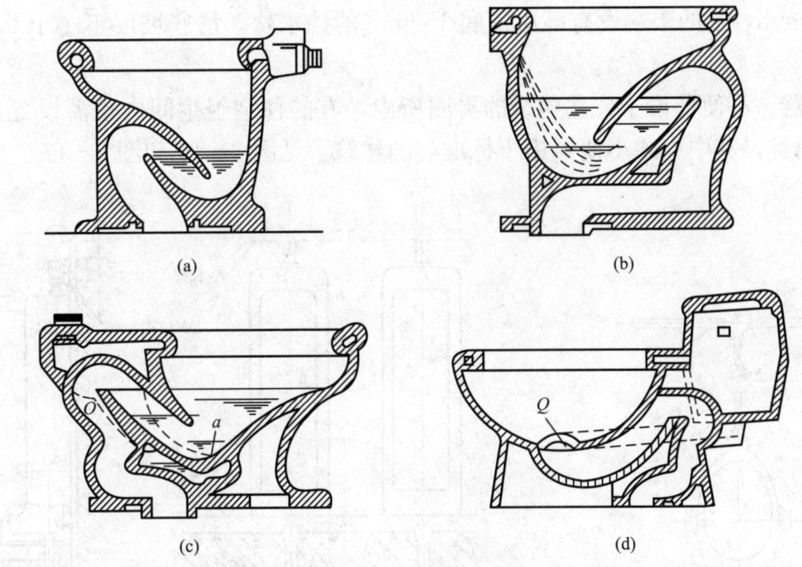

图 2-13 坐式大便器

(a) 冲洗式；(b) 虹吸式；(c) 喷射虹吸式；(d) 旋涡虹吸式

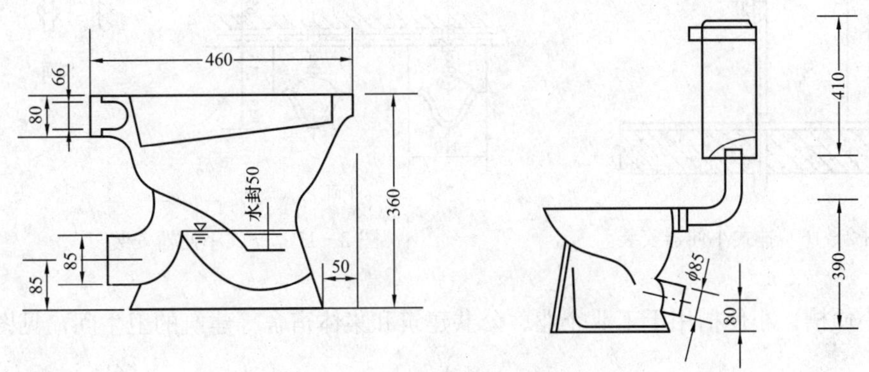

图 2-14 后排式坐式大便器

防止接触传染的医院内厕所，见图 2-15。蹲式大便器比坐式大便器的卫生条件好，但蹲式大便器不带存水弯，设计安装时需另外配置存水弯。

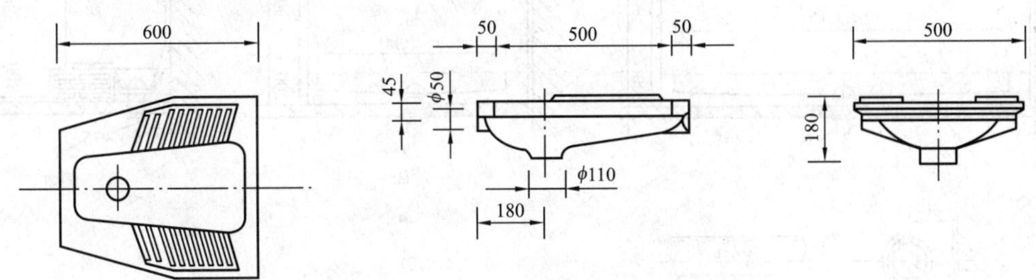

图 2-15 16 号蹲式大便器

3）大便槽。大便槽用于学校、火车站、汽车站、码头、游乐场所及其他标准较低的公共厕所，可代替成排的蹲式大便器，常用瓷砖贴面，造价低。大便槽一般宽 200～300mm，起端槽深 350mm，槽的末端设有高出槽底 150mm 的挡水坎，槽底坡度不小于 0.015，排水口设存水弯。

4）小便器。小便器设于公共建筑的男厕所内，有的住宅卫生间内也需设置。小便器有挂式、立式两类，其中立式小便器用于标准高的建筑，见图 2-16 和图 2-17。

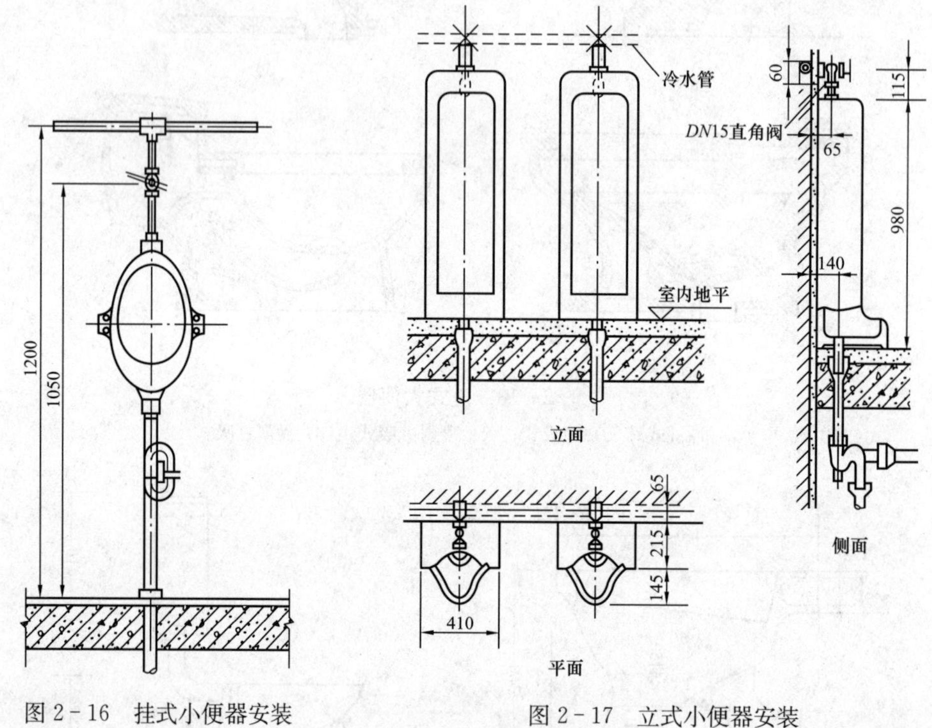

图 2-16　挂式小便器安装　　　　图 2-17　立式小便器安装

5）小便槽。小便槽用于工业企业、公共建筑和集体宿舍等建筑的卫生间，见图 2-18。

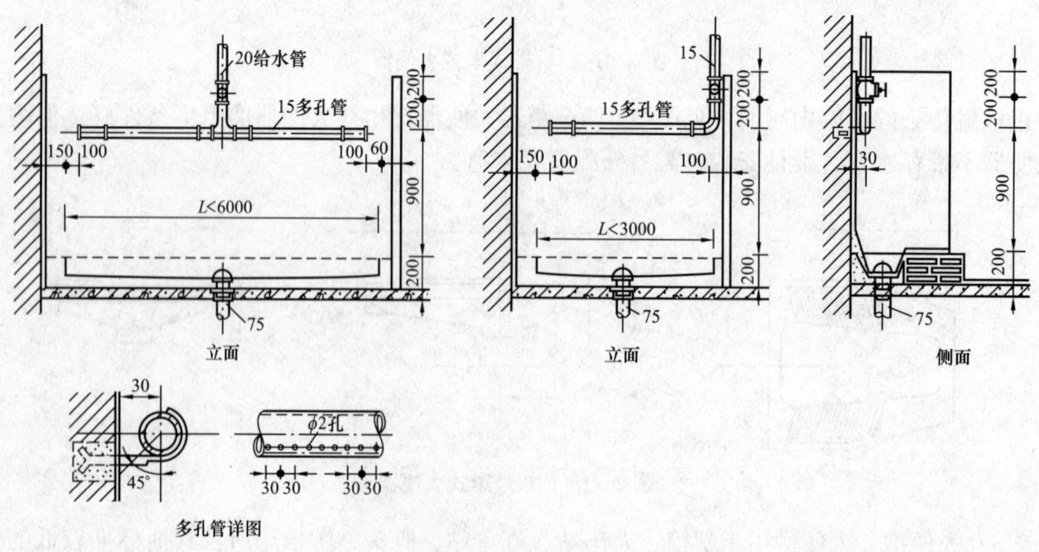

图 2-18　小便槽

(2) 盥洗器具。

1) 洗脸盆。一般用于洗脸、洗手、洗头，常设置在盥洗室、浴室、卫生间和理发室等场所。洗脸盆有长方形、椭圆形和三角形，安装方式有墙架式、台式和柱脚式，见图 2-19。

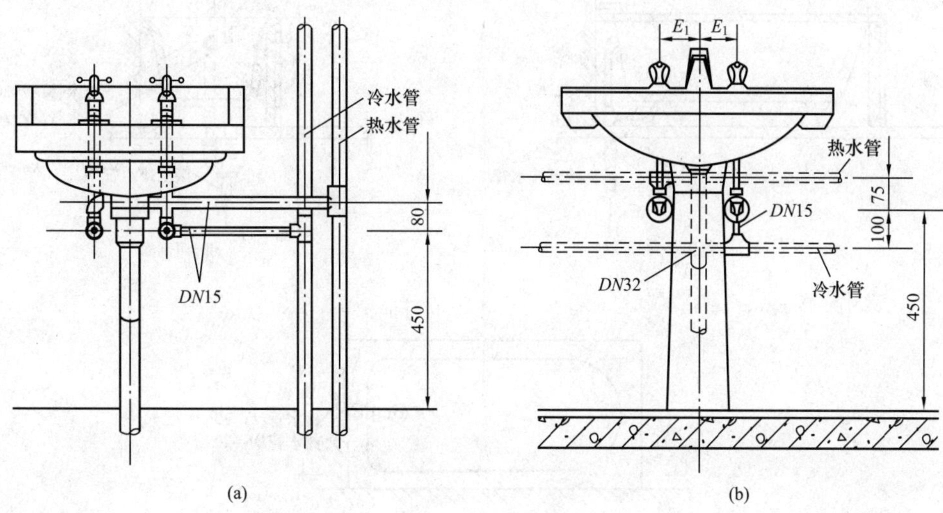

图 2-19　洗脸盆

(a) 普通型；(b) 柱式

2) 盥洗台。盥洗台有单面和双面之分，常设置在同时有多人使用的地方，如集体宿舍、教学楼、车站、码头、工厂生活间内，见图 2-20。

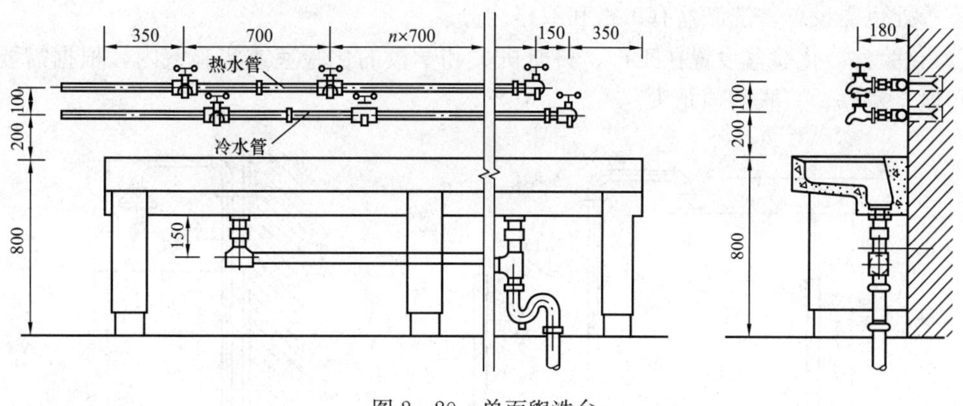

图 2-20　单面盥洗台

(3) 沐浴器具。

1) 浴盆。浴盆设在住宅、宾馆、医院等卫生间或公共浴室内，供人们清洁身体。浴盆配有冷热水或混合龙头，并配有淋浴设备，见图 2-21。

2) 淋浴器。淋浴器多用于工厂、学校、机关、部队的公共浴室和体育馆内。淋浴器占地面积小，清洁卫生，避免疾病传染，耗水量小，设备费用低，见图 2-22。

在建筑标准较高的建筑内的淋浴间内，也可采用光电式淋浴器，在医院或疗养院为防止疾病传染可采用脚踏式淋浴器。

(4) 洗涤器具。

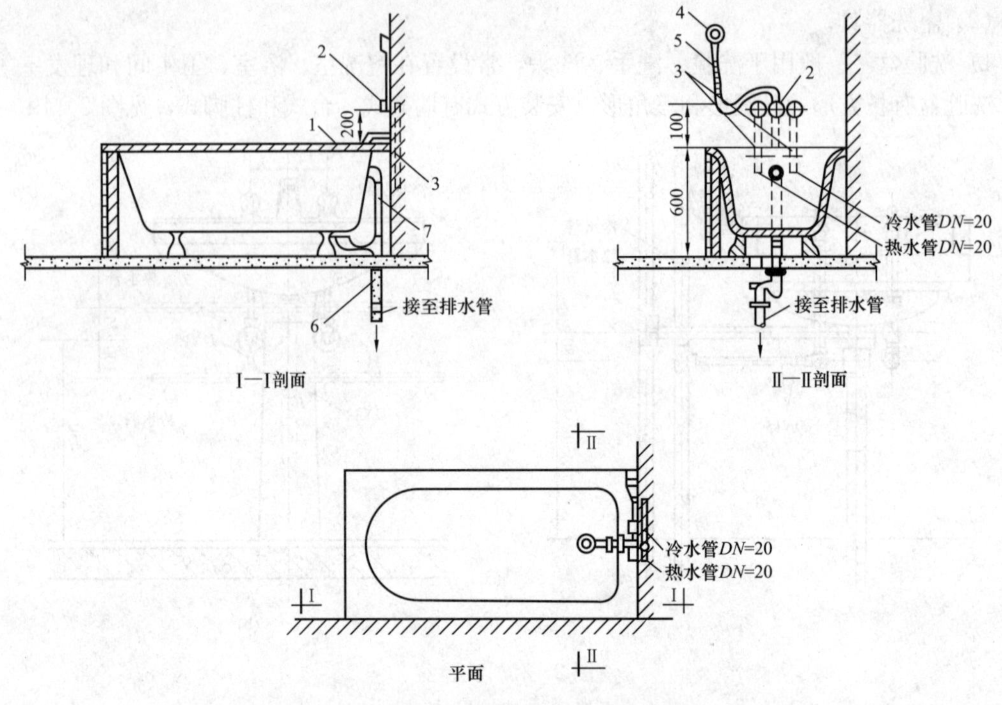

图 2-21 浴盆安装

1—浴盆；2—混合阀门；3—给水管；4—莲蓬头；5—蛇皮管；6—存水弯；7—排水管

1）洗涤盆。洗涤盆常设置在厨房或公共食堂内，用作洗涤碗碟、蔬菜等。医院的诊室、治疗室等处也需设置。洗涤盆有单格和双格之分。

2）化验盆。化验盆设置在工厂、科研机关和学校的化验室或实验室内，根据需要，可安装单联、双联、三联鹅颈龙头。

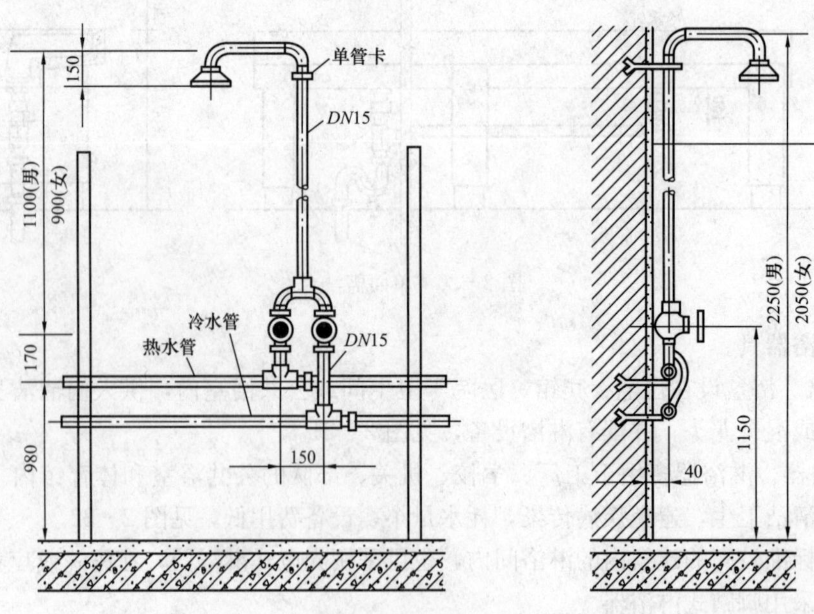

图 2-22 淋浴器安装

3）污水盆。又称污水池，常设置在公共建筑的厕所、盥洗室内，供洗涤拖把、打扫卫生或倾倒污水等。

二、卫生器具的冲洗设备

（1）大便器冲洗设备。

1）坐式大便器冲洗设备。常用低水箱冲洗和直接连接管道进行冲洗。低水箱与坐体又有整体和分体之分，其水箱构造见图2-23，采用管道连接时必须设延时自闭式冲洗阀，见图2-24。

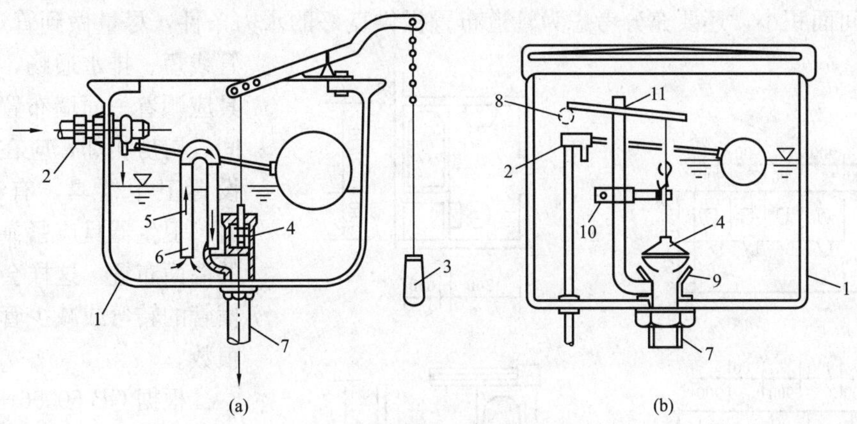

图2-23 手动冲洗水箱

（a）虹吸冲洗水箱；（b）水力冲洗水箱

1—水箱；2—进水管；3—拉链-弹簧阀；4—橡胶球阀；5—虹吸管；6—$\phi 5$孔；7—冲洗管；8—扳手；9—阀座；10—导向装置；11—溢流管

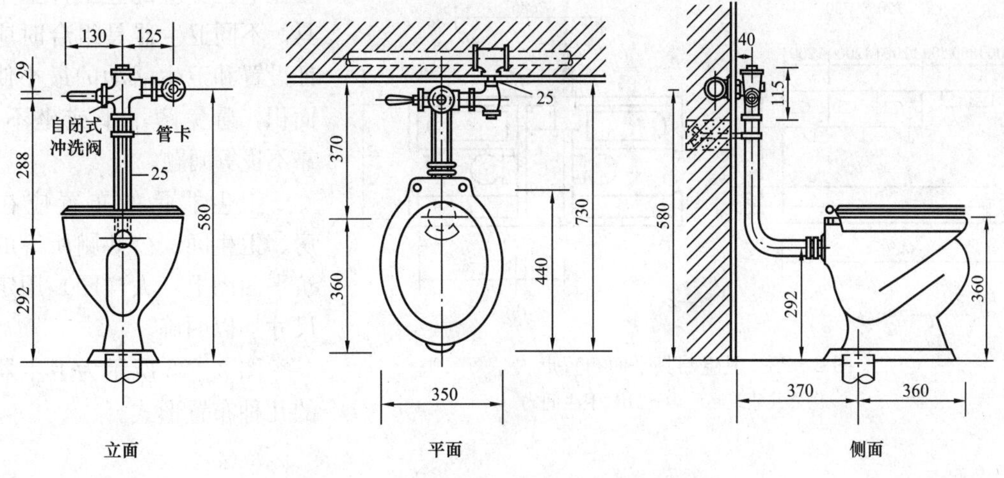

图2-24 自闭式冲洗阀坐式大便器安装图

2）蹲式大便器冲洗设备。常用冲洗设备有高位水箱和直接连接给水管加延时自闭式冲洗阀，为节约冲洗水量，有条件时尽量设置自动冲洗水箱。

3）大便槽冲洗设备。常在大便槽起端设置自动控制高位水箱或采用延时自闭式冲洗阀。

（2）小便器和小便槽冲洗设备。

1）小便器冲洗设备。常采用按钮式自闭式冲洗阀，既满足冲洗要求，又节约冲洗水量，见图 2－16。

2）小便槽冲洗设备。常采用多孔管冲洗，多孔管孔径为 2mm，与墙成 45°安装，可设置高位水箱或手动阀。为克服铁锈水污染贴面，除给水系统选用优质管材外，多孔管常采用塑料管，见图 2－18。

三、卫生器具布置

卫生器具的布置，应根据厨房、卫生间、公共厕所的平面位置、房间面积大小、建筑质量标准、有无管道竖井或管槽、卫生器具数量及单件尺寸等，既要满足使用方便、容易清洁、占房间面积小，还要充分考虑为管道布置提供良好的水力条件，尽量做到管道少转弯、管线短、排水通畅，即卫生器具应顺着一面墙布置，如卫生间、厨房相邻，应在该墙两侧设置卫生器具，有管道竖井时，卫生器具应紧靠管道竖井的墙面布置，这样会减少排水横管的转弯或减少管道的接入根数。

根据 GB 50096—1999《住宅设计规范》的规定，每套住宅应设卫生间。第四类住宅宜设两个或两个以上卫生间，每套住宅至少应配置三件卫生器具。不同卫生器具组合时应保证设置和卫生活动的最小使用面积，避免蹲不下或坐不下、靠不拢等问题。

卫生器具的布置应在厨房、卫生间、公共厕所等的建筑平面图上（大样图）用定位尺寸加以明确。

图 2－25 所示为卫生器具的几种布置形式。

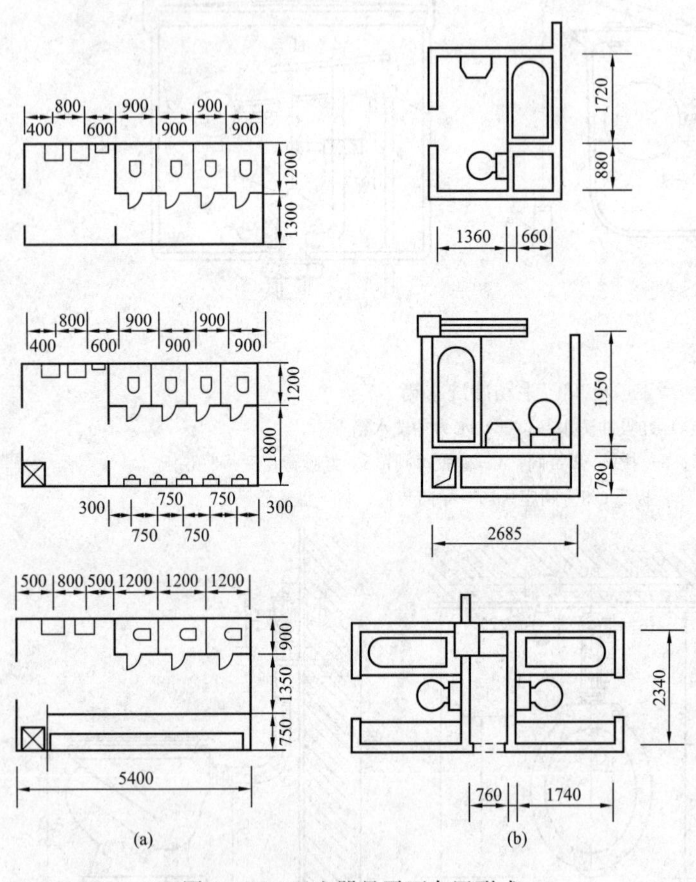

图 2－25　卫生器具平面布置形式
（a）公共建筑厕所内；（b）卫生间内

2.3　建筑内部排水管道的布置与敷设

2.3.1　排水管道的布置

在排水管道的设计过程中，应首先保证排水畅通和室内良好的生活环境。一般情况下，排水管不允许布置在有特殊生产工艺和卫生要求的厂房及食品和贵重商品仓库、通风室和配电间内，也不应布置在食堂，尤其锅台、炉灶、操作主副食烹调处，更不允许布置在遇水引起燃烧爆炸或损坏原料、产品和设备的地方。

一、排水立管

排水立管应布置在污水最集中、水质最脏、浓度最大的排水排出处，横支管应最短，以使污水尽快排出室外。一般，排水立管不应穿入卧室、病房等卫生要求高、需要保持房间安静，最好不要放在邻近卧室内墙，以免立管水流冲刷声通过墙体传入室内，否则应进行适当的隔声处理。

二、排水横支管

排水横支管一般在本层地面上或楼板下明设，有特殊要求、考虑影响美观时，可做吊顶，隐蔽在吊顶内。为了防止排水管（尤其存水弯部分）的结露，必须采取防结露措施。

三、排水出户管

排水出户管一般按坡度要求埋设于地下。如果排水出户管需与给水引入管布置在同一处时，两根管道的外壁水平距离不应小于1.0m。

2.3.2 排水管道的敷设

排水管需根据重力流管道和所选用排水管道材质的特点进行敷设，且应做到以下几点：

一、保护距离

埋入地下的排水管与地面应有一定的保护距离，而且管道不得穿越生产设备的基础。

二、避免位置

排水管不要穿过风道、烟道及橱柜等，最好避免穿过伸缩缝，必须穿越时，应加套管。如遇沉降缝时，应另设一路排水管分别排出污水。

三、预留洞

排水管穿过承重墙或基础处，应预留孔洞，使管顶上部净空不得小于建筑物的沉降量，一般不小于0.15m。

四、最小埋设深度

为防止管道受机械损坏，在一般的厂房内，排水管的最小埋设深度见表2-3。

表2-3 排水管的最小埋设深度

管材	管顶至地面的距离（m）	
	素土夯实，砖石地面	水泥、混凝土、沥青混凝土地面
排水铸铁管	0.70	0.40
混凝土管	0.70	0.50
带釉陶土管	1.00	0.60
硬聚氯乙烯管	1.00	0.60

五、排水管道连接

（1）排水管应尽量直线布置，力求减少不必要的转角和曲折，受条件限制必须偏置时，宜用乙字管或两个45°弯头连接来实现。

（2）污水管经常发生堵塞的部位一般在管道的接口和转弯处，为改善管道水力条件，减少堵塞，在采用管件时应做到以下几点：

1）卫生器具排水管与排水支管连接时，可采用90°斜三通进行连接。

2）排水管道的横管与横管（或立管）的连接，宜采用45°或90°斜三（四）通、直角顺水三（四）通进行连接。

3）排水立管与排出管端部的连接，宜采用两个45°弯头或弯曲半径不小于4倍管径的

90°弯头进行连接。

(3) 排出管和室外排水管衔接时，排出管管顶标高应大于或等于室外排水管管顶标高，否则，一旦室外排水管道超负荷运行时，影响排出管的通水能力，导致室内卫生器具冒泡或满溢。为保证畅通的水力条件，避免水流相互干扰，衔接处的水流转角不得小于90°，但当落差大于0.3m时，可不受角度限制。

(4) 污水立管底部的流速大，而污水排出流速小，在立管底部管道内产生正压值，这个正压区能使靠近立管底部的卫生器具内的水封遭受破坏，产生冒泡、满溢现象。为此，靠近排水立管底部的排水支管连接，应符合下列要求：

1) 排水立管仅设置伸顶通气管时，最低排水横支管与立管连接处距排水立管管底垂直距离（见图2-26）不得小于表2-4的规定。如果与排出管连接的立管底部放大一号管径或横干管比与之连接的立管大一号管径时，可将表2-4中距离缩小一档。

表2-4　最低横支管与立管连接处至立管管底的距离

立管连接卫生器具的层数（层）	垂直距离（m）	立管连接卫生器具的层数（层）	垂直距离（m）
≤4	0.45	13～19	3.00
5～6	0.75	≥20	6.00
7～12	1.20		

2) 排水支管连接在排出管或排水横干管上时，连接点距立管底部水平距离不宜小于3.0m，见图2-27。

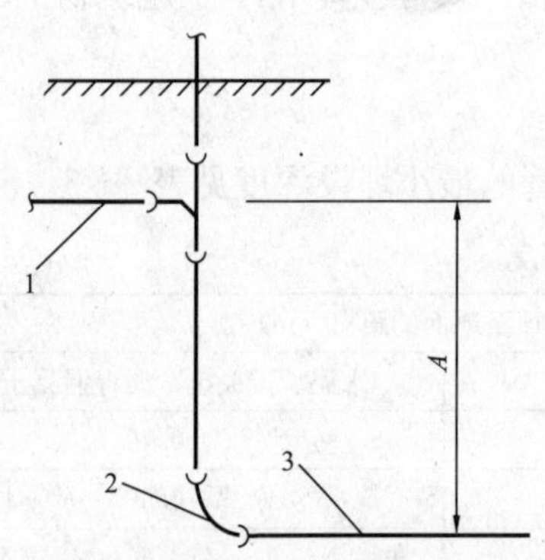

图2-26　最低横支管与排出管起点管内底的距离

1—最低横支管；2—立管底部；3—排出管

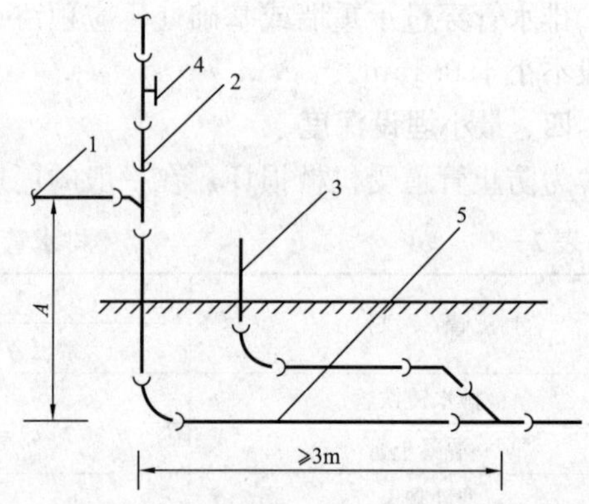

图2-27　排水横支管与排出管或横干管的连接

1—排水横支管；2—排水立管；3—排水支管；4—检查口；5—排水横干管（或排出管）

3) 当靠近排水立管底部的排水支管的连接不能满足1）和2）的要求时，则排水支管应单独排出室外。

2.4 排水通气管系统

2.4.1 通气管的种类及作用

一、伸顶通气管

污水立管顶端延伸出屋面的管段称为伸顶通气管，该管作为通气及排除臭气用，为排水管系最简单、最基本的通气方式，见图 2-28。

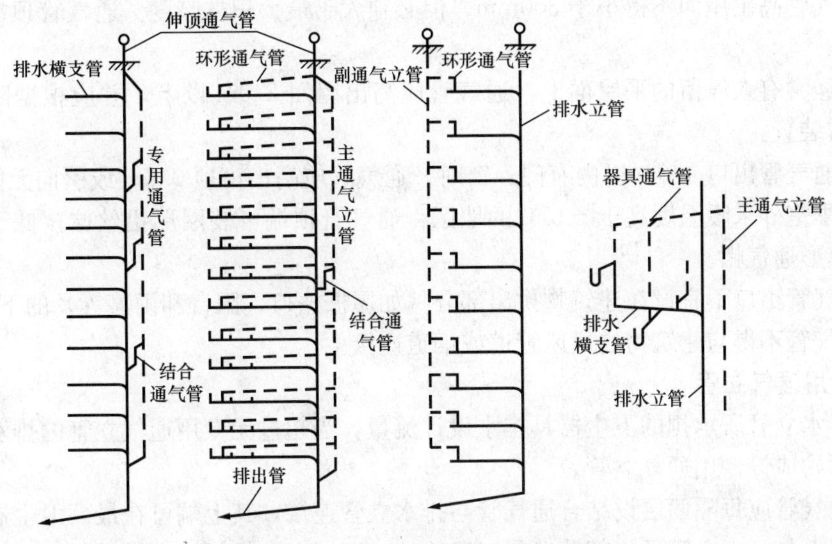

图 2-28 几种典型的通气形式组合

二、专用通气立管

专用通气立管指仅与排水立管连接，为污水立管内空气流通而设置的垂直通气管道，见图 2-28。

三、主通气立管

主通气立管指为连接环形通气管和排水立管，并为排水支管和排水立管内空气流通而设置的垂直管道，见图 2-28。

四、副通气立管

副通气立管指仅与环形通气管连接，为使排水横支管内空气流通而设置的通气管道，见图 2-28。

五、环形通气管

环形通气管指在多个卫生器具的排水横支管上，从最始端卫生器具的下游端接至通气立管的那一段通气管段，见图 2-28。

六、器具通气管

器具通气管指卫生器具存水弯出口端一定高度处与主通气立管连接的通气管段，可以防止卫生器具产生自虹吸现象和噪声，见图 2-28。

七、结合通气管

结合通气管指排水立管与通气立管的连接管段。该管的作用是，当上部横支管排水，水流沿立管向下流动，水流前方空气被压缩，通过它释放被压缩的空气至通气立管，见图 2-28。

八、汇合通气管

汇合通气管是连接数根通气立管或排水立管顶端通气部分，并延伸至室外大气的通气管段。

2.4.2 通气管的设置条件及布置要求

一、伸顶通气管

生活排水管道或散发有害气体的生产污水管道，均应设置伸顶通气管，当无条件设置时，可设置吸气阀。伸顶通气管的安装尺寸具体要求如下：

1）通气管高出屋面不得小于300mm，但必须大于最大积雪厚度。通气管顶端应装设风帽或网罩。

2）在经常有人停留的平屋面上，通气管应高出屋面2.0m以上，并应根据防雷要求考虑装设防雷装置。

3）在通气管出口4.0m以内有门、窗时，通气管应高出窗顶0.6m或引向无门窗一侧。

4）冬季室外采暖温度高于－15℃的地区，通气管顶端可装网形铅丝球；低于－15℃的地区应装伞形通气帽。

5）通气管出口不宜设在建筑物挑出部分（如屋檐檐口、阳台和雨篷等）的下面。

6）通气管不得与建筑物的通风管道或烟道连接。

二、专用通气立管

生活排水立管所承担的卫生器具排水设计流量，当超过无专用通气立管的排水立管最大排水能力时，应设专用通气立管。

专用通气管应每隔两层设结合通气管与排水立管连接，其上端可在最高卫生器具上边缘或检查口以上与污水立管通气部分以斜三通连接，下端应在最低污水横支管以下与污水立管以斜三通连接。

三、主通气立管

建筑物各层的排水横支管上设有环形通气管时，应设置连接各层环形通气管的主通气立管或副通气立管。

主通气立管应每隔8～10层设结合通气管与污水立管相连，上端可在最高卫生器具上边缘以上不小于0.15m处与污水立管以斜三通连接，下端应在最低污水横支管以下与污水立管以斜三通连接。

四、副通气立管

建筑物各层的排水横支管上设有环形通气管时，应设置连接各层环形通气管的主通气立管或副通气立管。

副通气立管设在污水立管对侧。

五、环形通气管

应设置环形通气管的情况：连接4个及4个以上卫生器具并与立管的距离大于12m的排水横支管；连接6个及6个以上大便器的污水横支管；设有器具通气管的排水管道上。

环形通气管应在横支管上最始端及卫生器具下游端接出，并应在排水支管中心线以上与排水支管呈垂直或45°连接，该管应在卫生器具上边缘以上不小于0.15m处，并按不小于0.01的上升坡度与主通气立管相连。

六、器具通气管

对卫生、安静要求较高的建筑物内，生活污水宜设置器具通气管，它适用于高级宾馆及要求较高的建筑。器具通气管应设在卫生器具存水弯出口端，在卫生器具上边缘以上不小于0.15m处，并按不小于0.01的上升坡度与主通气立管相连。

七、结合通气管

凡设有专用通气立管或主通气立管时，应设置连接排水立管与专用通气立管或主通气立管的结合通气管。

结合通气管下端宜在排水横支管以下与排水立管以斜三通连接，上端可在卫生器具上边缘以上不少于 0.15m 处与主通气立管以斜三通连接。

当结合通气管布置有困难时，可用 H 形管件替代，H 形管与通气管的连接点应在卫生器具上边缘以上不小于 0.15m 处。

当污水立管与废水立管合用一根通气立管（连成三管系统，构成互补通气方式）时，H 形管配件可隔层分别与污水立管和生活废水立管连接。但最低横支管连接点以下必须装设结合通气管。

八、汇合通气管

不允许设置伸顶通气管或不可能单独伸出屋面时，可设置将数根伸顶通气管连接后排到室外的汇合通气管。

2.5 高层建筑排水系统

建筑内部由于排水系统设置了通气管系，使系统的功能得到了进一步完善，同时也出现了因耗用管材的增加导致投资增大的不利因素。因而，20 世纪 60 年代，出现了取消专用通气管系的单立管式新型排水系统，这是排水系统通气技术的突出进展。下面介绍近年来国内外较多采用的几种新型排水系统。

2.5.1 苏维托排水系统

1959 年，瑞士伯尔尼市职业学校卫生工程教师苏玛研究了高层建筑排水系统的基本要求，首先提出了一种用气水混合器和跑气器构成的单立管排水系统，这就是苏维托系统。该系统具有自身通气的作用，这样，就把污水立管和通气立管的功能结合在一起了。

苏维托系统是采用一种气水混合或分离的配件来代替一般零件的单立管排水系统，它包括两个基本配件。

一、气水混合器

苏维托系统中的混合器（见图 2－29）由长约 80cm 的连接配件装设在立管与每层楼横支管的连接处。横支管接入口有三个方向；混合器内部有三个特殊构造——乙字弯、隔板和隔板上部约 1cm 高的孔隙。

自立管下降的污水，经乙字弯管时，水流撞击分散与周围空气混合成水沫状气水混合物，密度变小，下降速度减缓，减小抽吸力。横支管排出的水受隔板阻挡，不能形成水舌，从而能保持立管中气流通畅，气压稳定。

二、气水分离器

苏维托系统中的跑气器（见图 2－30），通常装设在立管底部，它是由具有突块的扩大箱体及跑气管组成的一种配件。跑气器的作用是，沿立管流下的气水混合物遇到内部的突块溅散，从而把气体（70%）从污水中分离出来，由此减少了污水的体积，降低了流速，并使立管和横干管的泄流能力平衡，气流不致在转弯处被阻；另外，将释放出的气体用一根跑气管引到干管的下游（或返向上接至立管中去），这就达到了防止立管底部产生过大反（正）压力的目的。

2.5.2 旋流排水系统

旋流排水系统也称为“塞克斯蒂阿”系统，是法国建筑科学技术中心于 1967 年提出的一项新技术，后来广泛应用于 10 层以上的居住建筑。旋流排水系统，系由各个排水横支管

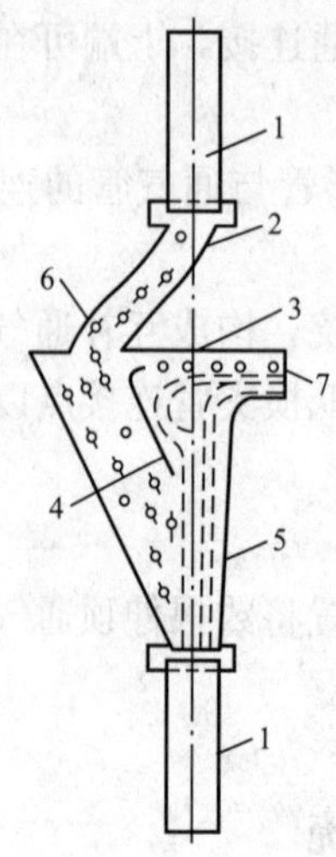

图 2-29　气水混合器配件

1—立管；2—乙字管；3—空隙；4—隔板；
5—混合室；6—气水混合物；7—空气

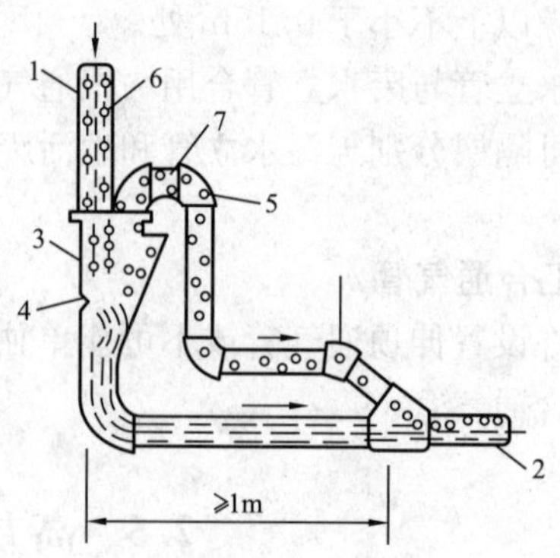

图 2-30　跑气器

1—立管；2—横管；3—空气分离室；4—突块；
5—跑气管；6—水气混合物；7—空气

与排水立管连接起来的“旋流排水配件”和装设于立管底部的“特殊排水弯头”所组成的。

一、旋流接头

旋流连接配件的构造如图 2-31 所示，它由底座及盖板组成，盖板上设有固定的导旋叶片，底座支管和立管接口处，沿立管切线方向有导流板。横支管污水通过导流板沿立管断面的切线方向以旋流状态进入立管，立管污水每流过下一层旋流接头时，经导旋叶片导流，增加旋流，污水受离心力作用贴附管内壁流至立管底部，立管中心气流通畅，气压稳定。

二、特殊排水弯头

立管底部的排水弯头是一个装有特殊叶片的 45°弯头（见图 2-32)。该特殊叶片能迫使

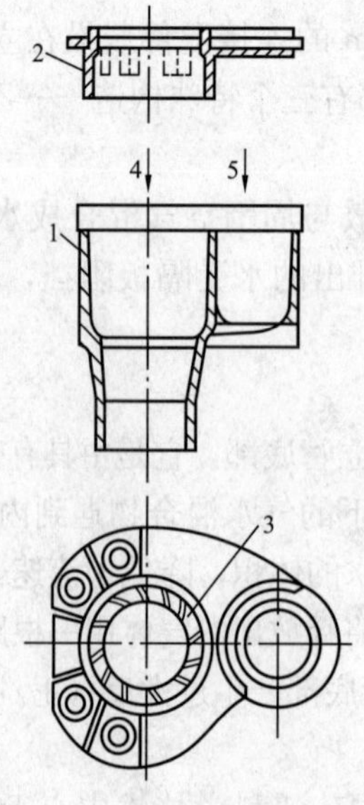

图 2-31　旋流接头

1—底座；2—盖板；3—叶片；4—接立管；5—接大便器

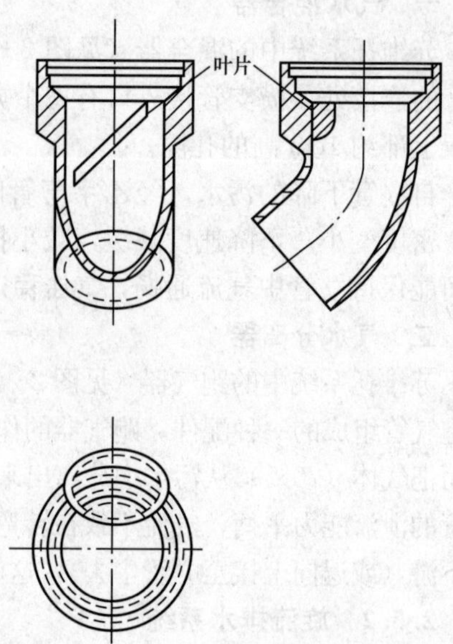

图 2-32　特殊排水弯头

下落水流溅向弯头后方流下，这样就避免了出户管（横干管）中发生水跃而封闭立管中的气流，以致造成过大的正压。

2.5.3　芯型排水系统

芯型（CORE）单立管排水系统于20世纪70年代初首先在日本使用，在系统的上部和下部各有一个特殊配件。

一、环流器

环流器外形呈倒圆锥形，平面上有2～4个可接入横支管的接入口（不接入横支管时也可作为清通用）的特殊配件，如图2-33所示。立管向下延伸一段内管，插入内部的内管起隔板作用，防止横支管出水形成水舌，立管污水经环流器进入倒锥体后形成扩散，气水混合成水沫，密度减小、下落速度减缓，立管中心气流通畅，气压稳定。

二、角笛弯头

外形似犀牛角，大口径承接立管，小口径连接横干管，如图2-34所示。由于大口径以下有足够的空间，既可对立管下落水流起减速作用，又可将污水中所携带的空气集聚、释放。又由于角笛弯头的小口径方向与横干管断面上部也连通，可减小管中正压强度。这种配件的曲率半径较大，水流能量损失比普通配件小，从而增加了横干管的排水能力。

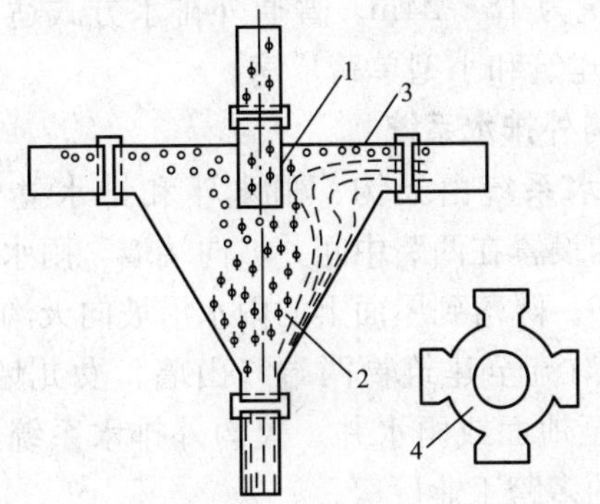

图2-33　环流器

1—内管；2—气水混合物；3—空气；4—环流通路

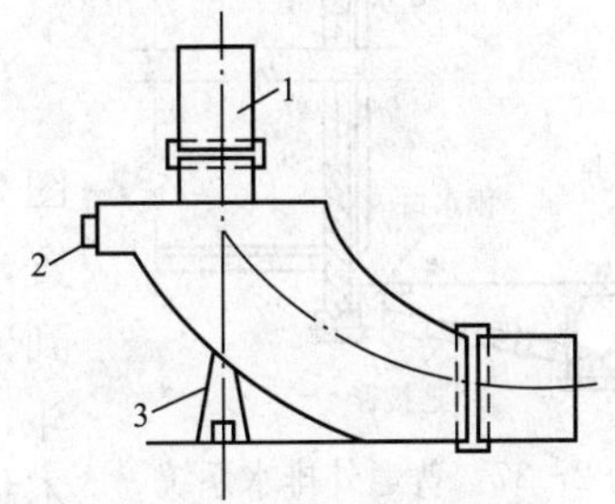

图2-34　角笛弯头

1—立管；2—检查口；3—支墩

2.5.4　UPVC螺旋排水系统

UPVC螺旋排水系统是韩国20世纪90年代开发研制的，由图2-35的偏心三通和图2-36的内壁有6条间距50mm呈三角形突起的导流螺旋线的管道所组成。由排水横管排

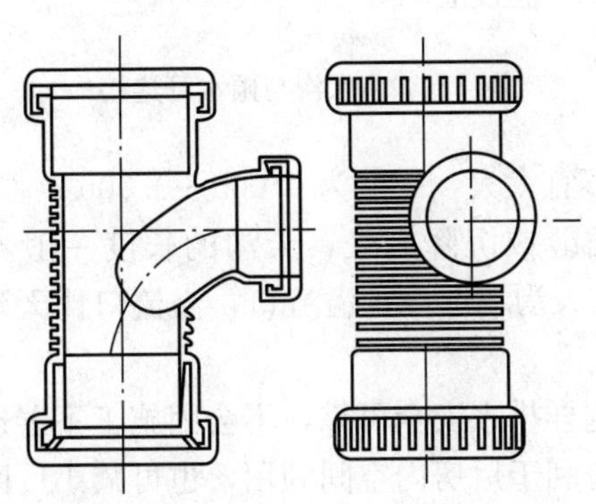

图2-35　偏心三通

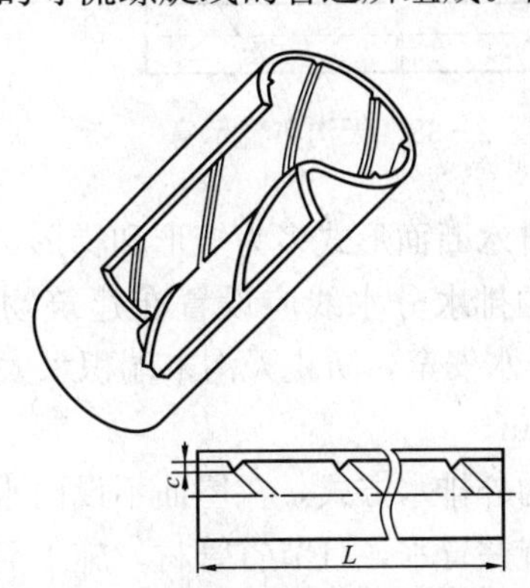

图2-36　有螺旋线导流突起的UPVC管

除的污水经偏心三通从圆周切线方向进入立管，旋流下落，经立管中的导流螺旋线的导流，管内壁形成较稳定的水膜旋流，立管中心气流通畅，气压稳定。同时由于横支管水流由圆周切线的方式流入立管，减少了撞击，从而有效克服了排水塑料管噪声大的缺点。

2.6 屋面雨水排水系统

2.6.1 雨水外排水系统

外排水是指屋面不设雨水斗，建筑物内部没有雨水管道的雨水排放方式，按屋面有无天沟，又分为普通外排水（檐沟外排水系统）和天沟外排水两种方式。

一、檐沟外排水系统

普通外排水系统由檐沟和雨落管组成，见图 2-37。降落到屋面的雨水沿屋面集流到檐沟，然后流入到沿外墙设置的雨落管排至地面或雨水口。雨落管多为镀锌铁皮管或塑料管，镀锌铁皮管为方形，断面尺寸一般为 80mm×100mm 或 80mm×120mm，塑料管管径为 75mm 或 100mm。根据经验，民用建筑雨落管间距为 8～12m，工业建筑为 18～24m。普通外排水方式适用于普通住宅、一般公共建筑和小型单跨厂房。

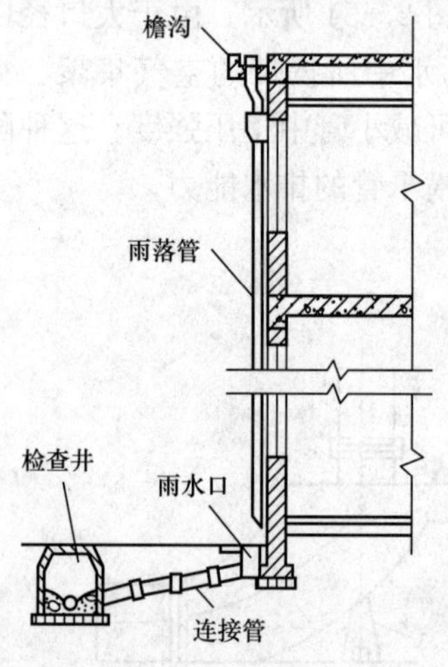

图 2-37 普通外排水系统

二、长天沟外排水系统

天沟外排水系统由天沟、雨水斗和排水立管组成，见图 2-38。天沟设置在两跨中间并坡向端墙，雨水斗沿外墙布置，见图 2-39。降落到屋面上的雨水沿坡向天沟的屋面汇集到天沟，沿天沟流至建筑物两端（山墙、女儿墙），入雨水斗，经立管排至地面或雨水井。天沟外排水系统适用于长度不超过 100m 的多跨工业厂房。

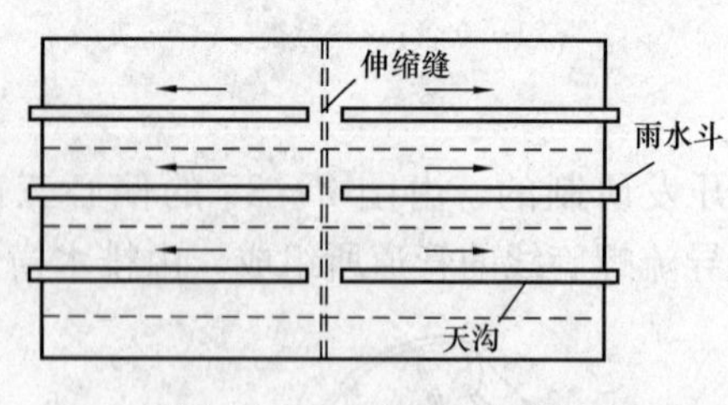

图 2-38 天沟布置示意

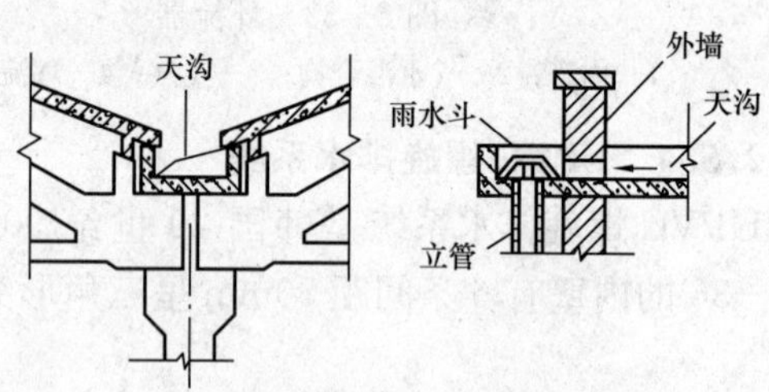

图 2-39 天沟与雨水管连接

天沟的排水断面形式多为矩形和梯形，坡度不宜太大，一般为 0.003～0.006。

天沟内的排水分水线应设置在建筑物的伸缩缝或沉降缝处，天沟的长度一般不超过 50m。为了排水安全，防止天沟末端积水太深，在天沟端部设置溢流口，溢流口比天沟上檐低 50～100mm。

采用天沟外排水方式，在屋面不设雨水斗，这样排水安全可靠，不会因施工不善造成屋面漏水或检查井冒水，且节省管材，施工简便，有利于厂房内空间利用，也可减小厂区雨水管道的埋深。但因为天沟有一定的坡度，而且较长，排水立管在山墙外，也存在着屋面垫层厚、结构负荷增大的问题，使得晴天屋面堆积灰尘多，雨天天沟排水不畅，在寒冷地区排水立管有被冻裂的可能。

2.6.2 雨水内排水系统

内排水是指屋面设雨水斗，建筑物内部有雨水管道的雨水排水系统。对于跨度大、特别长的多跨工业厂房，在屋面设天沟有困难的锯齿形或壳形屋面厂房及屋面有天窗的厂房，应考虑采用内排水形式。对于建筑立面要求高的建筑，大屋面建筑及寒冷地区的建筑，在墙外设置雨水排水立管有困难时，也可考虑采用内排水形式。

一、组成

内排水系统由雨水斗、连接管、悬吊管、立管、排出管、埋地干管和检查井组成，见图2-40。降落到屋面上的雨水，沿屋面流入雨水斗，经连接管、悬吊管，进入排水立管，再经排出管流入雨水检查井或经埋地干管排至室外雨水管道。

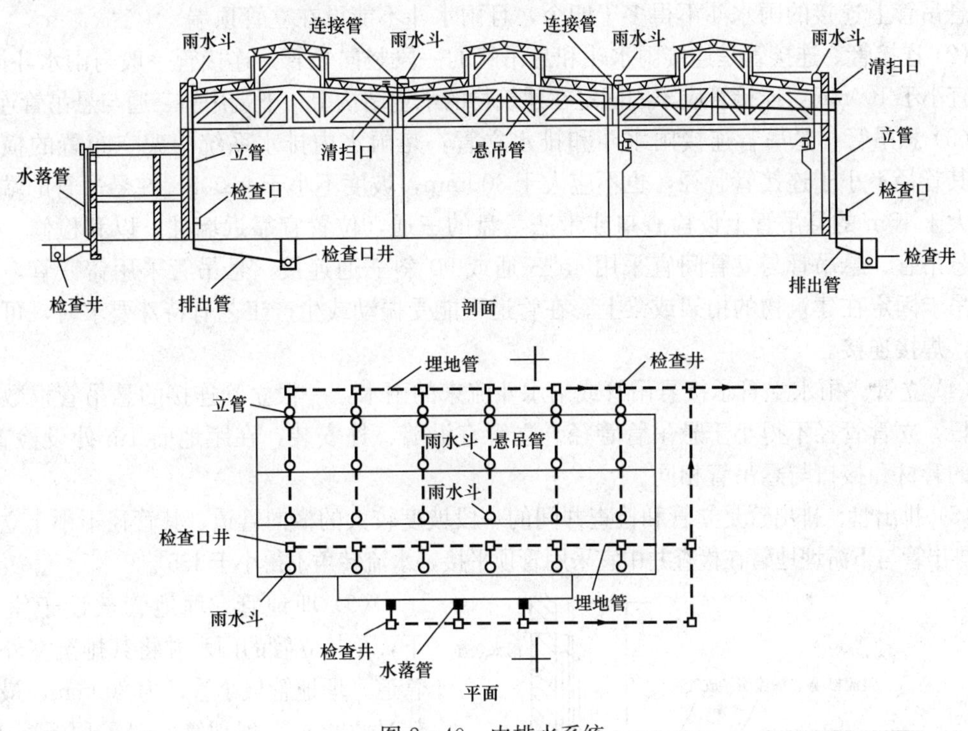

图2-40 内排水系统

二、分类

内排水系统按雨水斗的连接方式可分为单斗和多斗雨水排水系统。单斗系统一般不设悬吊管，多斗系统中悬吊管将雨水斗和排水立管连接起来。多斗系统的排水量大约为单斗的80%，在条件允许的情况下，应尽量采用单斗排水。

按排除雨水的安全程度，内排水系统分为敞开式和密闭式两种排水系统。前者利用重力排水，雨水经排出管进入普通检查井。但由于设计和施工的原因，当暴雨发生时，会出现检查井冒水现象，造成危害。敞开式内排水系统也有在室内设悬吊管、埋地管和室外检查井的做法，这种做法虽可避免室内冒水现象，但管材耗量大，且悬吊管外壁易结露。

密闭式内排水系统利用压力排水，埋地管在检查井内用密闭的三通连接。当雨水排泄不畅时，室内不会发生冒水现象，其缺点是不能接纳生产废水，需另设生产废水排水系统。为了安全可靠，一般宜采用密闭式内排水系统。

三、布置与敷设

(1) 雨水斗。雨水斗是一种专用装置，设在屋面雨水由天沟进入雨水管道的入口处。雨水斗有整流格栅装置，具有整流作用，避免形成过大的旋涡，稳定斗前水位，减少掺气，并拦截树叶等杂物。雨水斗有 65 型、79 型和 87 型，有 75、100、150mm 和 200mm 四种规格。内排水系统布置雨水斗时应以伸缩、沉降缝和防火墙为天沟分水线，各自自成排水系统。如果分水线两侧两个雨水斗需连接在同一根立管或悬吊管上时，应采用伸缩接头，并保证密封不漏水。防火墙两侧雨水斗连接时，可不用伸缩接头。

布置雨水斗时，除了按水力计算确定雨水斗的间距和个数外，还应考虑建筑结构特点使立管沿墙柱布置，以固定立管。接入同一立管的雨水斗，其安装高度宜在同一标高层。在同一根悬吊管上连接的雨水斗不得多于四个，且雨水斗不能设在立管顶端。

(2) 连接管。连接管是连接雨水斗和悬吊管的一段竖向短管。连接管一般与雨水斗同径，但不宜小于 100mm，连接管应牢固固定在建筑物的承重结构上，下端用斜三通与悬吊管连接。

(3) 悬吊管。悬吊管连接雨水斗和排水立管，是雨水内排水系统中架空布置的横向管道。其管径不小于连接管管径，也不应大于 300mm，坡度不小于 0.005。在悬吊管的端头和长度大于 15m 的悬吊管上设检查口或带法兰盘的三通，位置宜靠近墙柱，以利检修。连接管与悬吊管、悬吊管与立管间宜采用 45°三通或 90°斜三通连接。悬吊管采用铸铁管，用铁箍、吊卡固定在建筑物的桁架或梁上。在管道可能受振动或生产工艺有特殊要求时，可采用钢管，焊接连接。

(4) 立管。雨水立管承接悬吊管或雨水斗流来的雨水，一根立管连接的悬吊管根数不多于两根，立管管径不得小于悬吊管管径。立管宜沿墙、柱安装，在距地面 1m 处设检查口。立管的管材和接口与悬吊管相同。

(5) 排出管。排出管是立管和检查井间的一段坡度较大的横向管道，其管径不小于立管管径。排出管与下游埋地管在检查井中宜采用管顶平接，水流转角不得小于 135°。

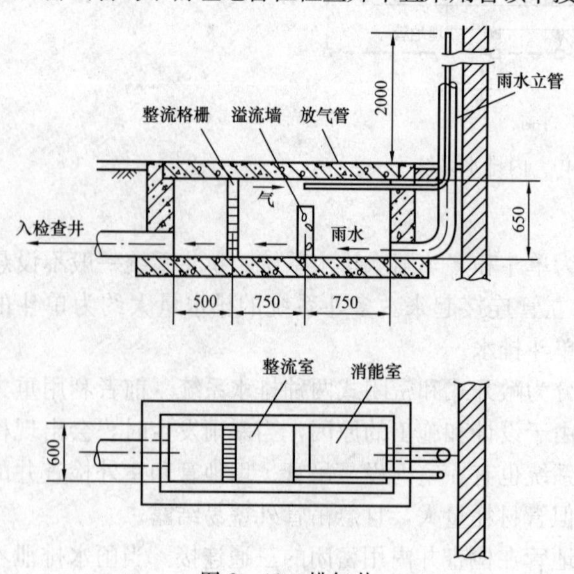

图 2-41 排气井

(6) 埋地管。埋地管敷设于室内地下，承接立管的雨水并将其排至室外雨水管道。埋地管最小管径为 200mm，最大不超过 600mm。埋地管一般采用混凝土管、钢筋混凝土管或陶土管。

(7) 附属构筑物。常见的附属构筑物有检查井、检查口井和排气井，用于雨水管道的清扫、检修、排气。检查井适用于敞开式内排水系统，设置在排出管与埋地管连接处，埋地管转弯、变径及超过 30m 的直线管路上。检查井井深不小于 0.7m，井内采用管顶平接，井底设高流槽，流槽应高出管顶 200mm。埋地管起端几个检查井与排出管间应设排气井，见图 2-41。水流从排出管流入排气井，与溢流墙碰撞消能，流速减小，气水分离，水流经格栅稳压后平稳流入检查井，气体由放气管排出。密闭内排水系统的埋地管上设检查口，将检查口放在检查井内，便于清通检修，这称为检查口井。

2.6.3 混合排水系统

大型工业厂房的屋面形式复杂，为了及时有效地排除屋面雨水，往往同一建筑物采用几种不同形式的雨水排除系统，分别设置在屋面的不同部位，组合成混合排水系统。例如，在图2-40中，左侧为檐沟外排水系统；右侧为多斗敞开式内排水系统；中间为单斗密闭式内排水系统，其排出管与检查井内管道直接相连。

本章小结

本章讲述了排水系统的分类、体制及组成，常用排水管材、管件及附件，卫生设备及其布置，排水管道的布置与敷设，排水通气管系统，常用的特殊单立管排水系统和屋面雨水排水系统的有关知识。

习 题

2.1 建筑内部排水系统可分为哪几类？

2.2 建筑内部排水系统一般由哪些部分组成？

2.3 卫生器具布置时有哪些注意事项？

2.4 在进行建筑内部排水管道的布置和敷设时，应注意哪些原则和要求？

2.5 通气管有何作用？常用的通气管有哪些？

2.6 不同特殊单立管排水系统各有什么特点？

2.7 屋面雨水排除系统有哪些类型？

2.8 内排水系统有哪些组成部分？

第3章　建筑给排水施工图识读

【要点提示】在本章将要学到建筑给排水施工图识读的相关内容。通过学习，要求了解常用给排水图例，熟悉建筑给排水施工图的主要内容，掌握建筑给排水施工图的识读方法。

3.1　常用给排水图例

3.1.1　图线

给水排水图线的宽度 b 一般取 0.7 或 1.0mm，详见表 3-1 的规定。

表 3-1　建筑给排水工程制图常用线型

名称	线　型	线宽	用　途
粗实线	————	b	新设计的各种排水和其他重力流管线
粗虚线	- - - - -	b	新设计的各种排水和其他重力流管线的不可见轮廓线
中粗实线	————	$0.75b$	新设计的各种给水和其他压力流管线；原有的各种排水和其他重力流管线
中粗虚线	- - - - -	$0.75b$	新设计的各种给水和其他压力流管线及原有的各种排水和其他重力流管线的不可见轮廓线
中实线	————	$0.50b$	给水排水设备、零/附件及总图中新建的建筑物和构筑物的可见轮廓线；原有的各种给水和其他压力流管线
中虚线	- - - - -	$0.50b$	给水排水设备、零（附）件的不可见轮廓线；总图中新建的建筑物和构筑物的不可见轮廓线；原有的各种给水和其他压力流管线的不可见轮廓线
细实线	————	$0.25b$	建筑的可见轮廓线；总图中原有的建筑物和构筑物的可见轮廓线；制图中的各种标注线
细虚线	- - - - -	$0.25b$	建筑的不可见轮廓线；总图中原有的建筑物和构筑物的不可见轮廓线
单点长画线	—— · ——	$0.25b$	中心线、定位轴线
折断线	——\/——	$0.25b$	断开界线
波浪线	∽∽∽∽	$0.25b$	平面图中水面线；局部构造层次范围线；保温范围示意线等

3.1.2　常用给排水图例

为节省绘图时间，规范制图，图纸上的管道、卫生器具、附件设备等均使用统一的图例来表示。GB/T 50106—2001《给水排水制图标准》列出了管道、管道附件、管道连接、管件、阀门、给水配件、消防设施、卫生设备及水池、小型给水排水构筑物、给水排水设备、仪表共 11 类图例。表 3-2 给出了一些常用的给排水图例。

表 3-2　　建筑给排水常用图例

序号	名　称	图　例
1	生活给水管	J
2	热水给水管	RJ
3	热水回水管	RH
4	中水给水管	ZJ
5	循环给水管	XJ
6	热媒给水管	RM
7	蒸汽管	Z
8	废水管	F
9	通气管	T
10	污水管	W
11	雨水管	Y
12	多孔管	
13	防护套管	
14	立管检查口	
15	排水明沟	坡向
16	套筒伸缩器	
17	方形伸缩器	
18	管道固定支架	
19	管道立管	XL-1 平面　XL-1 系统 L：立管 1：编号
20	通气帽	成品 铅丝球
21	雨水斗	YD- 平面　YD- 系统
22	圆形地漏	如为无水封，应加存水弯
23	浴盆排水件	
24	存水弯	
25	管道交叉	下方和后面管道应断开
26	减压阀	左侧为高压端
27	角阀	
28	截止阀	
29	球阀	
30	闸阀	
31	止回阀	
32	蝶阀	
33	弹簧安全阀	左为通用
34	自动排气阀	平面　系统
35	室内消火栓（单口）	平面　系统 白色为开启面
36	室内消火栓（双口）	平面　系统

续表

序号	名　称	图　例	序号	名　称	图　例
37	水泵接合器		43	立式洗脸盆	
38	自动喷洒头（开式）	平面　系统	44	台式洗脸盆	
39	手提灭火器		45	浴盆	
40	淋浴喷头		46	盥洗槽	
41	水表井		47	污水池	
42	水表		48	坐式大便器	

3.1.3　标高、管径及编号

一、标高

室内工程应标注相对标高；室外工程应标注绝对标高，当无绝对标高资料时，可标注相对标高，但应与总图专业一致。

应标注标高的部位：沟渠和重力流管道的起讫点、转角点、连接点、变尺寸（管径）点及交叉点；压力流管道中的标高控制点；管道穿外墙、剪力墙和构筑物的壁及底板等处；不同水位线处；构筑物和土建部分的相关标高。

压力管道应标注管中心标高，沟渠和重力流管道宜标注沟（管）内底标高。

标高的标注方法应符合下列规定：

(1) 平面图中，管道标高应按图 3－1 所示的方式标注。

(2) 平面图中，沟渠标高应按图 3－2 所示的方式标注。

(3) 剖面图中，管道及水位的标高应按图 3－3 所示的方式标注。

(4) 轴测图中，管道标高应按图 3－4 所示的方式标注。

在建筑工程中，管道也可标注相对本层建筑地面的标高，标注方法为 $h+\times.\times\times\times$，$h$ 表示本层建筑地面标高（如 $h+0.250$）。

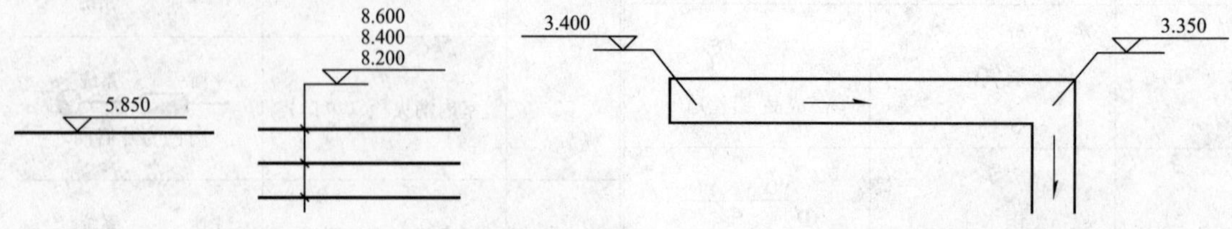

图 3－1　平面图中管道标高标注法　　图 3－2　平面图中沟渠标高标注法

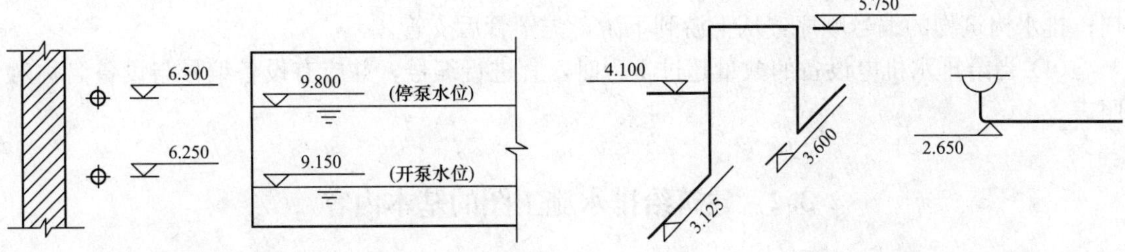

图 3-3　剖面图中管道及水位的标高标注法　　图 3-4　轴测图中管道标高标注法

二、管径

管径应以毫米（mm）为单位。水煤气输送钢管（镀锌或非镀锌）、铸铁管等管材，管径宜以公称直径 *DN* 表示（如 *DN*15、*DN*50）；无缝钢管、焊接钢管（直缝或螺旋缝）、铜管、不锈钢管等管材，管径宜以外径 *D*×壁厚表示（如 *D*108×4、*D*159×4.5 等）；钢筋混凝土（或混凝土）管、陶土管、耐酸陶瓷管、缸瓦管等管材，管径宜以内径 *d* 表示（如 *d*230、*d*380 等）；塑料管材，管径宜按产品标准的方法表示。当设计均用公称直径 *DN* 表示管径时，应用公称直径 *DN* 与相应产品规格对照表。

管径的标注方法应符合下列规定：

（1）单根管道时，管径应按图 3-5 所示的方式标注。

（2）多根管道时，管径应按图 3-6 所示的方式标注。

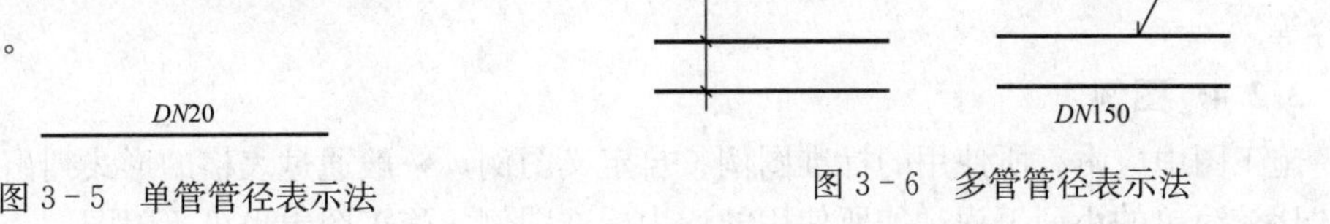

图 3-5　单管管径表示法　　图 3-6　多管管径表示法

三、编号

（1）当建筑物的给水引入管或排水排出管的数量超过 1 根时，宜进行编号，编号宜按图 3-7所示的方法表示。

（2）建筑物穿越楼层的立管，其数量超过 1 根时宜进行编号，编号宜按图 3-8 所示的方法表示。

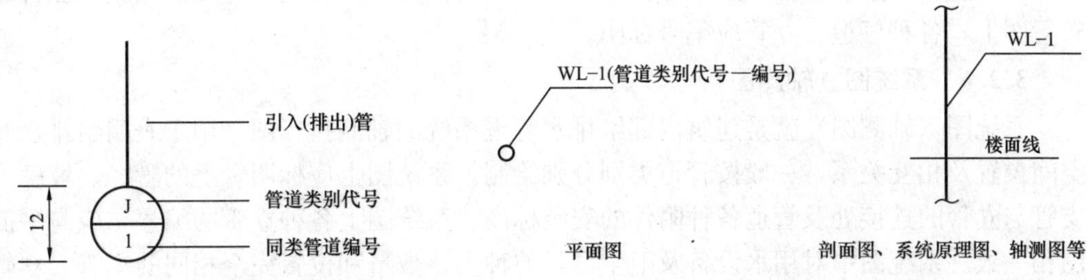

图 3-7　给水引入（排水排出）管编号表示方法　　图 3-8　立管编号表示方法

（3）在总平面图中，当给排水附属构筑物的数量超过 1 个时，宜进行编号。编号方法：

构筑物代号—编号；给水构筑物的编号顺序：从水源到干管，再从干管到支管，最后到用户；排水构筑物的编号顺序：从上游到下游，先干管后支管。

(4) 当给排水机电设备的数量超过 1 台时，宜进行编号，并应有设备编号与设备名称对照表。

3.2 建筑给排水施工图的基本内容

建筑给排水施工图一般由图纸目录、主要设备材料表、设计说明、图例、平面图、系统图（轴测图）、施工详图等组成。

3.2.1 图纸目录

图纸目录应作为施工图的首页，在图纸目录中列出本专业所绘制的所有施工图及使用的标准图，图纸列表应包括序号、图号、图纸名称、规格、数量、备注等。

3.2.2 主要设备材料表

主要设备材料表应列出所使用的主要设备材料名称、规格型号、数量等。

3.2.3 设计说明

凡在图上或所附表格上无法表达清楚而又必须让施工人员了解的技术数据、施工和验收要求等均需写在设计说明中。一般，小型工程均将说明部分直接写在图纸上，内容很多时则要另用专页编写。设计说明编制一般包括工程概况、设计依据、系统介绍、单位及标高、管材及连接方式、管道防腐及保温做法、卫生器具及设备安装、施工注意事项、其他需说明的内容等。

3.2.4 图例

施工图中应附有所使用的标准图例、自定义图例，一般通过表格的形式列出。对于系统形式比较简单的小型工程，如所使用的均为标准图例，施工图中也可不附图例表。

可以将上述主要设备材料表、设计说明和图例等绘制在同一张图上。

3.2.5 平面图

平面图用于表明建筑物内用水设备及给排水管道的平面位置，是建筑给排水施工图的主要组成部分。建筑内部给排水以选用的给水方式来确定平面布置图的张数：底层及地下室必绘；顶层若有高位水箱等设备，也必须单独绘出；建筑中间各层，如卫生设备或用水设备的种类、数量和位置都相同，绘一张标准层平面布置图即可，否则，应逐层绘制。在各层平面布置图上，各种管道、立管应编号标明。

3.2.6 系统图（轴测图）

系统图（轴测图）就是建筑内部给排水管道系统的轴测投影图，用于表明给排水管道的空间位置及相互关系，一般按管道类别分别绘制。系统图上应标明管道的管径、坡度，标出支管与立管的连接处及管道各种附件的安装标高。系统图上各种立管的编号，应与平面布置图相一致。系统图中对用水设备及卫生器具的种类、数量和位置完全相同的支管、立管，可不重复完全绘出，但应用文字标明。当系统图立管、支管在轴测方向重复交叉影响识图时，可断开移到图面空白处绘制。

3.2.7　施工详图

凡平面布置图、系统图中局部构造因受图面比例限制难以表示清楚时，必须绘出施工详图。通用施工详图系列，如卫生器具安装、排水检查井、雨水检查井、阀门井、水表井、局部污水处理构筑物等，均有各种施工标准图。施工详图应首先采用标准图。对于无标准设计图可供选择的设备、器具安装图及非标准设备制造图，宜绘制详图。

3.3　建筑给排水施工图识读

3.3.1　建筑给排水施工图的识读方法

建筑给排水施工图识读时应将给水图和排水图分开识读。

识读给水图时，按水源—管道—用水设备的顺序，首先从平面图入手，然后看系统（轴测）图，粗看贮水池、水箱及水泵等设备的位置，对系统先有一个全面认识，分清该系统属于何种给水系统，再综合对照各图细看，弄清管道的走向、管径、坡度和坡向、设备位置、设备的型号和规格、设备的支架、基础形式等内容。

识读排水图时，按卫生器具—排水支管—排水横管—排水立管—排出管的顺序，先从平面图入手，然后看排水系统（轴测）图。分清系统种类，将平面图上的排水系统编号与系统图上的编号相对应，分清管径、坡度和坡向。

一、建筑给排水平面图的识读

建筑内部给排水平面图主要表明建筑内部给排水管道、卫生设备及用水设备等的平面布置，识读内容如下：

识读卫生器具、用水设备和升压设备（如洗涤盆、大便器、小便器、地漏、拖布池、淋浴器以及水箱等）的类型、数量、安装位置及定位尺寸等。

识读引入管和污水排出管的平面布置、走向、定位尺寸、系统编号，以及与室外管网的连接形式、管径和坡度等。

识读给排水立管、水平干管和支管的管径、在平面图上的位置、立管编号，以及管道安装方式等。

识读管道配（附）件（如阀门、清扫口、水表、消火栓和清通设备等）的型号、口径大小、平面位置、安装形式及设置情况等。

二、建筑给排水系统图的识读

识读建筑给水系统图时，可以按照循序渐进的方法，从室外水源引入处着手，顺着管路的走向依次识读各管路及用水设备；也可以逆向进行，即从任意一用水点开始，顺着管路逐个弄清管道和设备的位置、管径的变化及所用管件等内容。

识读建筑排水系统图时，可以按照卫生器具或排水设备的存水弯、器具排水管、排水横管、立管和排出管的顺序进行，依次弄清排水管道的走向、管路分支情况、管径尺寸、各管道标高、各横管坡度、存水弯形式、通气系统形式及清通设备位置等。

给水管道系统图中的管道一般都是采用单线图绘制，管道中的重要管件（如阀门）用图例表示，而更多的管件（如补心、活接头、三通及弯头等）在图中并未做特别标注。这就要求应熟练掌握有关图例、符号和代号的含义，并对管路构造及施工程序有足够的了解。

三、建筑给排水工程施工详图（大样图）的识读

常用的建筑给排水工程的详图有淋浴器、盥洗池、浴盆、水表节点、管道节点、排水设备、室内消火栓及管道保温等的安装图。各种详图中注有详细的构造尺寸及材料的名称和数量。

3.3.2 室内建筑给排水施工图识读举例

此处以图 3－9～图 3－12 所示的给排水施工图中西单元西住户为例介绍识读过程。

一、施工说明

本工程施工说明如下：

（1）图中尺寸标高以米（m）计，其余均以毫米（mm）计。本住宅楼日用水量为 13.4t。

（2）给水采用 PPR 管材和管件连接；排水管采用 UPVC 塑料管，承插黏接。出屋顶的排水管采用铸铁管，并刷防锈漆、银粉各两道。给水管 *De*16 及 *De*20 管壁厚为 2.0mm，*De*25 管壁厚为 2.5mm。

（3）给排水支吊架安装见 98S10，地漏采用高水封地漏。

（4）坐便器安装见 98S1－85，洗脸盆安装见 98S1－41，住宅洗涤盆安装见 98S1－9，拖布池安装见 98S1－8，浴盆安装见 98S1－73。

（5）给水采用一户一表出户安装，安装详见××市供水公司图集 XSB－01。所有给水阀门均采用铜质阀门。

（6）排水立管在每层标高 250mm 处设伸缩节，伸缩节做法见 98S1－156～158。

（7）排水横管坡度采用 0.026。

（8）凡是外露与非采暖房间给排水管道均采用 40mm 厚聚氨酯保温。

（9）卫生器具采用优质陶瓷产品，规格型号由甲方定。

（10）安装完毕进行水压试验，试验工作严格按现行规范要求进行。

（11）说明未详尽之处均严格按现行规范及 98S1 规定施工及验收。

二、图例

本工程图例见表 3－3。

表 3－3 工 程 图 例

图例	名称	图例	名称
	给水管		排水管
	截止阀		角阀
	水嘴		喷头
	存水弯		地漏
	检查口		通气帽

三、给水排水平面图识读

给水排水平面图的识读一般从底层开始，逐层阅读。

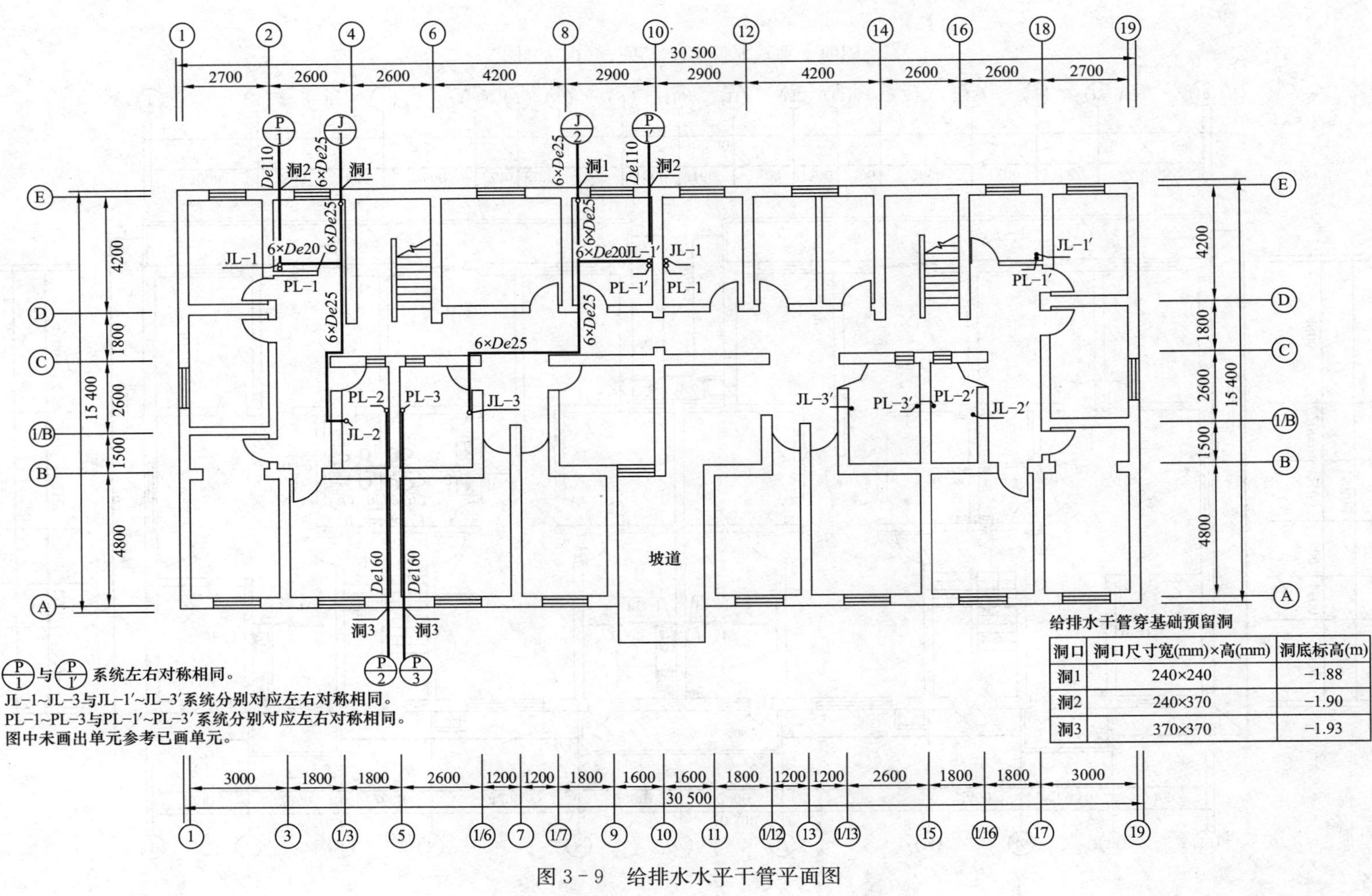

给排水干管穿基础预留洞

洞口	洞口尺寸宽(mm)×高(mm)	洞底标高(m)
洞1	240×240	-1.88
洞2	240×370	-1.90
洞3	370×370	-1.93

P/1 与 P/1' 系统左右对称相同。
JL-1~JL-3与JL-1'~JL-3'系统分别对应左右对称相同。
PL-1~PL-3与PL-1'~PL-3'系统分别对应左右对称相同。
图中未画出单元参考已画单元。

图 3-9　给排水水平干管平面图

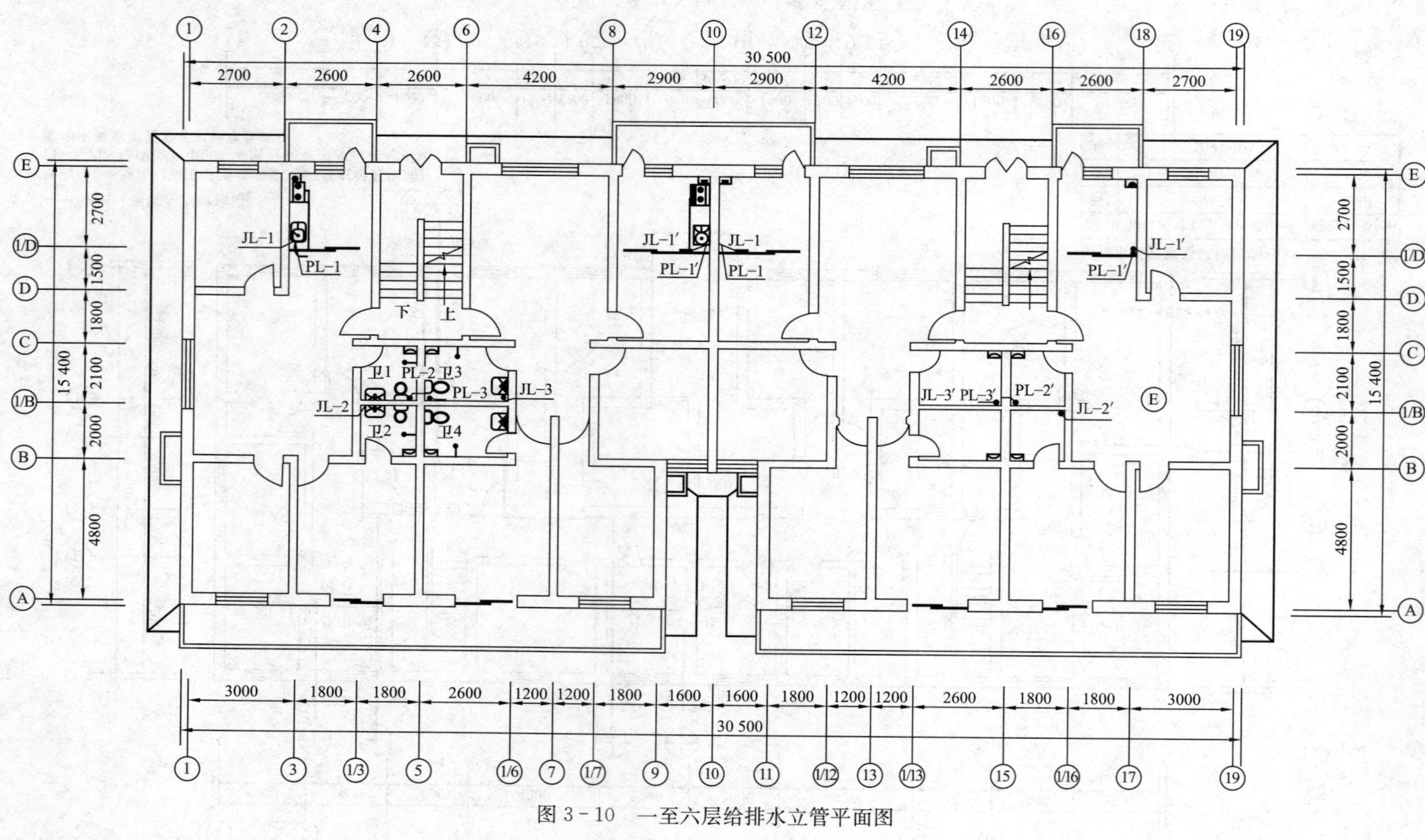

图 3-10 一至六层给排水立管平面图

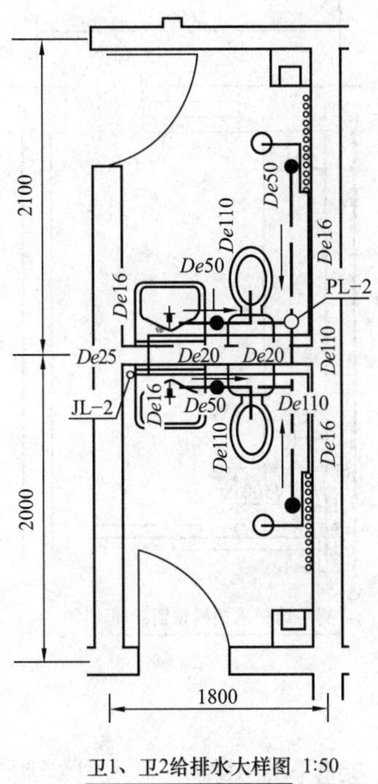

卫1、卫2给排水大样图 1:50

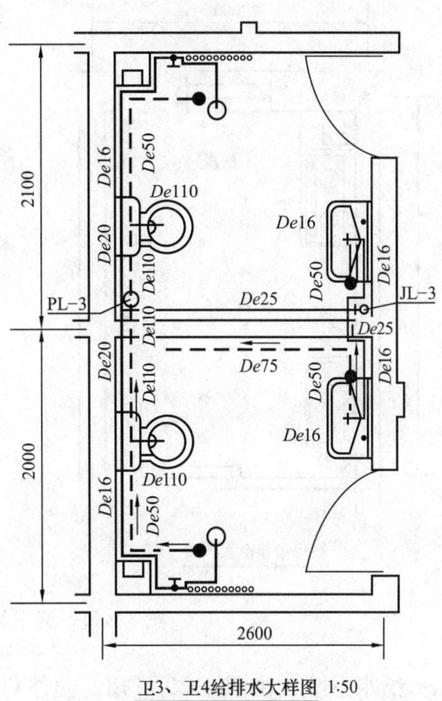

卫3、卫4给排水大样图 1:50

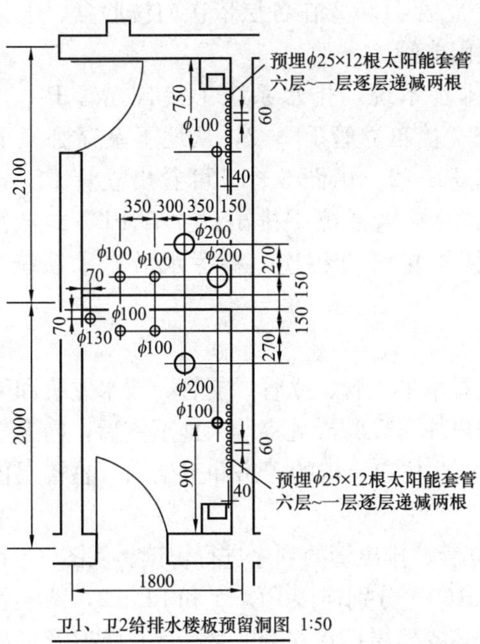

卫1、卫2给排水楼板预留洞图 1:50

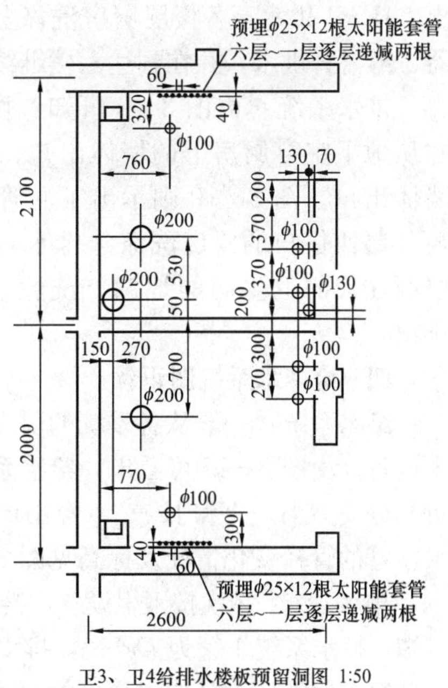

卫3、卫4给排水楼板预留洞图 1:50

图 3－11　厨卫给排水大样及楼板预留洞图（一）

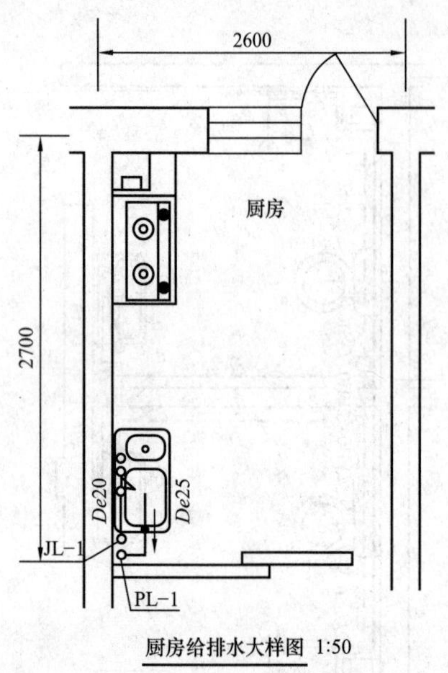

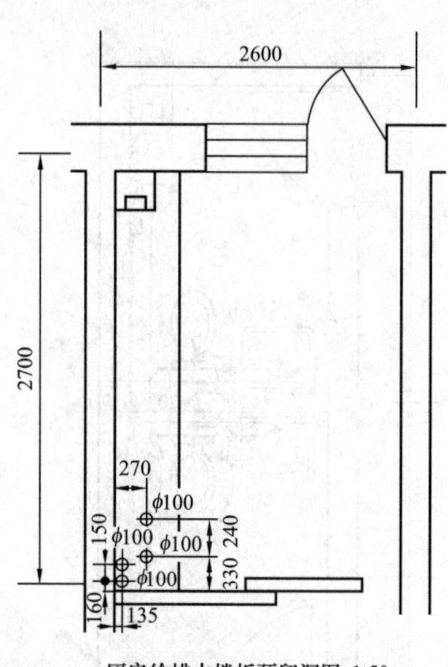

图 3-11 厨卫给排水大样及楼板预留洞图（二）

给水系统：由图 3-9 可知：西住户的给水系统 1 从底层西边地下室由给水引入管穿厨房下的墙体进户，接立管 JL-1，穿墙进入卫生间后接立管 JL-2。图 3-10 示出了立管 JL-1 和立管 JL-2，立管 JL-1 和立管 JL-2 穿过各楼层楼板后向上到达六楼。由图 3-11 可看出，JL-1 供水至各楼层厨房洗涤盆上的水龙头，立管 JL-2 在各层依次向洗脸盆、大便器、淋浴管供水，并在到达六楼继续向上接楼顶太阳能管。

排水系统：由图 3-9 可知：西住户有两个排水系统，排水系统 1 接自立管 PL-1 并从地下室穿厨房下的墙体出户；另一排水系统 2 接自立管 PL-2，从地下室穿卧室下墙体出户。图 3-10 则示出了立管 PL-1 和立管 PL-2。由图 3-11 可看出立管 PL-1 与各层西住户的厨房洗涤盆排水口相连，将污水沿排水系统 1 排出；立管 PL-2 与各层西住户的卫生间的地漏、洗脸盆排水口、大便器排污口相连，将污水沿排水系统 2 排出。

四、给排水系统图识读

给水系统：一般从各系统的引入管开始，依次看水平干管、立管、支管、放水龙头和卫生设备。由图 3-12 可看出，给水系统的引入管从户外－1.80m 处穿墙入地下室后，向上弯折并分支为 JL-1 和 JL-2，穿出地面后，分别进入西住户一楼的厨房和卫生间。各楼层供水立管的管径变化情况及标高见图 3-12。

排水系统：依次按卫生设备连接管、横支管、立管、排出管的顺序进行识读。从图 3-12 可知，排水系统 1 管为 *De*110，排水系统 2 管为 *De*160，分别连接 PL-1 和 PL-2，两立管顶部穿出六楼向上延伸，形成伸顶通气管进行通气。各楼层排水立管的管径变化情况及标高见图 3-12。

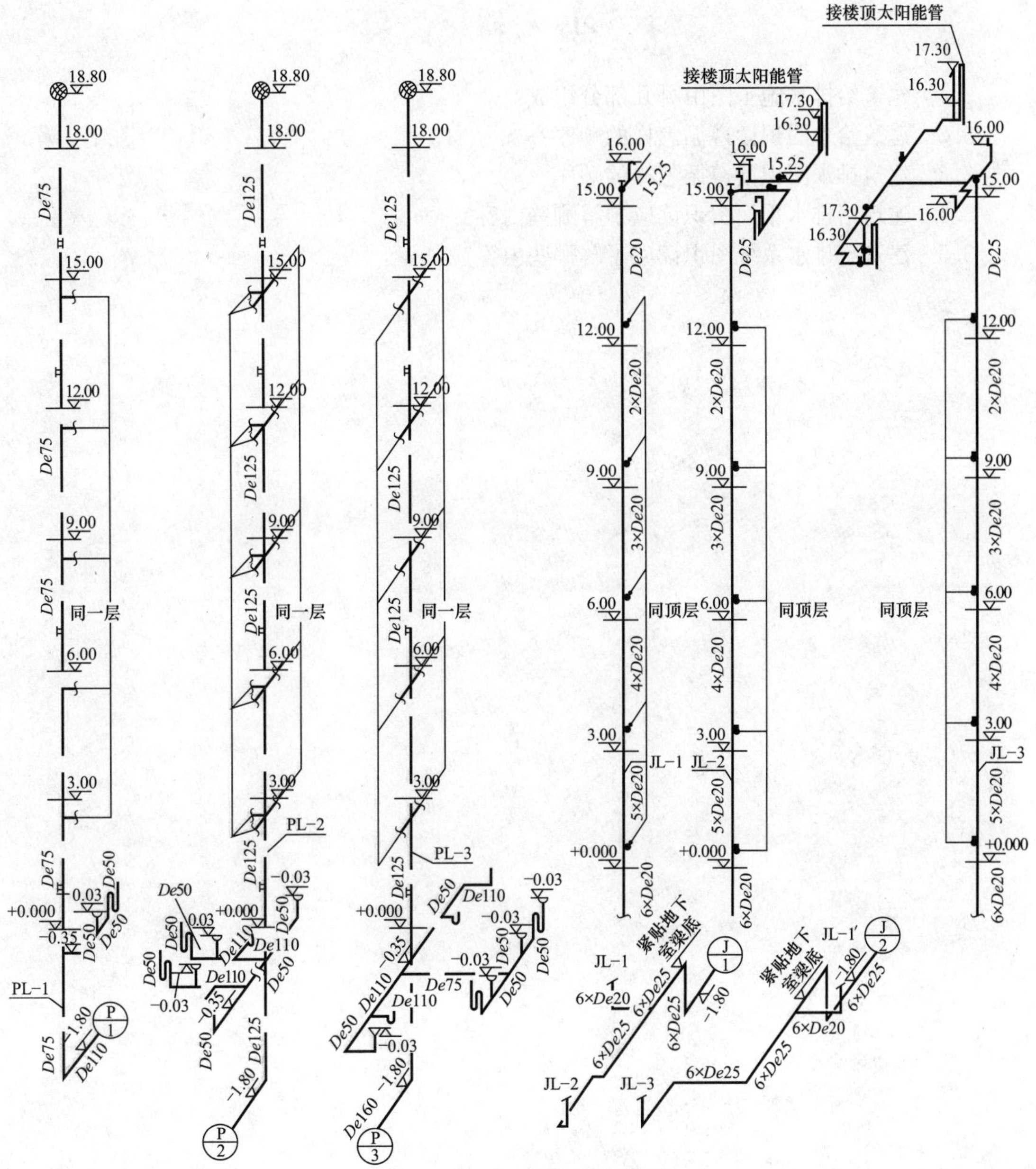

图 3 - 12　给排水系统图

本章小结

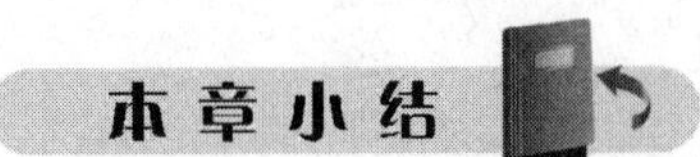

本章主要介绍了常用给水排水图例、建筑给水排水施工图的组成及内容，阐述了建筑给水排水施工图的识图方法和技巧，并进行了识图实例的讲解。

习　题

3.1　建筑给排水施工图由哪几部分组成?

3.2　建筑给水图识读遵循怎样的顺序?

3.3　建筑排水图识读遵循怎样的顺序?

3.4　建筑给排水平面图识读应了解哪些内容?

3.5　建筑给排水系统图识读应了解哪些内容?

第4章 供 暖 系 统

【要点提示】本章主要介绍采暖工程的设计施工等方面的知识，主要包括采暖系统的组成，采暖系统的主要设备，采暖系统的设计和施工要求，施工图的识图及施工与验收规范等知识。

4.1 供暖系统的组成与分类

人们在日常生活和社会生产中需要大量的热量。利用热媒——载热体（如水、水蒸气或其他介质）将热能从热源输送到各用户的工程技术称为供热工程。而采暖就是用人工方法向室内供给相应的热量，保持一定的室内温度，以创造适宜的生活或工作条件的工程技术。

4.1.1 采暖系统的组成

所有采暖系统都是由热的制备（热源）、热媒输送（热网）和热媒利用（散热设备）三个主要部分组成，如图4-1所示。

(1) 热源。用来产生热能。

(2) 供热管网。热媒的输送分配。

(3) 散热设备。向室内放热。

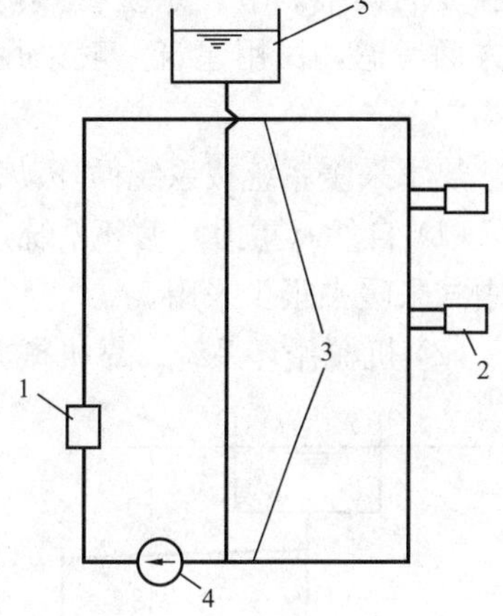

图4-1 热水采暖系统
1—热水锅炉；2—散热器；3—热水管道；4—循环水泵；5—膨胀水箱

4.1.2 采暖系统的分类

采暖系统可根据热媒、设备及系统形式分类。

一、按热媒种类分类

(1) 热水采暖系统。以热水为热媒的采暖系统，主要应用于民用建筑。

(2) 蒸汽采暖系统。以水蒸气为热媒的采暖系统，主要应用于工业建筑。

(3) 热风采暖系统。以热空气作为热媒向室内供应热量的采暖系统，主要应用于大型工业车间。

二、按设备相对位置分类

(1) 局部采暖系统。热源、热网、散热器三部分在构造上合在一起的采暖系统。

(2) 集中采暖系统。热源和散热设备分别设置，用热网相连接，由热源向各个房间或建筑物供给热量的采暖系统。

(3) 区域采暖。由一个热源向几个厂区或城镇集中供应热能的系统。

三、按系统敷设方式分

按系统管道的敷设方式的不同，可分为垂直式系统和水平式系统。

四、按组成系统的各个立管环路总长度是否相同分

(1) 异程式系统。通过各个立管的循环环路的总长度不相等的系统。

(2) 同程式系统。通过各个立管的循环环路的总长度相等的系统。

五、按供、回热媒方式的不同分

(1) 单管系统。热水经立管或水平管顺序流过多组散热器，并顺序地在各散热器中冷却的系统。

(2) 双管系统。热水经供水立管或水平供水管平行地分配给多组散热器，冷却后的回水自每个散热器直接沿回水立管或水平回水管流回热源的系统。

4.2 热水供暖系统

采暖系统常用的热媒有水、蒸汽、空气。以热水作为热媒的采暖系统称为热水采暖系统。

热水采暖系统的热能利用率高，输送时无效热损失较小，散热设备不易腐蚀，使用周期长，且散热设备表面温度低，符合卫生要求；系统操作方便，运行安全，易于实现供水温度的集中调节，系统蓄热能力高，散热均匀，适于远距离输送。从卫生条件和节能等方面考虑，民用建筑一般采用热水作为热媒。热水采暖系统也用在生产厂房及辅助建筑物中。

热水采暖系统按系统循环动力可分为：

(1) 自然（重力）循环系统。靠水的密度差进行循环的系统，由于作用压力小，目前在集中式采暖中很少采用。

(2) 机械循环系统。靠机械力（水泵）进行循环的系统。

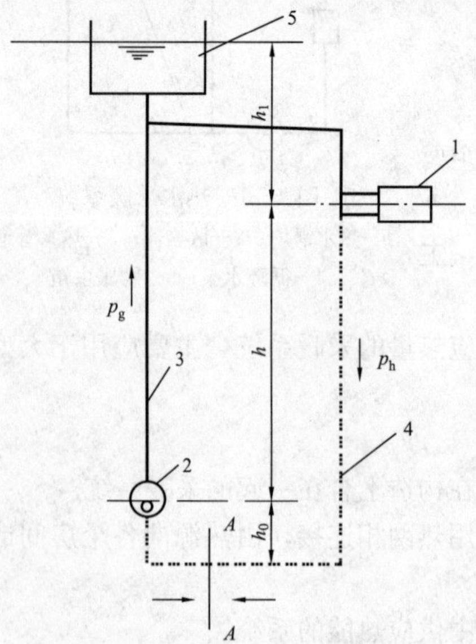

图 4-2　自然循环热水采暖系统的工作原理图

1—散热器；2—热水锅炉；3—供水管路；4—回水管路；5—膨胀水箱

热水采暖系统按热媒温度的不同可分为低温、高温系统：

(1) 低温热水采暖系统。供水温度为 95℃，回水温度为 70℃。

(2) 高温热水采暖系统。供水温度多采用 120～130℃，回水温度为 70～80℃。

4.2.1　自然循环系统

一、自然循环热水采暖的工作原理及作用压力

图 4-2 所示为自然循环热水采暖系统的工作原理图。在图中假设整个系统有一个放热中心 1（散热器）和一个加热中心 2（锅炉），用管路 3（供水管）和 4（回水管）把散热器和锅炉连接起来。在系统的最高处连接一个膨胀水箱 5，用它容纳水在受热后因膨胀而增加的体积。

在系统工作之前，先将系统中充满冷水。当水在锅炉内被加热后，它的密度减小，同时受着从散热器流回来密度较大的回水的驱动，使热水沿着供水干管上升，流入散热器。在散热器内水被冷却，再沿回水干管流回锅炉。这样，水连续被加热，热水不断上升，在散热器及管路中散热冷却后的回水又流回锅炉被重新加热，形成图 4－2 中箭头所示的方向循环流动。这种水的循环称为自然（重力）循环。

由此可见，自然循环热水采暖系统的循环作用压力的大小取决于水温在循环环路的变化状况。在分析作用压力时，先不考虑水在沿管路流动时的散热而使水不断冷却的因素，认为在图 4－2 中的循环环路内水温只在锅炉和散热器两处发生变化。

设 p_1 和 p_2 分别表示 A－A 断面右侧和左侧的水柱压力，则

$$p_1 = g(h_0\rho_h + h\rho_h + h_1\rho_g)$$

$$p_2 = g(h_0\rho_h + h\rho_g + h_1\rho_g)$$

断面 A－A 两侧之差值，即系统的循环作用压力为

$$\Delta p = p_1 - p_2 = gh(\rho_h - \rho_g) \tag{4-1}$$

式中　Δp——自然循环系统的作用压力，Pa；

ρ_h——回水密度，kg/m^3；

ρ_g——供水密度，kg/m^3。

由式（4－1）可知，起循环作用的只有散热器中心和锅炉中心之间这段高度内的水密度差。如供回水温度为 95℃/70℃，则每米高差可产生的作用压力为

$$gh(\rho_h - \rho_g) = 9.81 \times (977.81 - 961.92) = 156\text{Pa}$$

二、自然循环热水采暖系统的主要形式

（1）双管上供下回式。图 4－3 所示为双管上供下回式系统，其特点是各层散热器都并联在供、回水立水管上，水经回水立管、干管直接流回锅炉，如不考虑水在管道中的冷却，则进入各层散热器的水温相同。

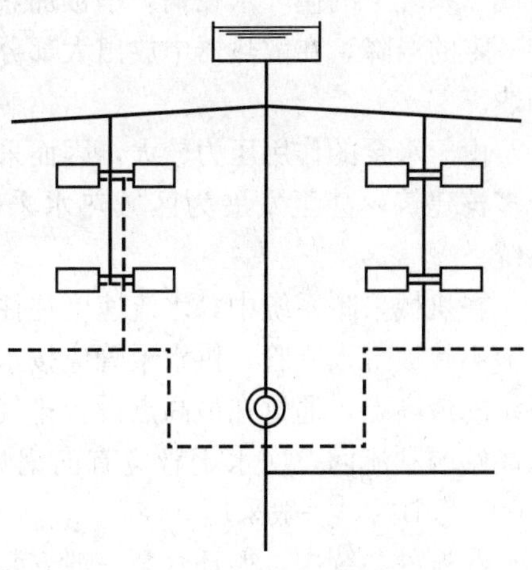

图 4－3　自然循环热水系统

（左边为双管式，右边为单管式）

因为这种系统的供水干管在上面，回水干管在下面，因此称为上供下回式，又由于这种系统中的散热器都并联在两根立管上，一根为供水立管，一根为回水立管，因此又称为双管系统。这种系统的散热器都自成一独立的循环环路，在散热器的供水支管上可以装设阀门，以便用来调节通过散热器的水流量。

上供下回式自然循环热水采暖系统管道布置的一个主要特点是：系统的供水干管必须有向膨胀水箱方向上升的坡度，其坡度宜采用 0.5%～1.0%；散热器支管的坡度一般取 1.0%；回水干管应有沿水流向锅炉方向下降的坡度。

（2）单管上供下回式。单管系统的特点是热水送入立管后由上向下顺序流过各层散热器，水温逐层降低，各组散热器串联在立管上。每根立管（包括立管上各层散热器）与锅炉、供回水干管形成一个循环环路，各立管环路是并联的。单管系统与双管系统比较，

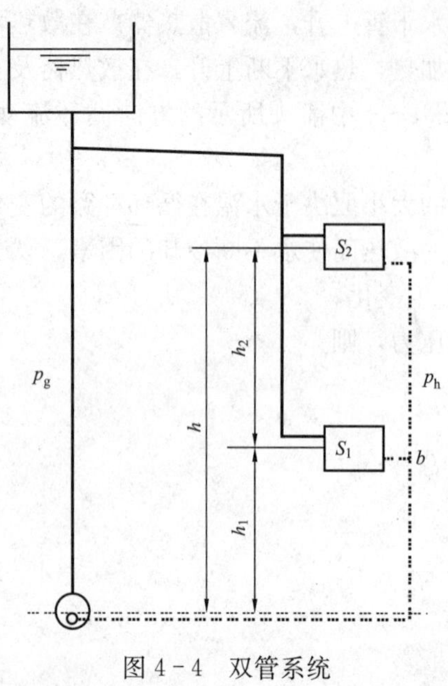

图 4-4 双管系统

其优点是系统简单、节省管材、造价低、安装方便、上下层房间的温度差异较小；缺点是顺流式不能进行个体调节。

三、不同高度散热器环路的作用压力

在图 4-4 所示的双管系统中，由于供水同时在上、下两层散热器内冷却，形成了两个并联环路和两个冷却中心。它们的作用压力分别为

$$\Delta p_1 = gh_1(\rho_h - \rho_g) \tag{4-2}$$

$$\Delta p_2 = g(h_1 + h_2)(\rho_h - \rho_g) = \Delta p_1 + gh_2(\rho_h - \rho_g) \tag{4-3}$$

式中 Δp_1——通过底层散热器 S_1 环路的作用压力，Pa；

Δp_2——通过上层散热器 S_2 环路的作用压力，Pa。

由式（4-3）可知，通过上层散热器环路的作用压力比通过底层散热器的大。

4.2.2 机械循环系统

机械循环热水采暖系统与自然循环系统的主要区别是在系统中设置了循环水泵，靠水泵提供的机械能使水在系统中循环，如图 4-1 所示，它由锅炉、水泵、散热器及膨胀水箱等组成。系统中的循环水在锅炉中被加热，通过总立管、干管、支管到达散热器。水沿途散热有一定的温降，在散热器中放出大部分所需热量，沿回水支管、立管、干管重新回到锅炉被加热。

由于水泵的作用压力较大，因而采暖范围可以扩大。它不仅用于单栋建筑中，也可以用于多栋建筑，甚至发展为区域热水采暖系统。机械采暖系统成为应用最广泛的一种采暖系统。

在机械采暖系统中，水流速度往往超过自水中分离出来的空气气泡的浮升速度。为了使气泡不致被带入立管，供水干管应按水流方向设置上升坡度，使气泡随水流方向流动汇集到系统的最高点，通过在最高点设置排气装置——集气罐，将空气排出系统外。同时为了使回水能够顺利流回，回水干管应有向锅炉房方向向下的坡度。供回水干管坡度应在 0.002～0.005 范围内，一般采用 0.003。

在这种系统中，循环水泵一般安装在回水干管上，并将膨胀水箱连在水泵吸入端。膨胀水箱位于系统最高点，它的主要作用是容纳因水受热后所膨胀的体积。当膨胀水箱连在水泵吸入端时，它可使整个系统处于稳定的正压（高于大气压）下工作，这就保证了系统中的水不致被汽化，从而避免了因水汽存在而中断水的循环。

机械循环热水采暖系统有以下几种主要形式。

一、机械循环上供下回式热水采暖系统

上供下回式系统管道布置合理，是最常见的一种布置形式，如图 4-5 所示。该系统与每组散热器连接的立管均为两根，热水平行地分配给所有散热器，散热器流出的回水直接流回锅炉。由图 4-5 可见，供水干管布置在所有散热器上方，而回水干管在所有散热器下方，

所以叫上供下回式。

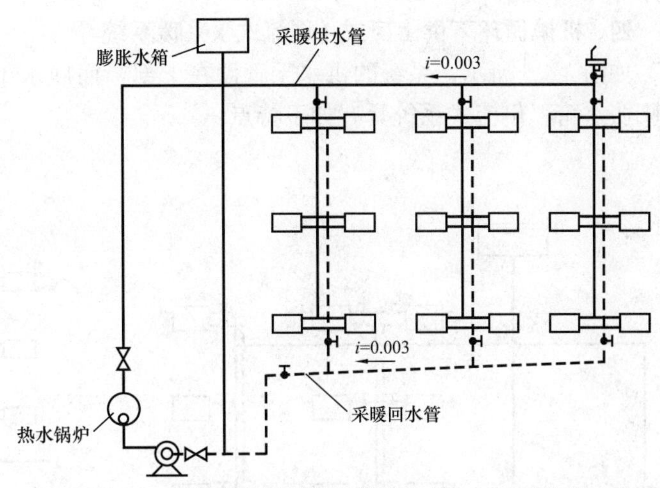

图 4-5 机械循环双管上供下回式热水采暖系统

在这种系统中，水在系统内循环，主要依靠水泵所产生的压头，但同时也存在自然压头，它使流过上层散热器的热水多于实际需要量，并使流过下层散热器的热水量少于实际需要量，从而造成上层房间温度偏高，下层房间温度偏低的“垂直失调”现象。随着楼层层数的增多，垂直失调现象愈加严重。因此，双管系统不宜在四层以上的建筑物中采用。

二、机械循环下供下回式双管系统

如图 4-6 所示，系统的供水和回水干管都敷设在底层散热器下面。在设有地下室的建筑物中或在平屋顶建筑顶棚下难以布置供水干管的场合，常采用下供下回式系统。与上供下回式系统相比，该系统有如下特点：

(1) 在地下室布置供水干管，管路直接散热给地下室，无效热损失小。

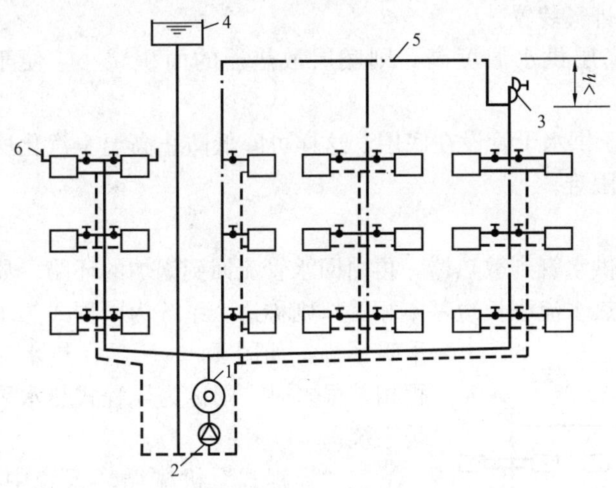

图 4-6 机械循环双管下供下回式热水采暖系统

1—热水锅炉；2—循环水泵；3—集气装置；4—膨胀水箱；5—空气管；6—冷气阀

(2) 在施工中，每安装好一层散热器即可采暖，给冬季施工带来很大方便。

(3) 排除系统中的空气较困难。

下供下回式系统排除空气的方式主要有两种：通过顶层散热器的冷风阀手动分散排气（如图 4-6 左侧所示），或通过专设的空气管手动或自动集中排气（如图 4-6 右侧所示）。集气装置的连接位置，应比水平空气管低 0.3m 以上，否则位于上部空气管内的空气不能起到隔断作用，立管中的水会通过空气管串流，因此专设空气管集中排气的方法，通常只在作用半径小或系统压力小的热水采暖系统中应用。

三、机械循环中供式热水采暖系统

如图 4-7 所示，从系统总立管引出的水平供水干管敷设在系统的中部。下部系统为上供下回式，上部系统可采用下供下回式，也可采用上供下回式。中供式系统可避免由于顶层梁底标高过低，致使供水干管挡住顶层窗户的不合理布置，并减轻了上供下回式楼层过多易出现垂直失调的现象；但上部系统要增加排气装置。中供式系统可用于原有建筑物加建楼层或上部建筑面积少于下部建筑面积的场合。

四、机械循环下供上回式（倒流式）采暖系统

如图 4－8 所示，系统的供水干管设在下部，而回水干管设在上部，顶部还设置有顺流式膨胀水箱。倒流式系统具有如下特点：

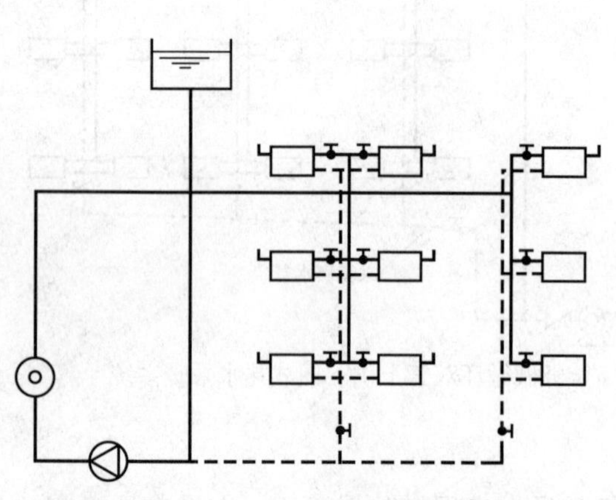

图 4－7　机械循环中供式热水采暖系统

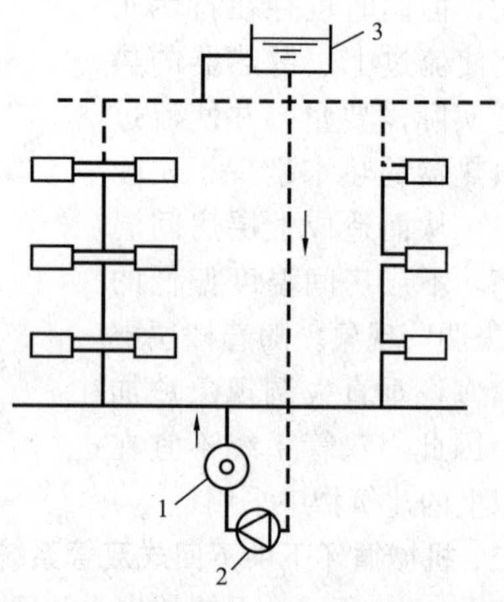

图 4－8　机械循环下供上回式采暖系统

1—热水锅炉；2—循环水泵；3—膨胀水箱

（1）水在系统内的流动方向是自下而上流动，与空气流动方向一致，可通过顺流式膨胀水箱排除空气，无需设置集中排气罐等排气装置。

（2）对热损失大的底层房间，因底层供水温度高，则底层散热器的面积减小，便于布置。

（3）当采用高温水采暖系统时，由于供水干管设在底层，这样可降低防止高温水汽化所需的水箱标高，减少了布置高架水箱的困难。

五、异程式系统与同程式系统

循环环路是指热水从锅炉流出，经供水管到散热器，再由回水管流回到锅炉的环路。如果一个热水采暖系统中，各循环环路的热水流程长短基本相等，则称这个系统为同程式热水采暖系统，如图 4－9 所示；热水流程相差很多时，则称为异程式热水采暖系统。

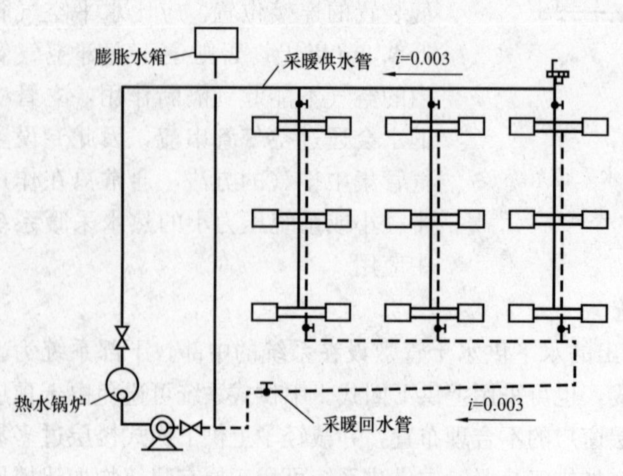

图 4－9　同程式热水采暖系统

在“异程式”机械循环系统中，由于各个环路的总长度可能相差很大，因而，各个立管环路的压力损失就更难以平衡，有时靠近总立管最近的立管会有很多的剩余压力，出现严重的水平失调现象。而“同程系统”的特点是，各立管环路的总长都相等，压力损失易平衡。所以，在较大的建筑物内宜采用同程系统。

六、水平式系统

水平式系统按供水与散热器的连接方式可分为顺流式和跨越式两类。

很显然，顺流式系统虽然最省管材，但每个散热器不能进行局部调节。所以，它只能用在对室温控制要求不严格的建筑物中或大的房间中。

跨越式的连接方式可以有图 4-11 中 1、2 两种。第 2 种的连接形式虽然稍费一些支管，但增大了散热器的传热系数。由于跨越式可以在散热器上进行局部调节，因此它可以用在需要局部调节的建筑物中。

水平式系统排气比垂直式上供下回系统要麻烦，通常采用排气管集中排气。如图 4-10 和图 4-11 中的第二层水平环路上的排气设施，为了排气在散热器上部专门设一空气管($\phi 15$)，最终集中在一个散热器上设一放气阀，而两图的第一层水平环路上的排气设施，则是由每个散热器上安装一个排气阀进行局部排气。当然，散热器较多的大系统，为了管理方便，宜用空气管排气；较小的系统可用排气阀排气。

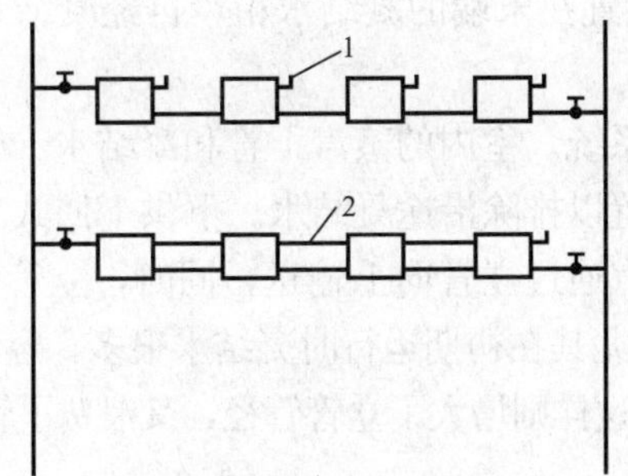

图 4-10 水平单管顺流式系统

1—放气阀；2—空气管

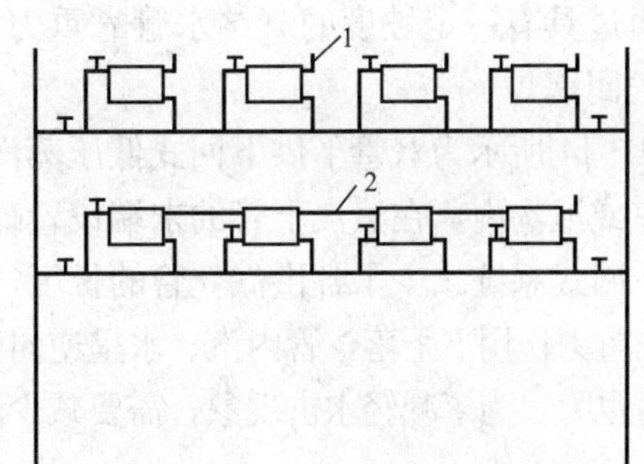

图 4-11 水平单管跨越式系统

1—放气阀；2—空气管

水平式系统的总造价要比垂直式系统少很多，但对于较大系统，由于有较多的散热器处于低水温区，尾端的散热器面积可能比垂直式系统的要多些。但它与垂直式（单管和双管）系统相比，还有以下优点：

(1) 系统的总造价一般要比垂直式系统低。

(2) 管路简单，便于快速施工。除了供、回水总立管外，无穿过各层楼板的立管，因此无需在楼板上打洞。

(3) 有可能利用最高层的辅助空间架设膨胀水箱，不必在顶棚上专设安装膨胀水箱的房间。

(4) 沿路没有立管，不影响室内美观。

4.3 蒸汽供暖系统

图 4-12 所示为简单的蒸汽供暖系统原理图。水在蒸汽锅炉里被加热而形成具有一定压力和温度的蒸汽，蒸汽靠自身压力通过管道流入散热器，在散热器内放出热量，并经过散热器壁面传给房间；蒸汽则由于放出热量而凝结成水，经疏水器（起隔汽作用）后沿凝结水管道返回热源的凝结水箱内，经凝结水泵注入锅炉再次被加热变为蒸汽，如此连续不断地工作。

4.3.1 低压蒸汽供暖系统

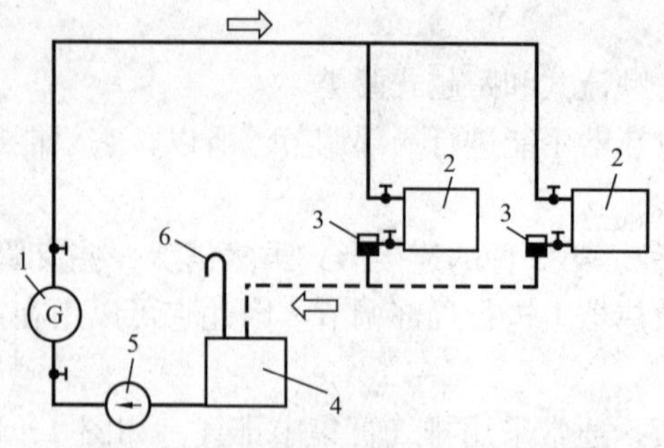

图 4-12 蒸汽供暖系统原理图

1—蒸汽锅炉；2—散热器；3—疏水器；4—凝结水箱；5—凝水泵；6—空气管

低压蒸汽供暖系统与热水系统大致一样，也可分为双管、单管、上供式、下供式及中供式几种形式。

图 4-13 所示为双管上供下回式低压蒸汽供暖系统。低压蒸汽一般由低压蒸汽锅炉产生，蒸汽压力根据系统的大小和设置形式计算确定，保证蒸汽在输送中克服流动阻力，并使到达散热器内的蒸汽有一定剩余压力，以便排除空气。蒸汽在管道输送时，因沿途散热会产生凝结水，水平蒸汽管应有一定的坡度使汽、水同向流动。蒸汽在散热设备中放热后成为凝结水，为了防止蒸汽流出，一般在散热设备出口处设疏水装置。凝结水通过具有一定坡度的凝结水管靠重力流入设置在末端的凝结水箱，再经凝结水泵或其他方式送回锅炉。

图 4-14 所示为双管下供下回式低压蒸汽供暖系统。室内的蒸汽干管和凝结水干管可敷设于地下室或地沟内，在蒸汽干管的末端设置疏水装置以排除沿途凝结水。下供下回式系统虽然比上供下回式系统减少了各供汽立管的长度，但蒸汽通过立管向上输送，同时，立管中产生的凝结水在重力作用下下落，管内汽、水呈逆向流动，尤其在初期运行时凝结水很多，容易产生水击，噪声也大。为了减轻水击现象，需要减少流速，这样则增大了立管管径，又浪费了管材。

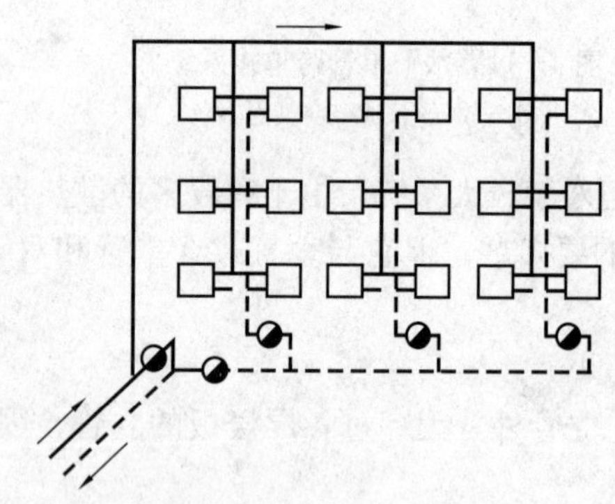

图 4-13 双管上供下回式低压蒸汽供暖系统

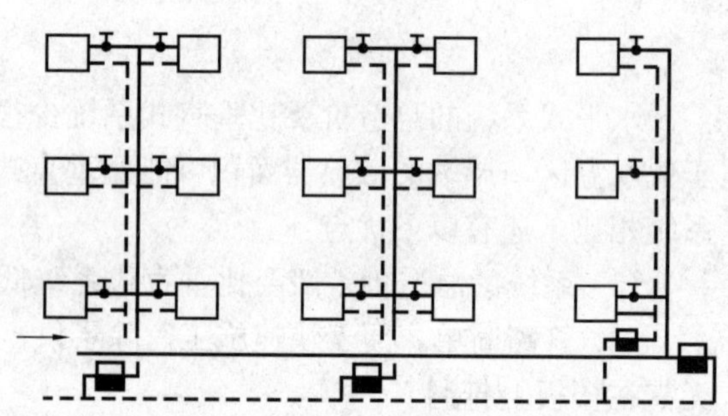

图 4-14 双管下供下回式低压蒸汽供暖系统

4.3.2 高压蒸汽供暖系统

高压蒸汽通常由设置在厂区的蒸汽锅炉供给，供暖系统所需要的蒸汽压力主要取决于散热设备和其他附件的承压能力。与低压蒸汽供暖系统相比，高压蒸汽供暖系统由于供汽压力高，热媒流速大，可以增加系统的作用半径，供给相同的热负荷时需要的管径比较小。高压蒸汽饱和温度高，在散热量相同时，所需散热面积小。但供暖房间卫生条件差，输送过程中热损失也大。高压蒸汽供暖系统的运行管理及凝结水的回收相对要复杂些。

高压蒸汽供暖系统一般多采用双管上供下回式。当室内供暖系统较大时，应尽量采用同程式，以防止系统出现水平热力失调。

高压蒸汽供暖系统的设备应根据具体需求而定，除蒸汽锅炉、管道和散热设备几个基本组成部分以外，当锅炉或室外管网的蒸汽压力超过室内系统承压能力时，需要设减压阀降低蒸汽压力；当有不同的蒸汽用户或用户数量较多时，需要设分气缸分配热媒；高压疏水装置疏水能力大，通常设在蒸汽干管末端；凝结水可利用其剩余压力送回锅炉房的凝结水箱。为了节约能源，可设置二次蒸发箱，以分离出低压蒸汽供低压蒸汽用户使用。

4.4 热风供暖系统

4.4.1 暖风机的特点及分类

热风供暖又叫暖风机供暖，它由暖风机吸入空气经空气加热器加热后送入室内，以维持室内所要求的温度。暖风机是由通风机、电动机和空气加热器组成的联合机组。

热风供暖是比较经济的供暖方式之一，其对流散热量几乎占100%，具有热惰性小，升温快，使室温分布均匀，室内温度梯度小，且设备简单投资少等优点。热风供暖适用于耗热量大的高大厂房，大空间的公共建筑，间歇供暖的房间，以及由于防火防爆和卫生要求必须全部采用新风的车间等。

当空气中不含粉尘和易燃易爆气体时，暖风机可用于加热室内循环空气。如果房间较大，需要的散热器数量过多，难以布置时，也可以用暖风机补充散热器散热量的不足部分。车间用暖风机供暖时，一般还应适当设置一些散热器，在非工作期间，可以关闭部分或全部暖风机，由散热器维持生产车间要求的值班供暖温度（5℃）。

暖风机分为轴流式（小型）和离心式（大型）两种，根据结构特点及适用的热媒又可分为蒸汽暖风机、热水暖风机、蒸汽—热水两用暖风机和冷—热水两用暖风机等。

轴流式暖风机主要有冷、热水系统两用的S型暖风机和蒸汽、热水两用的NC型、NA型暖风机。

图4-15所示为NC型轴流式暖风机。轴流式风机结构简单，体积小，出风射程远，风速低，送风量较小，一般悬挂或支架在墙上或柱子上，可用来加热室内循环空气。

离心式风机主要有热水、蒸汽两用的NBL型暖风机，如图4-16所示，可用于集中输送大流量的热空气。离心式风机气流射程长，风速高，作用压力大，送风量大且散热量大，除了可用来加热室内再循环空气外，还可用来加热一部分室外的新鲜空气。这类大型暖风机是由地脚螺栓固定在地面的基础上的。

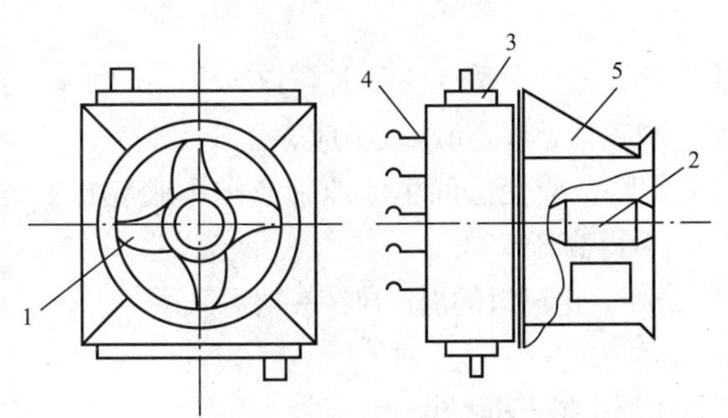

图4-15 NC型轴流式暖风机

1—轴流式风机；2—电动机；3—加热器；4—百叶片；5—支架

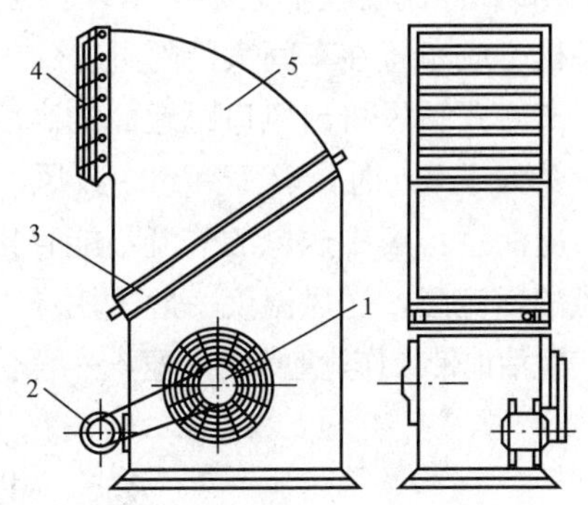

图4-16 NBL型离心式暖风机

1—离心式风机；2—电动机；3—加热器；4—导流叶；5—外壳

4.4.2 暖风机的布置

在生产厂房内布置暖风机时，应考虑车间的几何形状、工作区域、工艺设备位置及暖风机气流作用范围等因素，可按如下要求布置。

一、轴流式（小型）暖风机

（1）应使车间温度场分布均匀，保持一定的断面速度，车间内空气的循环次数不应少于1.5次/h。

（2）应使暖风机射程互相衔接，使供暖空间形成一个总的空气环流。

（3）不应将暖风机布置在外墙上垂直向室内吹风，以免加剧外窗的冷风渗透量。

（4）暖风机底部的安装高度，当出风风速 $v \leqslant 5$m/s 时，取 2.5～3.5m；当出风风速 $v \geqslant$ 5m/s 时，取 4～5.5m。

（5）暖风机送风温度为 35～50℃。

图 4-17 所示为轴流式暖风机的布置方案。在图 4-17（a）中，暖风机布置在内墙侧，射出的气流与房间短期平行，吹向外墙或外窗方向。在图 4-17（b）中，暖风机布置在房间中部纵轴方向，将气流向外墙斜吹，多用在纵轴方向可以布置暖风机，且纵轴两侧都是外墙的狭长房间内。在图 4-17（c）中，暖风机沿房间四周布置成串联吹射形式，可避免吹出的气流相互干扰，室内空气形成循环流动，空气温度较均匀。

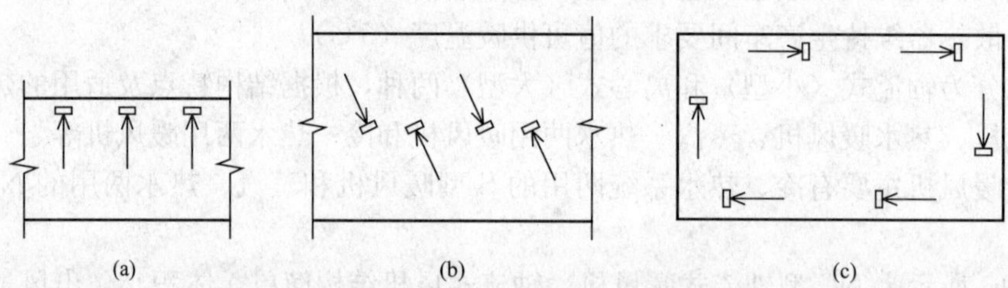

图 4-17 轴流式暖风机的布置方案

（a）直吹；（b）斜吹；（c）顺吹

二、离心式（大型）暖风机

由于大型暖风机的风速和风量都很大，所以应沿车间长度方向布置。出风口距侧墙不宜小于 4m，气流射程不应小于车间供暖区的长度。在射程区域内不应有构筑物或高大设备。暖风机不应布置在车间大门附近。

离心式暖风机出风口距地面的高度，当厂房下弦小于等于 8m 时，取 3.5～6.0m；当厂房下弦大于 8m 时，取 5～7m。吸风口距地面不应小于 0.3m，且不应大于 1m。

应注意：集中送风的气流不能直接吹向工作区，应使房间生活地带或作业地带处于集中送风的回流区，送风温度一般采用 30～50℃，不得高于 70℃。

生活地带或作业地带的风速，一般不大于 0.3m/s，送风口的出口风速一般可采用 5～15m/s。

4.5 供暖系统的设备与附件

4.5.1 管材、管件及阀门

管道及其附件是采暖管线输送热媒的主体部分。管道附件是采暖管道上的管件（三通、弯头等)、阀门、补偿器、支座和器具(放气、放水、疏水、除污等装置)的总称。这些附件是构成采暖管线和保证采暖管线正常运行的重要部分。

一、管材、管件

采暖管道通常都采用钢管。钢管的最大优点是能承受较大的内压力和动荷载,管道连接简便,但缺点是钢管内部及外部易受腐蚀。室内采暖管道常采用水煤气管或无缝钢管。

二、阀门

阀门是用来开闭管路和调节输送介质流量的设备。在采暖管道上,常用的阀门形式有截止阀、闸阀、蝶阀、止回阀和调节阀等。

截止阀按介质流向可分为直通式、直角式和直流式(斜杆式)三种;按阀杆螺纹的位置可分为明杆和暗杆两种。图 4-18 所示为最常用的直通式截止阀。截止阀严密性较好,但阀体长,介质流动阻力大,产品公称通径不大于 200mm。

闸阀的结构形式也有明杆和暗杆两种;按闸板的形状及数目,有楔式与平行式,以及单板与双板的区分,图 4-19 所示为明杆平行式双板闸阀。闸阀的优缺点正好与截止阀相反,常用在公称通径大于 200mm 的管道上。

截止阀和闸阀主要起开闭管路的作用,由于其调节性能不好,不适宜用来调节流量。

图 4-20所示为蜗轮传动型蝶阀的结构。阀板沿垂直管道轴线的立轴旋转,当阀板与管道轴线垂直时,阀门全闭;阀板与管道轴线平行时,阀门全开。蝶阀阀体长度很小,流动阻力小,调节性能稍优于截止阀和闸阀,但造价高。蝶阀在国内热网工程上应用逐渐增多。

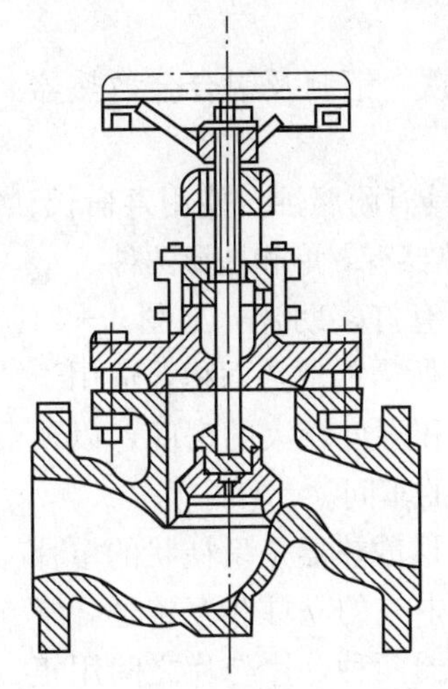

图 4-18 截止阀

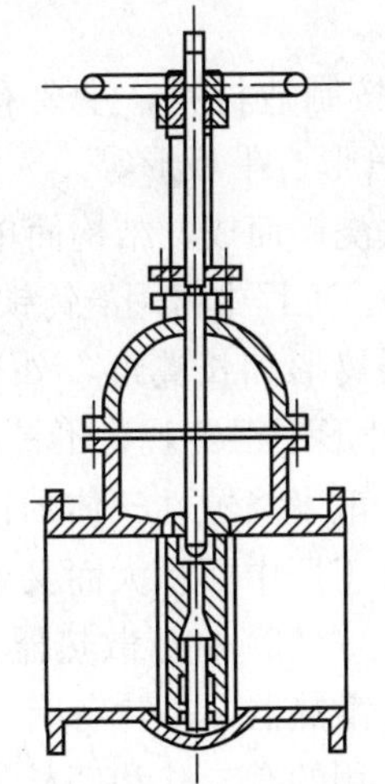

图 4-19 明杆平行式闸阀

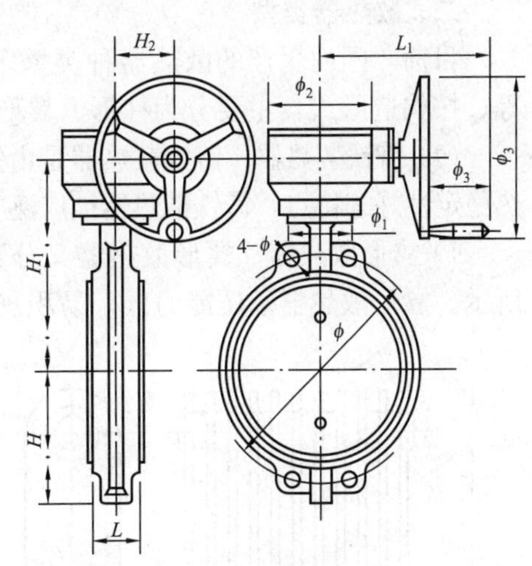

图 4-20 蜗轮传动型蝶阀的结构

截止阀、闸阀和蝶阀的连接方式可用法兰、螺纹连接或采用焊接,传动方式可采用手动(用于小口径)、齿轮、电动、液动和气动(用于大口径)等。

根据用途不同,采暖系统中的阀门,按下列原则配置:

关闭用阀门:热水和凝结水系统用闸阀;高低压蒸汽系统用截止阀。

调节用阀门:截止阀、手动调节阀、蝶阀。

泄水、排气用阀门:热水温度小于 100℃时用旋塞;热水温度大于等于 100℃时用闸阀。

三、管道连接

钢管的连接可采用焊接、法兰盘连接和丝扣连接。焊接连接可靠、施工简便迅速，广泛用于管道之间及补偿器等的连接。法兰连接装卸方便，通常用在管道与设备、阀门等需要拆卸的附件连接上。对于室内采暖管道，通常借助三通、四通、管接头等管件，进行丝扣连接，也可采用焊接或法兰连接。具体要求如下：

(1) $DN \leqslant 32$mm 的焊接钢管宜采用螺纹连接；$DN > 32$mm 的焊接钢管和无缝钢管宜采用焊接。

(2) 管道与阀门或其他设备、附件连接时，可采用螺纹连接或焊接。与散热器连接的支管上应设活接头或长丝，以便于拆卸。安装阀门处应设检查孔。

4.5.2 散热器

采暖系统中，热媒是通过采暖房间内设置的散热设备而传热的。目前，常用的散热设备有散热器、暖风机和辐射板。暖风机和辐射板分别依靠对流散热和辐射传热提高室内温度，多用于工业车间和大型公共建筑的采暖系统。在民用建筑和中、小型工业厂房采暖系统中应用较多的散热设备为散热器。

热媒通过散热设备的表面，主要以对流（对流传热量大于辐射传热量）传热方式为主的散热设备，称为散热器。

一、对散热器的要求

对散热器的总体要求：有较高的传热系数、足够的机械强度和承压能力；制造工艺简单、材料消耗少，表面光滑，不积灰尘，易清扫，占地面积小，安装方便，耐腐蚀，外形美观。

二、散热器类型

目前，国内生产的散热器种类繁多，按制造材料，主要有铸铁、钢制及铝合金散热器等；按构造形式，主要分为柱形、翼形、管形、平板形等。

(1) 铸铁散热器。铸铁散热器是由铸铁浇铸而成，结构简单，具有耐腐蚀、使用寿命长、热稳定性好等特点，铸铁散热器被广泛应用。工程中常用的铸铁散热器有翼形和柱形两种。

1) 翼形散热器。翼形散热器又分为圆翼形和长翼形，外表面有许多肋片，如图 4-21 所示。翼形散热器承压能力低，易积灰，外形不很美观，不易组成所需的散热面积，适用于散发腐蚀性气体的厂房和湿度较大的房间，以及工厂中面积大而又少尘的车间。

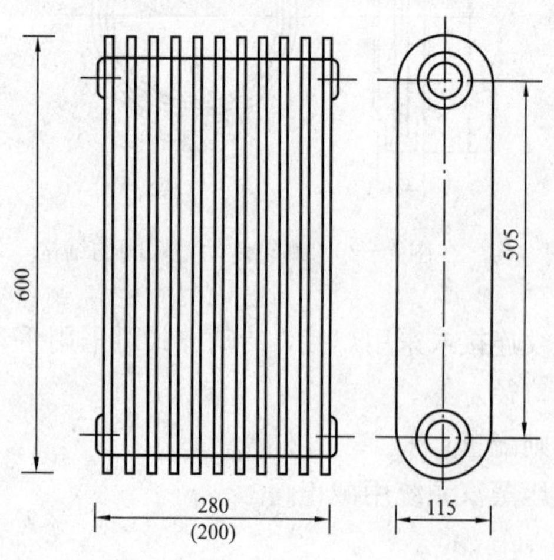

图 4-21 翼形散热器

2) 柱形散热器。柱形散热器是呈柱状的单片散热器，每片各有几个中空的立柱相互连通，常用的有二柱和四柱散热器两种，片与片之间用正反螺栓来连接，根据散热面积的需要，可把各个单片组合在一起形成一组散热器，如图 4-22 所示，每组片数不宜过多，一般二柱不超过 20 片，四柱不超过 25 片。我国目前常用的柱形散热器有带脚和不带脚两种片型，便于落地或挂墙安装。柱形散热器，传热系数高，外形也较美观，占地较少，易组成所需的散热面积，表面光滑易清扫。因此，被广泛用于住宅和公共建筑中。

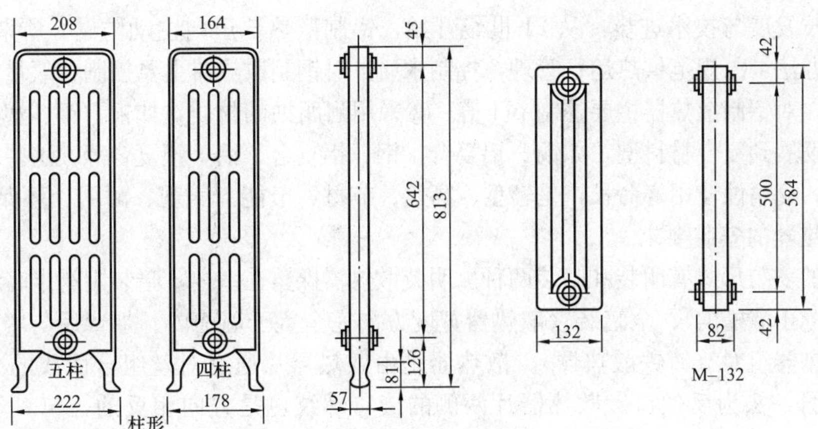

图 4-22 柱形散热器

(2) 钢制散热器。钢制散热器与铸铁散热器相比具有金属耗量少，耐压强度高、外形美观整洁、体积小、占地少、易于布置等优点，但易受腐蚀、使用寿命短，多用于高层建筑和高温水采暖系统中，不能用于蒸汽采暖系统，也不宜用于湿度较大的采暖房间内。钢制散热器的主要形式有闭式钢串片散热器（如图 4-23 所示）、板式散热器（如图 4-24 所示）和钢制柱式散热器等。每一种类型都有自己的特点：

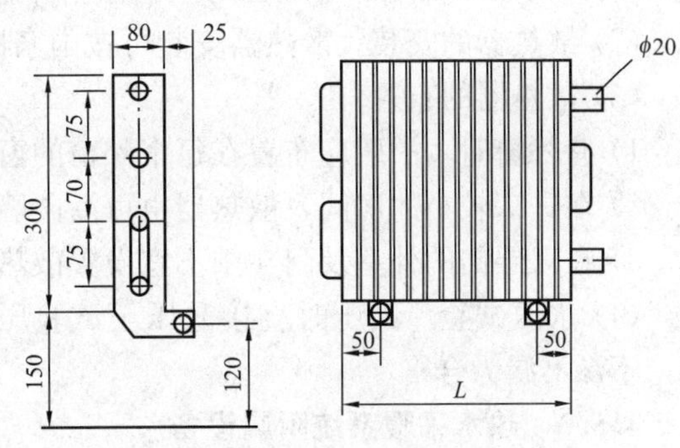

图 4-23 闭式钢串片散热器

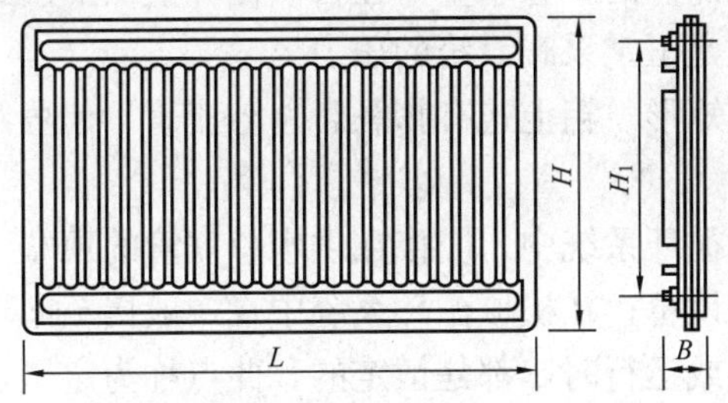

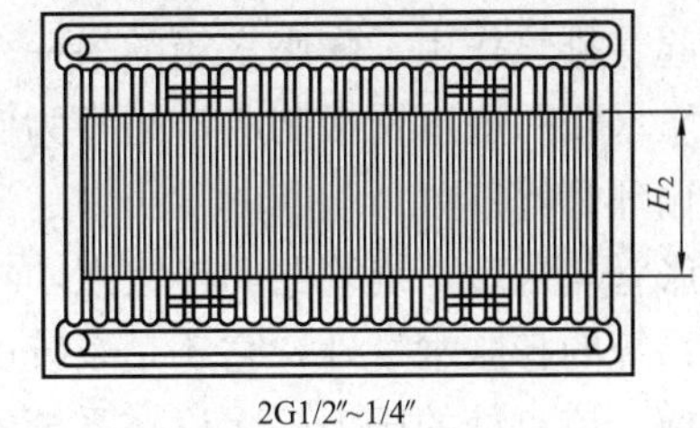

图 4-24 板式散热器

1) 闭式钢串片散热器。该散热器的优点是承压高、体积小、重量轻、容易加工、安装简单和维修方便；缺点是薄钢片间距密、不宜清扫、耐腐蚀性差，串片容易松动，长期使用会导致传热性能下降。

2) 钢制柱式散热器。该散热器构造与铸铁散热器相似。

3) 板式散热器。外形美观，散热效果好，节省材料，但承压能力低。

(3) 铝合金散热器。铝合金散热器是近年来我国工程技术人员在总结吸收国内外经验的基础上，潜心开发的一种新型、高效散热器。该散热器造型美观大方，线条流畅，占地面积小，富有装饰性；重量约为铸铁散热器的 1/10，便于运输安装；金属热强度高，约为铸铁散热器的 6 倍；节省能源，采用内防腐处理技术。

(4) 复合材料型铝制散热器。复合材料型铝制散热器是普通铝制散热器发展的一个新阶段。随着科技发展与技术进步，从21世纪开始，铝制散热器迈向主动防腐。所谓主动防腐，主要有两个办法：①规范供热运行管理，控制水质，对钢制散热器主要控制含氧量，停暖时充水密闭保养；对铝制散热器主要控制pH值。②采用耐腐蚀的材质，如铜、钢、塑料等。铝制散热器于是发展到复合材料型，如铜—铝复合、钢—铝复合、铝—塑复合等。这些新产品适用于任何水质，耐腐蚀使用寿命长，是轻型、高效、节材、节能、美观、耐用、环保的产品。

三、散热器的安装要求

散热器的安装形式有明装和暗装两种。明装散热器裸露在室内，暗装则有半暗装（散热器的一半宽度置于墙槽内）、全暗装（散热器宽度方向完全置于墙槽内、加罩后与墙面平齐）。

（1）散热器组对（铸铁散热器）。散热器是由散热器片通过对丝组合而成的。对丝一头为正丝口，另一头为反丝口。散热器片两侧的接口螺纹也是方向相反的，与对丝螺纹相对应。两个散热器片之间夹有垫片，热媒温度低于100℃时，可采用石棉橡胶垫片；高于100℃时，可用石棉绳加麻绕在对丝上作垫片。

（2）散热器的安装。散热器安装可按国家标准图N114施工。

（3）散热器的布置。

1）有外窗时，一般应布置在每个外窗的窗台下。

2）在进深较小的房间，散热器也可沿内墙布置。

3）在双层门的外室及门斗中不宜设置散热器。

（4）水压试验。试压时直接升压至试验压力，稳压2～3min，对接口逐个进行外观检查，不渗不漏为合格。

4.5.3 热水采暖系统附属设备

一、膨胀水箱

膨胀水箱的作用是用来贮存热水采暖系统加热的膨胀水量，在自然循环上供下回式系统中，还起着排气作用。膨胀水箱的另一个作用是恒定采暖系统的压力。

膨胀水箱一般用钢板制成，通常为圆形或矩形。箱上连有膨胀管、溢流管、信号管、排水管及循环管等管路。

膨胀管与采暖系统管路的连接点，在自然循环系统中，应接在供水总立管的顶端，除了能容纳系统的膨胀水量外，它还是系统的排气设备；在机械循环系统中，一般接至循环水泵吸入口前。该点处的压力，无论在系统不工作或运行时，都是恒定的，此点称为定压点。

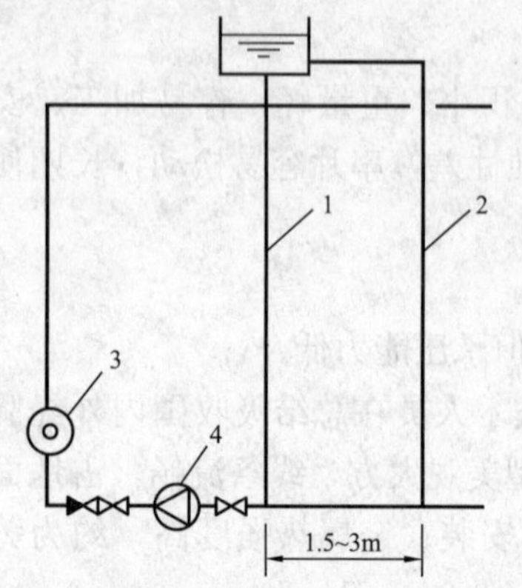

图4-25 膨胀水箱在系统中的安装位置
1—膨胀管；2—循环管；3—锅炉；4—循环水泵

膨胀水箱在系统中的安装位置如图4-25所示。

膨胀管。膨胀水箱设在系统最高处，系统的膨胀水通过膨胀管进入膨胀水箱。自然循环系统膨胀管接在供水总立管的上部；机械循环系统膨胀管接在回水干管循环水泵入口前。膨胀管不允许设置阀门，以免偶然关断使系统内压力增高，发生事故。

循环管。为了防止水箱内的水冻结，膨胀水箱需设置循环管。在机械循环系统中，连接点与定压点应保持1.5～3.0m的距离，以使热水能缓慢地在循环管、膨胀管和水箱之间流动。循环管上也不应设置阀门，以免水箱内的水冻结。

溢流管。用于控制系统的最高水位，当水的膨胀体积超过溢流管口时，水溢出就近排入排水设施中。溢流管上也不允许设置阀门，以免偶然关闭，水从人孔处溢出。

信号管。用于检查膨胀水箱水位，决定系统是否需要补水。信号管控制系统的最低水位，应接至锅炉房内或人们容易观察的地方，信号管末端应设置阀门。

排水管。用于清洗、检修时放空水箱用，可与溢流管一起就近接入排水设施，其上应安装阀门。

膨胀水箱的容积，可按下式计算确定，即

$$V_p = \alpha \Delta t_{max} \cdot V_c \quad (4-4)$$

式中 V_p——膨胀水箱的有效容积，L；

α——水的体积膨胀系数，1/℃，取0.0006；

V_c——系统内的水容量，L；

Δt_{max}——考虑系统内水受热和冷却时水温的最大波动值，一般以20℃水温算起。

如在95℃/70℃低温水采暖系统中，$\Delta t_{max}=75$℃，则

$$V_p = 0.045V_c \quad (4-5)$$

二、排气装置

（1）集气罐。集气罐一般是用ϕ100～250mm的钢管焊制而成的，分为立式和卧式两种，如图4-26所示。集气罐顶部连接ϕ15的排气管，排气管应引至附近的排水设施处，排气管另一端装有阀门，排气阀应设在便于操作处。

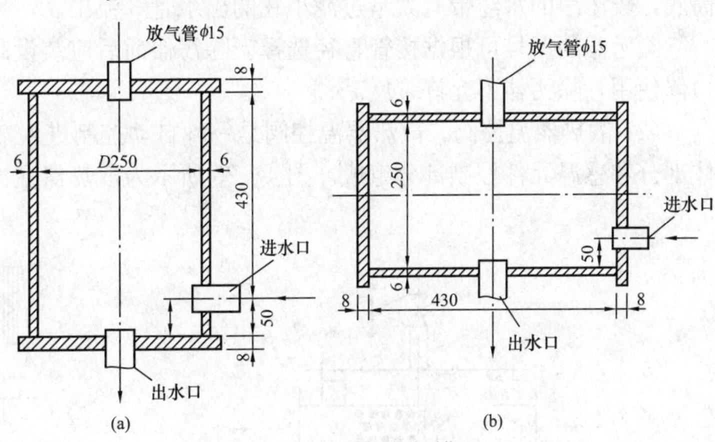

图4-26 集气罐
(a) 立式；(b) 卧式

集气罐一般设于系统供水干管末端的最高处，供水干管应向集气罐方向设上升坡度，以使管中水流方向与空气气泡的浮升方向一致，从而有利于空气聚集到集气罐的上部，定期排除。当系统充水时，应打开排气阀，直至有水从管中流出，方可关闭排气阀。系统运行期间，应定期打开排气阀排除空气。

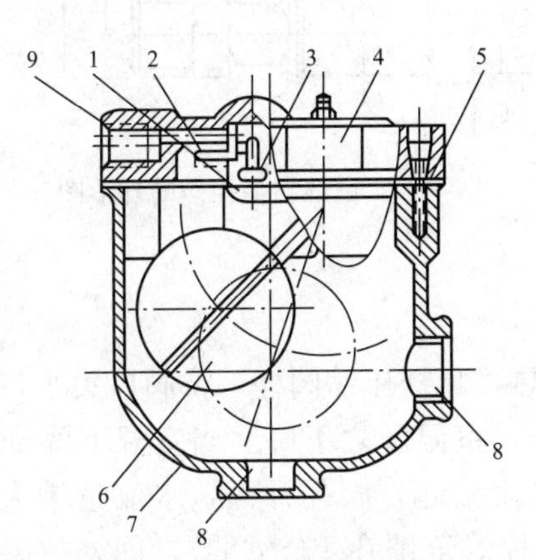

图4-27 立式自动排气阀
1—杠杆机构；2—垫片；3—阀堵；4—阀盖；5—垫片；
6—浮子；7—阀体；8—接管；9—排气孔

（2）自动排气阀。自动排气阀大都是依靠水对浮体的浮力，通过自动阻气和排水机构，使排气孔自动打开或关闭，以达到排气的目的。

自动排气阀的种类很多，如图4-27所示，当阀内无空气时，阀体中的水将浮子浮起，通过杠杆机构将排气孔关闭，阻止水流

通过；当系统内的空气经管道汇集到阀体上部空间时，空气将水面压下去，浮子随之下落，排气孔打开，自动排除系统内的空气；空气排除后，水又将浮子浮起，排气孔重新关闭。自动排气阀与系统连接处应设阀门，以便检修自动排气阀时使用。

(3) 手动排气阀。手动排气阀适用于公称压力 $p \leqslant 600$kPa，工作温度 $t \leqslant 100$℃的水或蒸汽供暖系统的散热器上。它多用在水平式和下供下回式系统中，旋紧在散热器上部专设的丝孔上，以手动方式排除空气。

三、其他附属设备

(1) 除污器。除污器可用来截留、过滤管路中的杂质和污物，保证系统内水质洁净，减少阻力，防止堵塞调压板及管路。除污器一般应设置于供暖系统入口调压装置前、锅炉房循环水泵的吸入口前和热交换设备入口前。另外，在一些小孔口的阀前（如自动排气阀）宜设置除污器或过滤器。

除污器的形式有立式直通、卧式直通和卧式角通三种。图 4－28 所示为供暖系统常用的立式直通除污器。

除污器是一种钢制筒体，当水从管 2 进入除污器内，因流速突然降低使水中污物沉淀到筒底，较洁净的水经带有大量过滤小孔的出水管 3 流出。

除污器的型号可根据接管直径选择。除污器前后应装设阀门，并设旁通管供定期排污和检修使用，除污器不允许装反。

(2) 散热器温控阀。散热器温控阀是一种自动控制进入散热器热媒流量的设备，它由阀体部分和感温元件控制部分组成。图 4－29 所示为散热器温控阀的外形图。

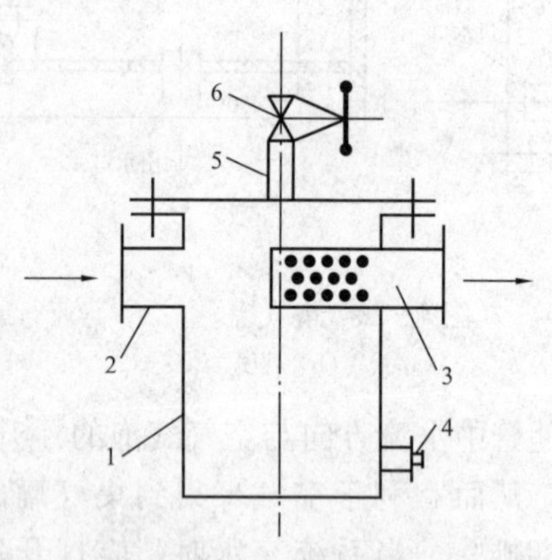

图 4－28 立式直通除污器

1—外壳；2—进水管；3—出水管；4—排污管；5—放气管；6—截止阀

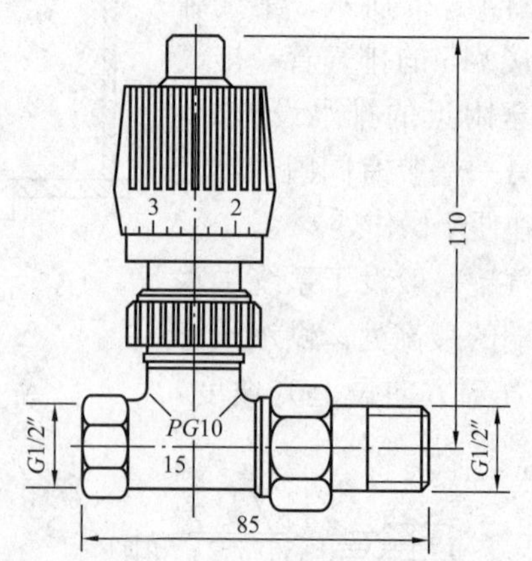

图 4－29 散热器温控阀的外形图

当室内温度高于给定的温度值时，感温元件受热，顶杆压缩阀杆，将阀口关小，进入散热器的水流量会减小，散热器的散热量也会减小，室温随之下降。当室温下降到设置的低限值时，感温元件开始收缩，阀杆靠弹簧的作用抬起，阀孔开大，水流量增大，散热器散热量也随之增加，室温开始升高。温控阀的控温范围在 13～28℃之间，控温误差为±1℃。

散热器温控阀具有恒定室温、节约热能等优点，但其阻力较大（阀门全开时，局部阻力系数可达18.0左右)。

(3) 调压板。当外网压力超过用户的允许压力时，可设置调压板来减少建筑物入口供水干管上的压力。

调压板的材质，蒸汽供暖系统只能用不锈钢，热水供暖系统可以用铝合金或不锈钢。调压板用于压力 $p<1000$kPa 的系统中。选择调压板时，孔口直径不应小于3mm，且调压板前应设置除污器或过滤器，以免杂质堵塞调压板孔口。调压板的厚度一般为2～3mm，安装在两个法兰之间，如图4-30所示。

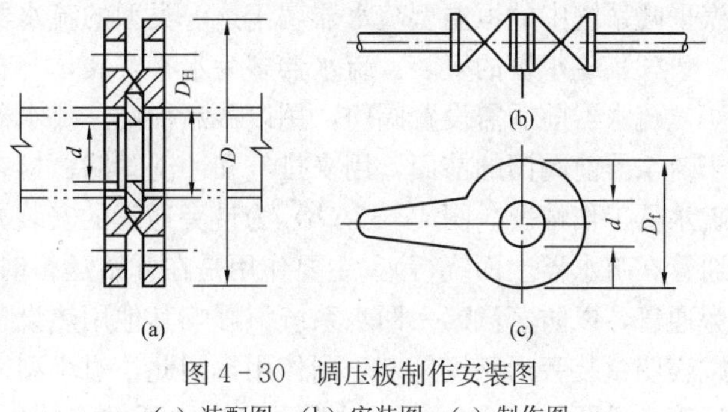

图4-30 调压板制作安装图

(a) 装配图；(b) 安装图；(c) 制作图

4.5.4 蒸汽供暖系统附属设备

一、疏水器

(1) 疏水器的作用。蒸汽疏水器的作用是，自动阻止蒸汽逸漏，且迅速地排出用热设备及管道中的凝水，同时能排除系统中积留的空气和其他不凝性气体。疏水器是蒸汽供热系统中的重要设备，它的工作状况对系统运行的可靠性和经济性影响极大。

(2) 疏水器的种类。根据作用原理的不同，疏水器可分为以下三种类型的疏水器。

1) 机械型疏水器。利用蒸汽和凝水的密度不同，形成凝水液位，以控制凝水排水孔自动启闭工作的疏水器，主要产品有浮筒式（如图4-31所示)、钟形浮子式、自由浮球式、倒吊筒式疏水器等。

2) 热动力型疏水器。利用蒸汽和凝水热动力学（流动）特性的不同来工作的疏水器，主要产品有脉冲式、圆盘式（如图4-32所示)、孔板或迷宫式疏水器等。

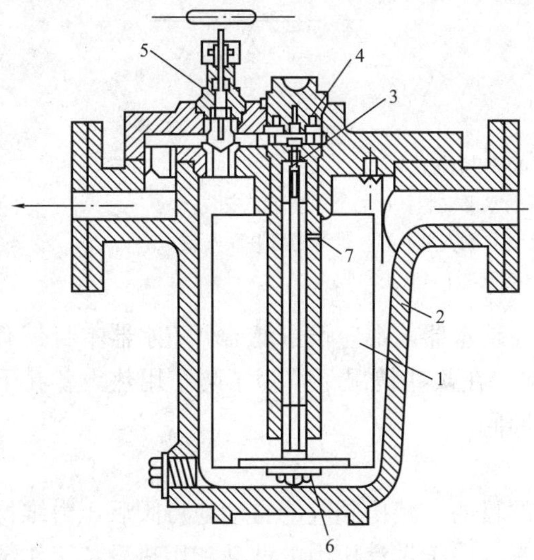

图4-31 浮筒式疏水器

1—浮筒；2—外壳；3—顶针；4—阀孔；5—放气阀；6—可换重块；7—排气孔

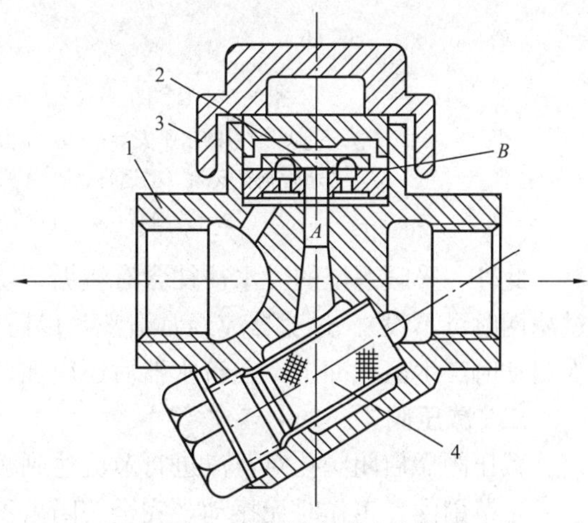

图4-32 圆盘式疏水器

1—阀体；2—阀片；3—阀盖；4—过滤器

3）热静力型（恒温型）疏水器。利用蒸汽和凝水的温度不同引起恒温元件膨胀或变形来工作的疏水器，主要产品有波纹管式、双金属片式和液体膨胀式疏水器等。应用在低压蒸汽采暖系统中的恒温型疏水器属于这一类型的疏水器。

（3）疏水器的安装。疏水器多为水平安装，与管路的连接方式见图 4-33。

疏水器前后需设置阀门，用以截断检修。疏水器前后应设置冲洗管和检查管。冲洗管位于疏水器前阀门的前面，用来排气和冲洗管路；检查管位于疏水器与后阀门之间，用来检查疏水器工作情况。图 4-33（b）为带旁通管的安装方式。旁通管可水平安装或垂直安装（旁通管在疏水器上面绕行），主要作用是在开始运行时排除大量凝水和空气，运行中不应打开旁通管，以防蒸汽窜入回水系统，影响其他用热设备和凝水管路的正常工作并浪费热量。实践表明：装旁通管极易产生副作用，因此，对小型采暖系统和热风采暖系统，可考虑不设旁通管［见图 4-33（a）］，对于不允许中断供汽的生产用热设备，为了进行检修疏水器，应安装旁通管和阀门。

当多台疏水器并联安装［见图 4-33（f）］时，也可不设旁通管［见图 4-33（e）］。

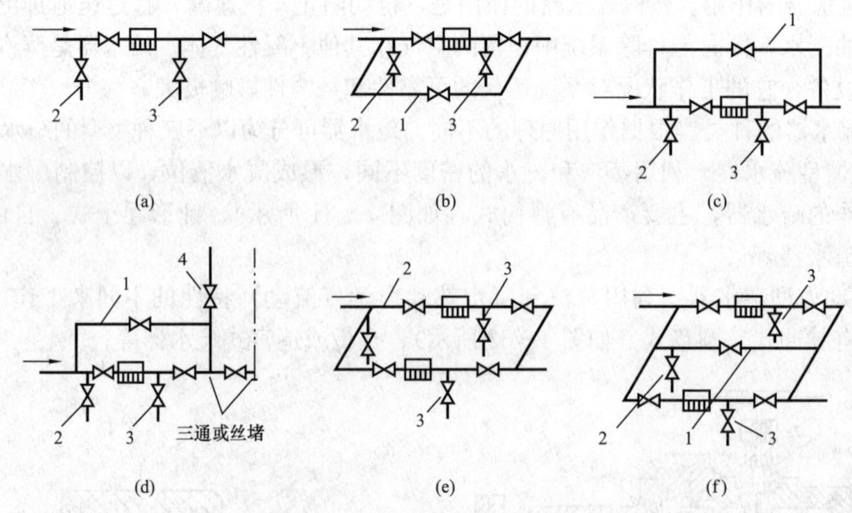

图 4-33　疏水器的安装方式

（a）不带旁通管的水平安装；（b）带旁通管的水平安装；（c）旁通管垂直安装；（d）旁通管垂直安装（上返）；（e）不带旁通管并联安装；（f）带旁通管并联安装

1—旁通管；2—冲洗管；3—检查管；4—止回阀

此外，采暖系统的凝水往往含有渣垢杂质，在疏水器前端应设过滤器（疏水器本身带有过滤网时可不设）。过滤器应经常清洗，以防堵塞。在某些情况下，为了防止用热设备在下次启动时产生蒸汽冲击，在疏水器后还应加装止回阀。

二、减压阀

减压阀靠启闭阀孔对蒸汽进行节流达到减压的目的。减压阀应能自动地将阀后压力维持在一定范围内，工作时无振动，完全关闭后不漏汽。由于供汽压力的波动和用热设备工作情况的改变，减压阀前后的压力是可能经常变化的。使用节流孔板和普通阀门也能减压，但当蒸汽压力波动时，需要专人管理来维持阀后需要的压力不变，显然这是很不方便的。因此，除非在特殊情况下，如供暖系统的热负荷较小、散热设备的耐压程度高或者外网供汽压力不高于用热设备的承压能力时，可考虑采用截止阀或孔板来减压。在一般情况下应采用减压阀。

目前，国产减压阀有活塞式、波纹管式和薄片式等几种。图 4－34 所示为波纹管减压阀，其靠通至波纹箱 1 的阀后蒸汽压力和阀杆下的调节弹簧 2 的弹力平衡来调节主阀的开启度，压力波动范围在 ±0.025MPa 以内，阀前与阀后的最小调节压差为 0.025MPa。

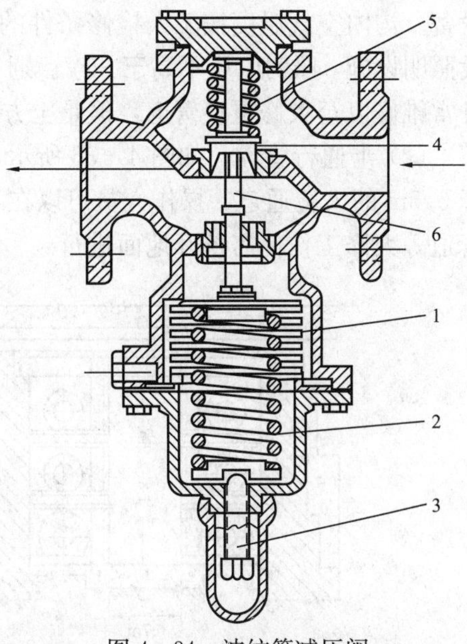

图 4－34 波纹管减压阀

1—波纹箱；2—调节弹簧；3—调整螺栓；4—阀瓣；5—辅助弹簧；6—阀杆

三、其他凝水回收设备

(1) 水箱。水箱用以收集凝水，有开式（无压）和闭式（有压）两种。

水箱容积一般应按各用户的 15～20min 最大小时凝水量设计。当凝水泵无自动启动和停车装置时，水箱容积应适当增大到 30～40min 最大小时凝水量。在热源处的总凝水箱也可做到 0.5～1.0h 的最大小时凝水量容积。水箱一般只作一个，用 3～10mm 钢板制成。

(2) 二次蒸发箱。它的作用是将用户内各用汽设备排出的凝水在较低的压力下分离出一部分二次蒸汽，并靠箱内一定的蒸汽压力输送二次蒸汽至低压用户利用。二次蒸发箱的构造简单，是一个圆形耐压罐。高压含汽凝水沿切线方向的管道进入箱内，由于速度降低及旋转运动的分离作用使水向下流动进入凝水管，而蒸汽被分离出来，在水面以上引出去加以利用。

4.6 供暖管道布置与敷设

4.6.1 室外采暖管道敷设方式

因为室外供热管网是集中供热系统中投资最多、施工最繁重的部分，所以合理地选择供热管道的敷设方式，以及做好管网平面的定线工作，对节省投资、保证热网安全可靠地运行和施工维修方便等，都具有重要的意义。室外采暖管道的敷设方式，可分为管沟敷设、埋地敷设、架空敷设三种。

一、管沟敷设

厂区或街区交通特别频繁以至管道架空有困难或影响美观时，或在蒸汽供热系统中，凝水是靠高度差自流回收时，适于采用地下敷设。管沟是地下敷设管道的围护构筑物，作用是承受土压力和地面荷载并防止水的侵入。根据管沟内人行通道的设置情况，分为通行管沟、半通行管沟和不通行管沟。

(1) 通行管沟。通行管沟（如图 4－35 所示）是工作人员可以在管沟内直立通行的管沟，可采用单侧或双侧两种布管方式。通行管沟人行通道的高度不低于 1.8m；宽度不小于 0.7m，并应允许管沟内管径最大的管道通过通道。管沟内若装有蒸汽管道，应每隔 100m 设一个事故入口；无蒸汽管道，应每隔 200m 设一个事故入口。沟内设自然通风或机械通风设备。沟内空气温度按工人检修条件的要求不应超出40～50℃。安全方面，还要求地沟内设照明设施，照明电压不高于36V。通行管沟的主要优点是操作人员可在管沟内进行管道的日常维修以至大修更换管道，但是土方量大、造价高。

(2) 半通行管沟。如图4-36所示，在半通行管沟内，留有高度1.2～1.4m，宽度不小于0.5m的人行通道。操作人员可以在半通行管沟内检查管道和进行小型修理工作，但更换管道等大修工作仍需挖开地面进行。

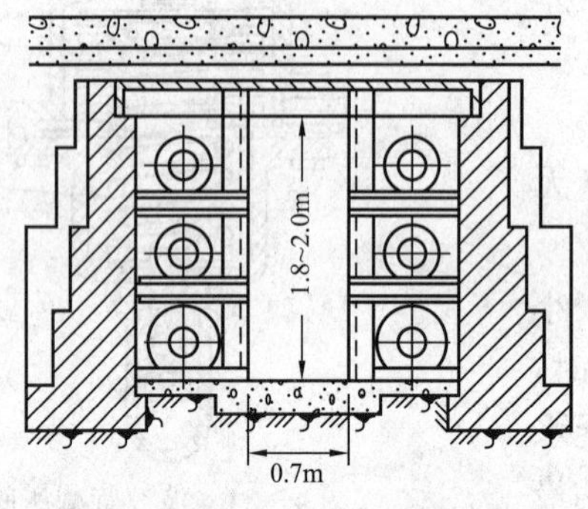

图4-35 通行管沟

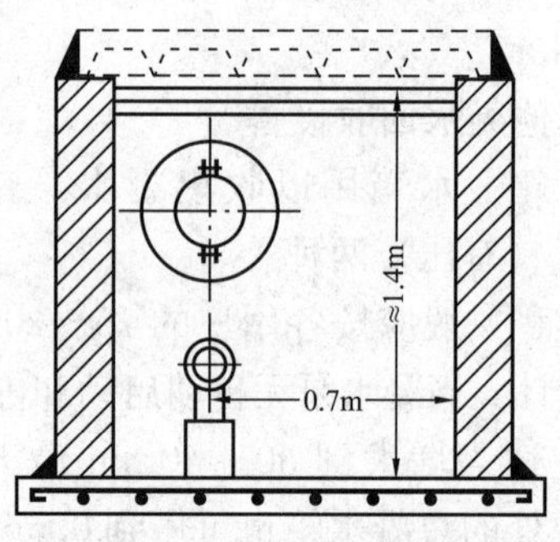

图4-36 半通行管沟

从工作安全方面考虑，半通行管沟只宜用于低压蒸汽管道和温度低于130℃的热水管道。在决定敷设方案时，应充分调查当时、当地的具体条件，征求管理、运行工人的意见。

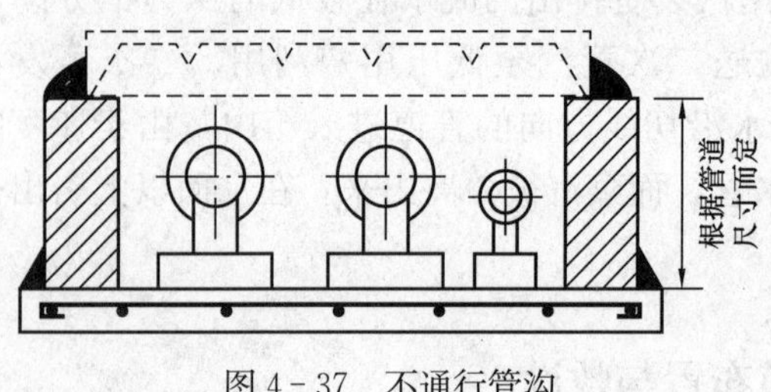

图4-37 不通行管沟

(3) 不通行管沟。如图4-37所示，不通行管沟的横截面较小，只需保证管道施工安装的必要尺寸。不通行管沟的造价较低，占地较小，是城镇采暖管道经常采用的管沟敷设形式，其缺点是检修时必须掘开地面。

二、埋地敷设

对于直径$DN \leqslant 500$mm的热力管道均可采用埋地敷设，一般使用在地下水位以上的土层内，它是将保温后的管道直接埋于地下，从而节省了大量建造地沟的材料、工时和空间。管道应有一定的埋深，外壳顶部的埋深应不小于表4-1的要求。此外，还要求保温材料除热导率小之外，还应吸水率低，电阻率高，并具有一定的机械强度。为了防水、防腐蚀，保温结构应连续无缝，形成整体。

表4-1　　埋地敷设管道最小覆土深度

管径（mm）	50～125	150～200	250～300	350～400	450～500
车行道下（m）	0.8	1.0	1.0	1.2	1.2
非车行道下（m）	0.6	0.6	0.7	0.8	0.9

三、架空敷设

架空敷设在工厂区和城市郊区应用广泛。它是将供热管道敷设在地面上的独立支架或带纵梁的桁架及建筑物的墙壁上。架空敷设管道不受地下水的侵蚀，因而管道寿命长；由于空间通畅，因此管道坡度易于保证，所需的放气与排水设备量少，而且通常有条件使用工作可靠、构造简单的方形补偿器；因为只有支撑结构基础的土方工程，因此施工土方量小，造价低；在运行中，易于发现管道事故，维修方便，是一种比较经济的敷设方式。架空敷设的缺点是，占地面积较多、管道热损大，在某些场合下不够美观。

在寒冷地区，若因管道散热量过大，热媒参数无法满足用户要求，或因管道间歇运行而采取保温防冻措施，使得它在经济上不合理时，则不适于采用架空敷设。

架空敷设所用的支架按其制成材料可分为砖砌、毛石砌、钢筋混凝土预制或现场浇灌、钢结构、木结构等类型。目前，国内使用较多的是钢筋混凝土支架。它坚固耐久，能承受较大的轴向推力，而且节省钢材，造价较低。

按照支架的高度不同，可把支架分为下列三种形式：

(1) 低支架，如图 4－38 所示。在不妨碍交通以及不妨碍厂区、街区扩建的地段，供热管道可采用低支架敷设。此时，最好是沿工厂的围墙或平行于公路、铁路来布线。

低支架可节约大量土建材料，而且管道维修方便，是一种经济的敷设方式。为了避免地面水、雪的侵袭，管道保温层外壳底部离地面的净距不宜小于 0.3m。当遇到障碍，如与公路、铁路等交叉时，可将管道局部升高并敷设在桁架上跨越，同时还可起到补偿器的作用。低支架因轴向推力矩不大，可考虑使用毛石或砖砌结构，以节约投资，方便施工。

(2) 中支架，如图 4－39 所示。在人行频繁，需要通行大车的地方，可采用中支架敷设，其净高为 2.5～4.0m。

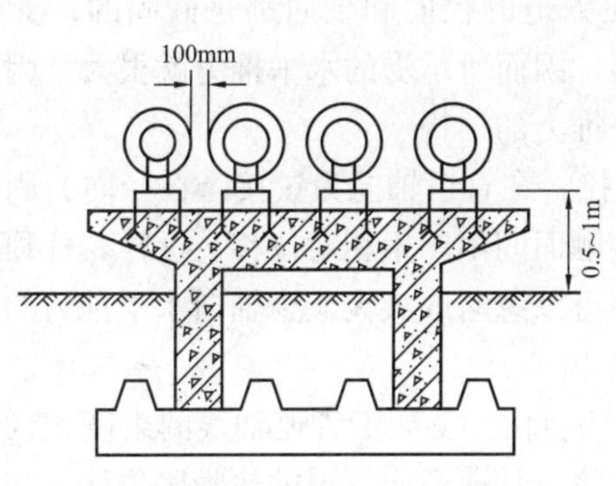

图 4－38 低支架示意图

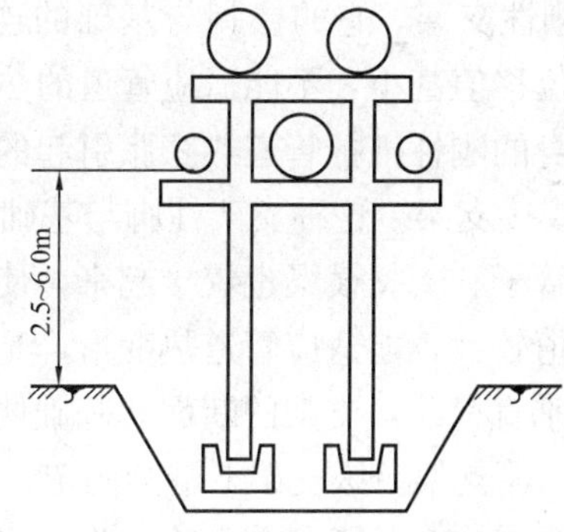

图 4－39 中、高支架示意图

(3) 高支架，如图 4－39 所示。净空高 4.5～6.0m，在跨越公路或铁路时采用。

支架的形式很多，图 4－38 和图 4－39 属于独立式支架。为了加大支架间距，可采用各种形式的组合式支架，如图 4－40 所示，图 4－40 (c)、(d) 适用于较小的管径。在厂区内，架空管道应尽量利用建筑物的外墙或其他永久性的构筑物，把管道架设在埋于外墙或构筑物上的支架上。这是一种最简便的方法，但在地震活动区，采用独立支架或地沟敷设比较可靠。

按照支架承受的荷载分类时，支架可分为中间支架和固定支架。中间支架承受管道、管中热媒及保温材料等的重量，以及由于管道发生温度变形伸缩时产生较小的摩擦力水平荷载。固定支架处的管道不允许移动，因此固定支架主要承受水平推力及不大的管道等的重力。固定支架所承受的水平推力在管道因温度膨胀收缩时可能达到很大值。因此，固定支架通常做成空间的立体支架形状。

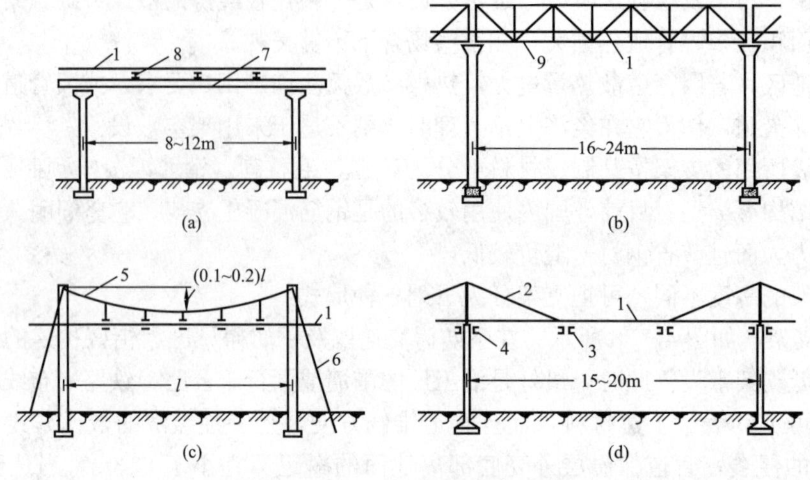

图 4-40　几种支架型式

(a) 梁式；(b) 桁架式；(c) 悬索式；(d) 桅缆式

1—管道；2—斜拉杆；3—吊架；4—支架；

5—钢索；6—钢拉杆；7—纵梁；8—横梁；9—桁架

对于中间支架，按照其结构的力学特点，可有三种不同受力性能的支架形式：

(1) 刚性支架。它的柱脚与基础的连接在管道的径向和轴向都是嵌固的；支架的刚度大，柱顶位移值甚小，不能适应管道的热变形，因而所承受的水平推力就很大。因此，它是一种靠自身的刚性抵抗管道热膨胀引起的水平推力的结构。

(2) 铰接支架。这种支架柱脚与基础的连接，在管道轴向为铰接，在径向为固接。将一根或两根管子和支托横梁也铰接起来，使其接触面间不产生相对位移。这样，柱顶在轴向的允许位移值较大，能适应管道热变形，是一种可以忽略或大大减少轴向水平推力的支架。支架仅承受垂直荷载，支架的断面和基础便可缩小。

(3) 柔性支架。该支架下端为固定，上端为自由。支架沿管道轴线的柔度大（刚度小）。柱顶依靠支架本身的柔度，允许发生一定的变位，从而适应管道的热膨胀位移。该支架承受支架变位时产生的反弹力，在径向刚度大，按钢架考虑。

4.6.2　室内采暖管道的安装

一、室内采暖管道安装的基本技术要求

(1) 采暖管道采用低压流体输送钢管。

(2) 采暖系统所使用的材料和设备在安装前，应按设计要求检查规格、型号和质量，符合要求方可使用。

(3) 管道穿越基础、墙和楼板应配合土建预留孔洞。预留孔洞尺寸如设计无明确规定时，可按表 4-2 的规定预留。

(4) 管道和散热器等设备安装前，必须认真清除内部污物，安装中断或完毕后，管道敞口处应适当封闭，以防止进入杂物堵塞管道。

表 4-2 预留孔洞尺寸 mm

管道名称及规格		明管留洞尺寸（长×宽）	暗管墙槽尺寸（长×宽）	管外壁与墙面最小净距
采暖立管	DN≤32 DN=32～50 DN=65～100 DN=125～150	100×100 150×150 200×200 300×300	130×130 150×130 200×200 —	25～30 35～50 55 60
两根立管	DN≤32	150×100	200×130	
散热器支管	DN≤25 DN=32～40	100×100 150×130	60×60 150×100	15～25 30～40
采暖主干管	DN≤80 DN=100～150	300×250 350×300	—	—

(5) 管道从门窗或其他洞口、梁柱、墙垛等处绕过，转角处如高于或低于管道水平走向，则在其最高点和最低点应分别安装排气或泄水装置。

(6) 管道穿墙壁和楼板时，应分别设置铁皮套管和钢套管。安装在内墙壁的套管，其两端应与饰面相平。管道穿过外墙或基础时，应加设钢套管，套管直径比管道直径大两号为宜。

安装在楼板内的套管，顶部应高出地面20mm，底部与楼板相平。管道穿过厨房、厕所、卫生间等容易积水的房间楼板时，应加设钢套管，顶部应高出地面不小于30mm。

(7) 明装钢管成排安装时，直线部分应互相平行，曲线部分曲率半径应相等。

(8) 水平管道纵、横方向弯曲、立管垂直度、成排管段和成排阀门安装允许偏差应符合表4-3的规定。

表 4-3 管道、阀门安装的允许偏差 mm

项次	项目		允许偏差
1	水平管道纵横方向弯曲，10m	DN≤100 DN>100	5 10
2	立管垂直度	每米 5m以上	2 ≤8
3	成排管段和成排阀门在同一直线上的距离		3

(9) 安装管道DN≤32mm的不保温采暖双立管，两管中心距应为80mm，允许偏差为5mm。热水或蒸汽立管应置于面向的右侧，回水立管置于左侧。

(10) 管道支架附近的焊口，要求焊口距支架净距大于50mm，最好位于两个支座间距的1/5位置上。

二、室内采暖管道的安装

(1) 干管安装。室内采暖干管的安装程序、安装方法和安装要求根据工程的施工条件、劳动力、材料、设备和机具的准备情况确定。同样的工程，施工条件不同，安装程序、方法和要求也不同。有的工程在土建施工时，安排墙上支架和穿墙套管同时进行；有的工程在土建工程完成后单独安排采暖工程。

1) 安装程序。干管安装程序一般是：栽支架；管道就位；对口连接；管道找坡并固定在支架上。

2) 安装方法。干管安装一般按下述方法及步骤进行：

① 按照图纸要求，在建筑物实体上定出管道的走向、位置和标高，确定支架位置。

② 栽支架。根据确定好的支架位置，把已经预制好的支架栽到墙上或焊在预埋的铁件上。

③ 管道预制加工。在建筑物墙体上，依据施工图纸，按照测线方法，绘制各管段的加工图，划分出加工管段，分段下料，编好序号，打好坡口以备组对。

④ 管道就位。把预制好的管段对号入座，摆放到栽好的支架上。根据管段的长度不同，重量也不同，适当地选用滑轮、绞磨、卷扬机或者手动链式葫芦等各种机具吊装。应注意，摆在支架上的管道要采取临时固定措施，以免掉下来。

⑤ 管道连接。在支架上，把管段对好口，按要求焊接或者丝接，连成系统。

⑥ 找坡。按设计图纸的要求，将干管找好坡度。如栽支架时已考虑找坡问题，当干管连成系统之后，应再检查校对坡度，合格后把干管固定在支架上。

3）干管的安装要求。干管的安装应符合下列要求：

① 横向干管的坡向和坡度，应符合设计图纸的要求和施工验收规范的规定，应便于管道泄水和排气。

② 干管的弯曲部位，有焊口的部位不要接支管。设计上要求接支管时，也应按规范要求躲开焊口规定的距离。

③ 当热媒温度超过100℃时，管道穿越易燃和可燃性墙壁，必须按照防火规范的规定加设防火层。一般，管道与易燃和可燃建筑物的净距离需保持100mm。

④ 采暖干管中心与墙、柱距离应符合表 4－4 的规定。

表 4－4　　水平干管安装与墙、柱表面的安装距离　　mm

公称直径	25	32	40	50	65	80	100	125	150	200	250	300
保温管中心	150	150	150	180	180	200	200	220	240	280	310	340
不保温管中心	100	100	120	120	140	140	160	160	180	210	240	270
钢立管净距	25～30	35～50			55			60		—		

（2）立管安装。

1）立管的安装要求。立管安装应符合下列要求：

① 管道外表面与墙壁抹灰面的距离：当 $DN \leqslant 32$mm 时，为 25～35mm；$DN > 32$mm 时，为 30～50mm。

② 立管上接支管的三通位置，必须能满足支管的坡度要求。

③ 立管卡子安装。层高不超过 4m 的房间，每层安装一个立管卡子，距地面高度为 1.5～1.8m。立管卡子的安装方法如同栽支架。

④ 立管与支管垂直交叉时，立管应该设半圆形让弯（也叫抱弯）绕过支管，如图 4－41 所示，让弯的尺寸见表 4－5。

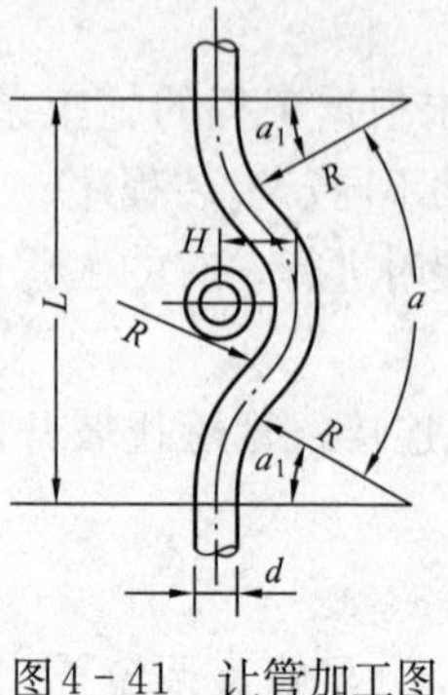

图 4－41　让管加工图

表 4－5　　让 弯 的 尺 寸　　mm

DN	α（°）	α1（°）	R	L	H
15	94	47	50	146	32
20	82	41	65	170	35
25	72	36	85	198	38
32	72	36	105	244	42

⑤ 主立管用管卡或托架安装在墙壁上，间距为 3～4m。主立管的下端应支撑在坚固的支架上。管卡和支架不能妨碍主立管的胀缩。

2）立管的安装方法。

① 确定立管的安装尺寸。根据干管和散热器的实际安装位置，确定立管及其三通和四通的位置，并用测线方法量出立管的安装尺寸。

② 根据安装长度计算出管段的加工长度。

③ 加工各管段。对各管段进行套丝、煨弯等加工处理。

④ 将各管段按实际位置组装连接。立管安装应由底层到顶层逐层安装，每安装一层时，切记穿入钢套管，并将其固定好，随即用立管卡将管子调整固定于立管中心线上。

（3）支管安装。支管应尽量设置在散热器的同侧与立管相接，支管上一般设“Z”字弯。进出口支管一般应沿水流方向下降的坡度敷设（下供下回式系统，利用最高层散热器放气的进水支管除外），如坡度相反，会造成散热器上部存气，下部积水放不净，如图 4－42 所示。当支管全长小于或等于 500mm，坡度值为 5mm；当支管全长大于 500mm，坡度值为 10mm。当一根立管接往两根支管，任一根超过 500mm，其坡度值均为 10mm。散热器支管长度大于 1.5m 时，中间应安装管卡或托勾。在管道穿过基础、墙壁和楼板，应配合土建预留孔洞，其尺寸如无特殊设计要求时，应按表 4－3 的规定执行。穿墙和楼板时，应设钢制套管。安装在楼板内的套管，其顶部应高出地面 20mm，底部应与楼板底面相平，安装在墙壁内的套管，两端应与饰面相平。

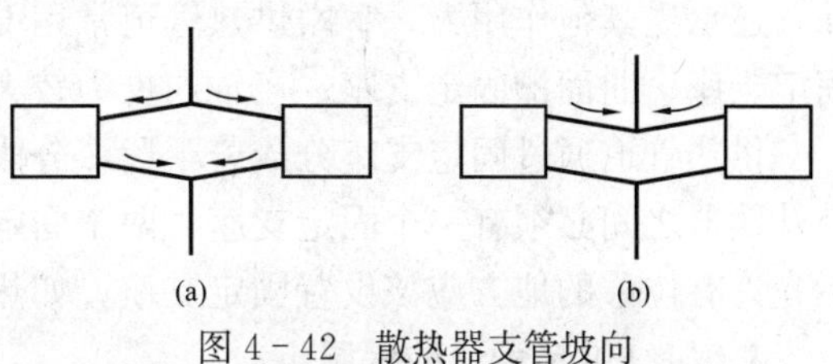

图 4－42 散热器支管坡向

（a）正确连接方式；（b）错误连接方式

供暖管道多使用焊接钢管。管径小于或等于 32mm 宜采用螺纹连接；管径大于 32mm 宜采用焊接或法兰连接。

供暖管道安装后应做水压试验。工作压力不大于 70kPa（表压力，下同）的蒸汽供暖系统，应以系统顶点工作压力的 2 倍做水压试验，同时在系统低点，不得小于 250kPa；热水供暖或工作压力超过 70kPa 的蒸汽供暖系统，应以系统顶点工作压力加 100kPa 作水压，同时在系统低点的试验压力不得小于 300kPa。要求系统在达到试验压力后，5min 内压力降不大于 20kPa 为合格。系统低点如大于散热器所承受的最大试验压力，则应分层做水压试验。

系统试压合格后，管路应根据设计要求作防腐或保温，明装管道一般先刷防锈漆，再刷银粉；管道保温可参照室外供热管道做法。

4.6.3 管道支架

一、活动支座

活动支座承受管道的重力，并保证管道在发生温度变形时能自由移动。活动支座有滑动支座、滚动支座、悬吊架等。

（1）滑动支座。由于管道在支撑结构上有轴向位移，一般可在与支撑结构产生位移的管道接触面处焊制弧形板、曲面槽或丁字滑托等。为限制径向位移，在支撑结构上应加导向板。

（2）滚动支座。滚动支座利用滚子的转动来减少管道移动时的摩擦力，这样可以减小支撑结构的尺寸，常用的有滚柱、滚轴形式。由于滚动支座的结构较为复杂，一般只用于热媒温度较高，管径较大的室内或架空敷设的管道上。地沟敷设的管道不宜使用这种支座，这是因为滚动支座的滚柱式滚轴在潮湿环境内会很快锈蚀而不能转动，使用效果差。

（3）悬吊架。悬吊架是通过钢筋或其他材料将管道悬吊在支撑结构上，这种方式常用于室内的供热管道上。使用悬吊架的管道，在温度变化发生变形时有横向位移，使管道产生扭曲。伸长量的补偿不得采用套管补偿器。

二、固定支座

固定支座是管道固定在支撑结构上，使该点不能产生位移。固定支座除承受管道重力外，还承受其他作用力。室内供热管道常用卡环式固定支座，室外供热管道多采用焊接角钢固定支座、曲面槽固定支座；当轴向推力较大时，多采用挡板式固定支座。

供热管道通过固定支座分成若干段，分段控制伸长量，保证补偿器均匀工作。因此，两个补偿器之间必须有一个固定支座，两个固定支座之间必须设一个补偿器。另外，在管路中不允许有位移的地方应该设置固定支座，如热力入口、设备进出口等。

4.6.4 供热管道的保温

供热管道保温的目的主要是，减少热媒在输送过程中的热损失，保证热用户要求的热媒参数，节约能源。另外，可以降低管壁外表面的温度，避免烫伤人。

保温结构由保温层和保护层两部分组成。管道的防腐涂料层包含在保护层内。外面的保护层可以防潮、防水，阻挡外界环境对保温材料的影响，延长保温结构的寿命，保证保温效果。

一、保温结构

保温结构的施工方法有以下几种：

（1）涂抹式。将湿的保温材料，如石棉粉、石棉砖藻土等，直接分层抹于管道或设备外面。

（2）预制式。将保温材料和胶凝材料一起制成块状、瓦状，然后用镀锌铁丝绑扎，常用的材料有水泥蛭石、水泥珍珠岩等。

（3）捆扎式。捆扎式是利用柔软而具有弹性的保温织物，如矿渣棉毡、玻璃棉毡等，它裹在管道或其他需要保温的设备、附件上。

（4）浇灌式。浇灌式材料常用泡沫混凝土、硬质泡沫塑料等，在模具和管道、附件之间注入配好的原料，直接发泡成型。

（5）充填式。将松散的、纤维状的保温材料充填在管子四周特制的套子或铁丝网中，以及充填于地沟或无地沟敷设的槽内。

二、保护层

内防腐层在保温前进行，首先应对金属表面除油、除锈，然后刷防腐涂料，如防锈漆等。

保护层可根据保温结构及敷设方式选择不同的做法，常采用的保护层做法有沥青胶泥、石棉水泥砂浆等分层涂抹；或用油毡、玻璃布等卷材缠绕；还可利用黑铁皮、镀锌铁皮、铝皮等金属材料咬口安装；或在保温层外加钢套管、硬塑套管等。保护层外根据要求刷面漆。

4.7 锅炉与锅炉房设备概述

4.7.1 锅炉的定义、组成及分类

一、锅炉的定义

锅炉是供暖的重要热源，是将燃料的化学能转变为热能，又将热能传递给水，从而产生一定温度和压力的蒸汽或热水的设备。图 4-43 所示为锅炉本体的构造简图。

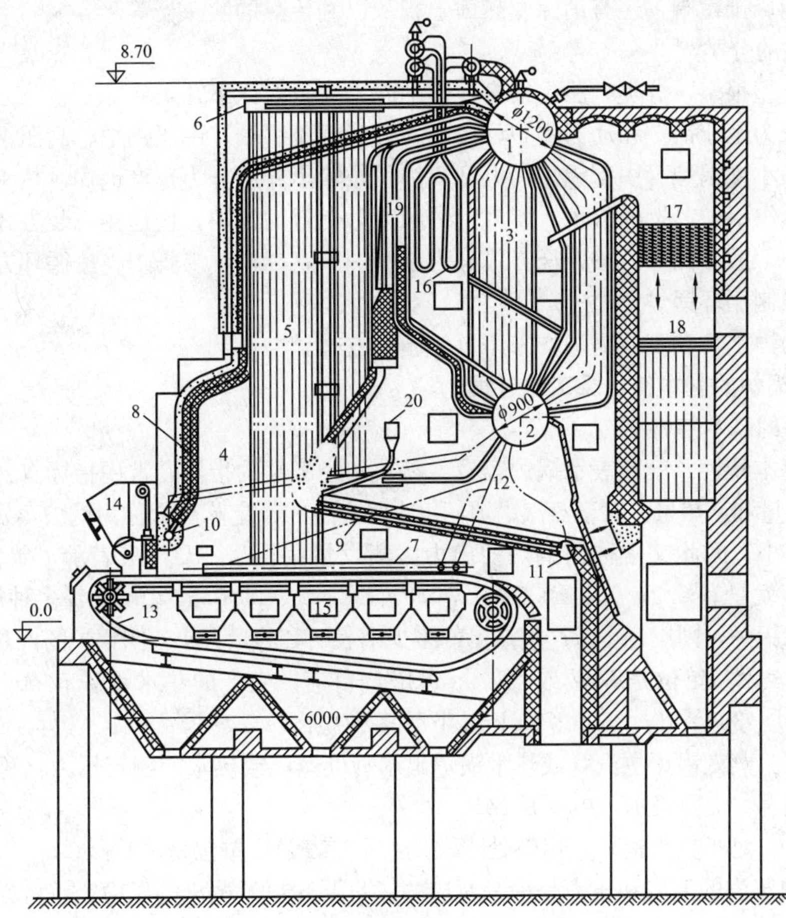

图 4-43 锅炉本体的构造简图

1—上锅筒；2—下锅筒；3—对流管束；4—炉膛；5—侧墙水冷壁；6—侧水冷壁上集箱；7—侧水冷壁下集箱；8—前墙水冷壁；9—后墙水冷壁；10—前水冷壁下集箱；11—后水冷壁下集箱；12—下降管；13—链条炉排；14—加煤斗；15—风仓；16—蒸汽过热器；17—省煤器；18—空气预热器；19—烟筒及放渣管；20—二次风管

二、锅炉的组成

顾名思义，锅炉是由“炉”和“锅”两部分组成。所谓“炉”，就是将燃料的化学能转变为热能的燃烧设备；所谓“锅”，就是将高温烟气的热量传给低温的水，将其加热为热水或蒸汽的汽水系统。

炉子是由炉墙、炉排和炉顶组成的燃烧空间，其作用是使燃料不断地充分燃烧放出热量。锅是由锅筒和管束组成的一个封闭的热交换器。在炉膛四周布置的排管称为水冷壁，在

炉膛后面的排管称为对流管束。汽水系统的作用是使管束内的水不断吸收烟气的热量，以产生一定压力和温度的热水或蒸汽。

在锅炉本体中，除由水冷壁、对流管束组成的主要受热面外，还有辅助受热面，包括蒸汽过热器、省煤器和空气预热器。蒸汽过热器的作用是将锅炉中的饱和蒸汽加热成为过热蒸汽。省煤器的作用是将锅炉的排烟余热用来加热锅炉的给水。空气预热器的作用是将锅炉的排烟余热用来加热送入炉内的冷空气。通常将以上“炉”和“锅”及各受热面合称为锅炉本体。

为保证锅炉的正常工作和安全，锅炉还必须装设安全阀、水位计、高低水位报警器、压力表、主汽阀、排污阀，还有消除受热面上积灰以利传热的吹灰器等。

三、锅炉的分类

锅炉的类型很多，分类方法也很多，归纳起来大致有以下几类：

按用途分为工业锅炉和动力锅炉，按压力分为低压锅炉、中压锅炉、高压锅炉，按锅炉的蒸发量分为小型锅炉、中型锅炉、大型锅炉，按输出介质分为蒸汽锅炉、热水锅炉，按使用燃料分为燃煤锅炉、燃油锅炉、燃气锅炉和特种燃料的锅炉，按运输安装方式分为快装锅炉、组装锅炉、散装锅炉，按燃烧方式分为层燃炉、室燃炉、沸腾炉，按循环方式分为自然循环锅炉、强制循环锅炉。

一般的动力锅炉和工业锅炉均采用自然循环方式。

4.7.2 锅炉的基本特性及工作过程

一、锅炉的基本特性

锅炉的基本特性，就是表示锅炉容量、参数和经济性的指标，常用指标有：

(1) 蒸发量和产热量。对于蒸汽锅炉，每小时产生的额定蒸汽量称为锅炉蒸发量。它表明锅炉容量的大小，因此又常称为锅炉的出力。蒸发量用符号“*D*”来表示，单位是“t/h”。工业锅炉的蒸发量有0.2，0.4，0.5，0.7，1，1.2，2，4，6.5，10t/h等多种规格。

对于热水锅炉，则用每小时产生热量的多少来表明其容量大小，叫锅炉的产热量。产热量用符号“*Q*”表示，单位是MW或“10^4kcal/h”。目前，生产的热水锅炉有60×10^4、120×10^4、250×10^4、360×10^4、600×10^4kcal/h等多种规格。

(2) 压力。蒸汽锅炉主汽管或热水锅炉出水管处蒸汽或热水的额定压力，称为锅炉的工作压力，用符号“*P*”表示，单位是MPa。

(3) 温度。对于热水锅炉，出口处水温用“T”表示，单位是“℃”。

由于饱和蒸汽的温度和压力是一一对应的，只要知道了蒸汽的压力，就可以查到它的饱和温度。因此，生产饱和蒸汽的锅炉只标明锅炉的工作压力，而无需注明温度；生产过热蒸汽的锅炉，除标明工作压力外，还应注明过热蒸汽温度。

(4) 锅炉效率。锅炉效率是指燃料的热量被利用的百分比，即燃料的有效利用率。锅炉效率用“η”表示，一般工业锅炉的效率约为60%～85%。

二、锅炉的工作过程

(1) 燃料的燃烧过程（以链条炉为例）。锅炉燃烧所需要的煤，经运煤设备送至锅炉煤斗，然后通过煤闸板，随着炉排的移动，不断落到炉排上，送进炉膛燃烧，燃料一面燃烧，一面向后移动；燃烧所需空气由风机送入炉排下面，向上穿过炉排到达燃烧层，进行燃烧反应形成高温烟气。燃料最后燃尽成灰渣，在炉膛末端被除渣板（俗称老鹰铁）铲除至灰渣斗后排出。

(2) 高温烟气向水传递热量的过程。燃烧生成的高温烟气首先和布置在炉膛四周的水冷壁进行强烈的辐射换热，将热量传递给管内的水或汽水混合物，然后烟气从炉膛上部经蒸汽过热器，使锅筒中产生的饱和蒸汽在烟气的加热下得到过热，接着流经接在上下锅筒间的对流管束，以对流换热的方式将热量传递给管内的水，最后进入尾部烟道，与省煤器和空气预热器内的工质进行热交换后，以较低烟温排出锅炉。

(3) 水的受热、汽化过程。这个过程就是蒸汽的生产过程，包括两个方面：水循环和汽水分离。经过水质处理合格的给水，由水泵打入省煤器而得到预热，然后进入上锅筒。上锅筒内的炉水，不断沿处在烟气温度较低区域的对流管束进入下锅筒。下锅筒的水，一部分进入连接炉膛水冷壁管的下集箱，在水冷壁内受热不断汽化，形成汽水混合物上升至上集箱或进入上锅筒。另一部分进入烟气温度较高的对流管束，部分炉水受热汽化，汽水混合物升至上锅筒。进入上锅筒的蒸汽经汽水分离后，经出汽管进入蒸汽过热器继续受热，成为过热蒸汽送到用户。

锅炉运行的三个过程是同时进行的，其中任何一个过程进行得是否完善，都影响着锅炉运行的经济性和安全性。

4.7.3 锅炉房的辅助设备

锅炉房的辅助设备是保证锅炉本体正常运行所必需的附属设备，图 4-44 为锅炉房设备简图，辅助设备分为以下几个系统：

一、运煤除灰系统

该系统的作用是将燃料连续不断地供给锅炉燃烧，同时又将生成的灰渣及时地排走。在图 4-44 中，运煤系统是由运煤提升机、皮带输送机和炉前煤仓等组成，除灰系统是由锅炉灰斗、除渣机和运灰小车等组成。

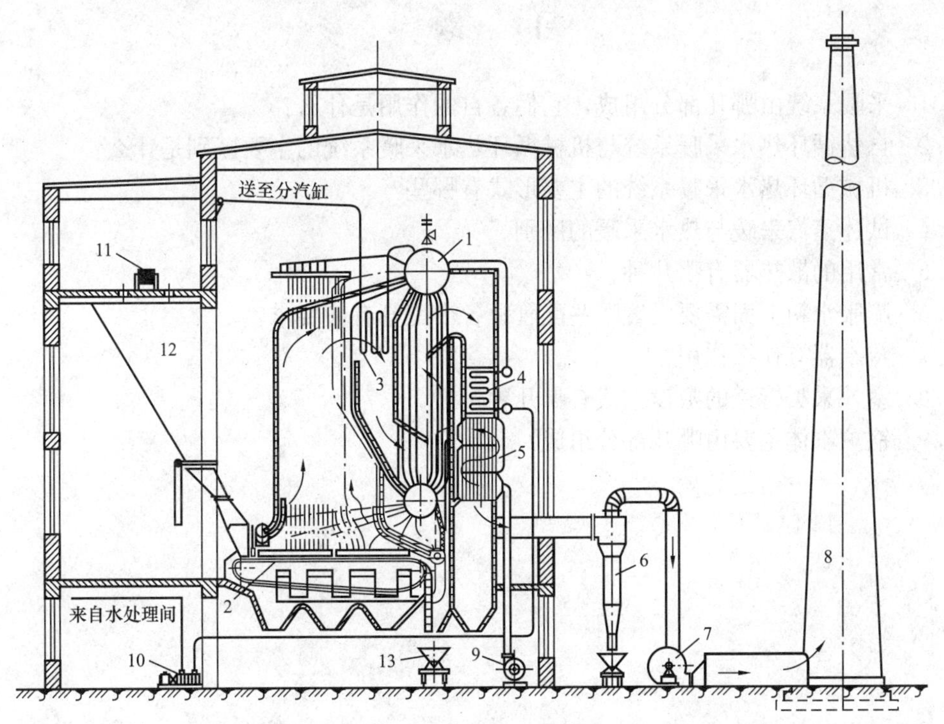

图 4-44 锅炉房设备简图

1—锅筒；2—链条炉排；3—蒸汽过热器；4—省煤器；5—空气预热器；6—除尘器；7—引风机；8—烟囱；9—送风机；10—给水泵；11—运煤带输送机；12—煤仓；13—灰车

二、送、引风系统

该系统是向锅炉供给燃料燃烧所需要的空气及排走燃烧后生成的烟气，从而保证燃烧正常运行的通风系统。该系统常由送风机、引风机和风道、烟道、烟囱等组成。为了减少烟尘对周围环境和大气的污染，在排烟系统中还需设置除尘器。

三、水、汽系统

该系统的作用是不断地向锅炉内供给符合质量要求的水，并将锅炉生产的蒸汽或高温热水送到各用热部门。汽水系统通常是由水处理设备、水泵、水箱、分汽缸及汽水管道等组成。

四、仪表控制系统

除了锅炉本体上装有的仪表外，为监督锅炉设备安全、经济地运行，还常设有一系列的仪表和控制设备，如温度计、压力表、水位计、安全阀、水位报警器、风压计、烟温计、水表、蒸汽流量计及各种自动控制设备等。

本章小结

本章主要介绍建筑采暖系统的分类；热水采暖系统和蒸汽采暖系统的工作原理及形式；采暖系统管道的敷设方式；采暖系统中各种设备；锅炉的定义、组成及分类，锅炉的基本特性及工作过程、锅炉房辅助设备等。

习题

4.1 采暖系统由哪几部分组成，它们各自的作用是什么？

4.2 自然循环热水采暖系统与机械循环热水采暖系统的主要区别是什么？

4.3 机械循环热水采暖系统的主要形式有哪些？

4.4 试述蒸汽采暖与热水采暖的区别。

4.5 常用的散热器有哪几种？

4.6 膨胀水箱上面需要设置哪些配管？各个配管有何要求？

4.7 疏水器有什么作用？

4.8 室外采暖管道的敷设方式有哪几种？

4.9 锅炉本体主要由哪几部分组成？

第5章　通风与空调系统

【要点提示】在本章将要学到建筑内通风与空调系统的相关内容。通过学习，应了解通风系统的功能和分类，熟悉通风系统常用设备与附件的特点及用途，了解建筑火灾烟气的特性，掌握火灾烟气的控制原则，了解空调系统的分类与组成，熟悉常用空气处理设备的特点及用途，熟悉空气调节用制冷装置的工作原理及常用冷水机组的形式，掌握风道系统的选择、布置与安装方法。

人类生活在空气的环境中，创造良好的空气环境条件（温度、湿度、洁净度等）对保障人们的健康，提高劳动生产率，保证产品质量是不可或缺的。这一任务的完成就是由通风和空调来实现的。

空调是采用技术手段把某种特定内部的空气环境控制在一定状态之下，使其能够满足人体舒适或生产工艺的要求。而通风则是将室内被污染的空气直接或经净化后排出室外，再将新鲜的空气补充进来，从而保证室内的空气环境符合卫生标准和满足生产工艺的要求。

通风与空调的区别在于空调系统往往把室内空气循环使用，把新风与回风混合后进行热湿处理，然后再送入被调房间；通风系统不循环使用回风，而是对送入室内的室外新鲜空气不做处理或仅做简单处理，并根据需要对排风进行除尘、净化处理后排出或是直接排出室外。

5.1　通风系统概述

5.1.1　通风的任务和意义

通风，就是用自然或机械的方法向某一房间或空间送入室外空气和由某一房间或空间排出空气的过程，送入的空气可以是处理的，也可以是不经处理的。换句话说，通风是利用室外空气（称为新鲜空气或新风）来置换建筑物内的空气（简称室内空气）以改善室内空气品质。通风的功能主要有：

（1）提供人呼吸所需要的氧气。

（2）稀释室内污染物或气味。

（3）排除室内工艺过程产生的污染物。

（4）除去室内多余的热量（称余热）或湿量（称余湿）。

（5）提供室内燃烧设备燃烧所需的空气。

建筑中的通风系统，可能只完成其中的一项或几项任务。其中，利用通风除去室内余热和余湿的功能是有限的，它受室外空气状态的限制。

5.1.2　通风系统的分类

通风的主要目的是为了置换室内的空气，改善室内空气品质，是以建筑物内的污染物为主要控制对象的，根据换气方法不同可分为排风和送风。排风是在局部地点或整个房间把不符合卫生标准的污染空气直接或经过处理后排至室外；送风是把新鲜或经过处理的空气送入室内。对于为排风和送风设置的管道及设备等装置分别称为排风系统和送风系统，两者统称为通风系统。此外，如果按照系统作用的范围大小，通风还可分为全面通风和局部通风两类。通风方法按照空气流动的作用动力可分为自然通风和机械通风两种。在有可能突然释放大量有害气体或有爆炸危险生产厂房内还应设置事故通风装置。

一、自然通风

自然通风是在自然压差作用下，使室内外空气通过建筑物围护结构的孔口流动的通风换气。根据压差形成的机理，可以分为热压作用下的自然通风、风压作用下的自然通风、热压和风压共同作用下的自然通风。

（1）热压作用下的自然通风。热压是由于室内外空气温度不同而形成的重力压差。如图5-1所示，当室内空气温度高于室外空气温度时，室内热空气因其密度小而上升，造成建筑内的上部空气压力比建筑外的大，空气从建筑物上部的孔洞（如天窗等）处逸出；同时在建筑下部压力变小，室外较冷而密度较大的空气不断地从建筑物下部的门、窗补充进来。这种以室内外温度差引起的压力差为动力的自然通风，称为热压差作用下的自然通风。

热压作用产生的通风效应又称为“烟囱效应”。烟囱效应的强度与建筑高度和室内、外温差有关。一般情况下，建筑物愈高，室内外温差越大，烟囱效应愈强烈。

（2）风压作用下的自然通风。当风吹过建筑物时，在建筑的迎风面一侧，压力升高了，相对于原来大气压力而言，产生了正压；在背风侧产生涡流及在两侧空气流速增加，压力下降了，相对原来的大气压力而言，产生了负压。

建筑在风压作用下，具有正值风压的一侧进风，而在负值风压的一侧排风，这就是在风压作用下的自然通风。通风强度与正压侧与负压侧的开口面积及风力大小有关。如图5-2所示，建筑物在迎风的正压侧有窗，当室外空气进入建筑物后，建筑物内的压力水平就升高，而在背风侧室内压力大于室外，空气由室内流向室外，这就是通常所说的“穿堂风”。

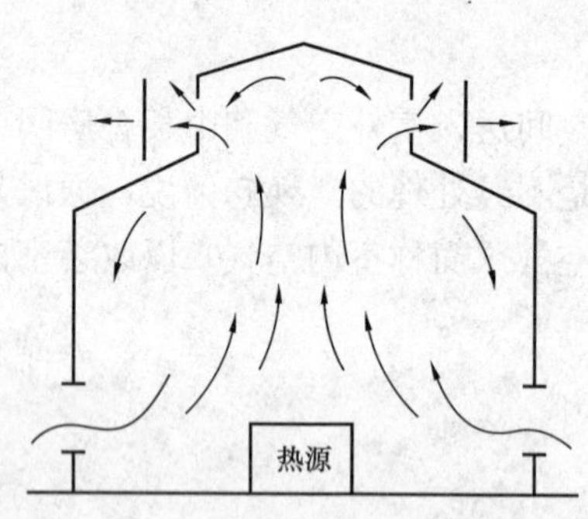

图5-1　热压作用下的自然通风

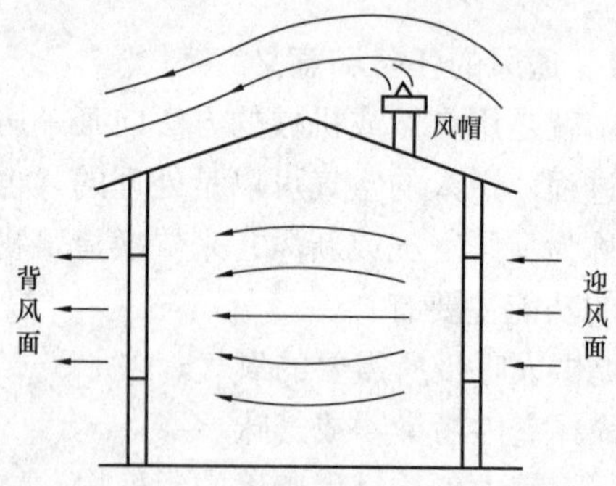

图5-2　风压作用下的自然通风

（3）热压和风压共同作用下的自然通风。热压与风压共同作用下的自然通风可以简单地认为它们是效果叠加的。设有一建筑，室内温度高于室外温度。当只有热压作用时，室内空气流动如图5-1所示。当热压和风压共同作用时，在下层迎风侧进风量增加了，下层的背风侧进风量减少了，甚至可能出现排风；上层的迎风侧排风量减少了，甚至可能出现进风，上层的背风侧排风量加大了；在中和面附近迎风面进风、背风面排风。建筑中压力分布规律究竟谁起主导作用呢？实测及原理分析表明：对于高层建筑，在冬季（室外温度低）时，即使风速很大，上层的迎风面房间仍然是排风的，热压起了主导作用；高度低的建筑，风速受临近建筑影响很大，因此也影响了风压对建筑的作用。

风压作用下的自然通风与风向有着密切的关系。由于风向的转变，原来的正压区可能变为负压区，而原来的负压区可能变为正压区。风向不是人的意志所能控制的，并且大部分城市的平均风速较低。因此，由风压引起的自然通风的不确定因素过多，无法真正应用风压的作用原理来设计有组织的自然通风。

虽然如此，仍应了解风压的作用原理，考虑它对通风空调系统运行和热压作用下的自然通风的影响。

二、机械通风

依靠通风机提供的动力，迫使空气流通来进行室内外空气交换的方式称为机械通风。

与自然通风相比，机械通风具有以下优点：送入车间或工作房间内的空气可以经过加热或冷却，加湿或减湿的处理；从车间排除的空气，可以进行净化除尘，保证工厂附近的空气不被污染；根据卫生和生产上的要求造成房间内人为的气象条件；可以将吸入的新鲜空气，按照需要送到车间或工作房间内各个地点，同时也可以将室内污浊的空气和有害气体，从产生地点直接排除到室外去；通风量在一年四季中都可以保持平衡，不受外界气候的影响，必要时，根据车间或工作房间内生产与工作情况，还可以任意调节换气量。但是机械通风系统中需设置各种空气处理设备、动力设备（通风机），各类风道、控制附件和器材，因此初次投资和日常运行维护管理费用远大于自然通风系统；另外，各种设备需要占用建筑空间和面积，并需要专门人员管理，通风机还将产生噪声。

机械通风可根据有害物分布的状况，按照系统作用范围大小分为局部通风和全面通风两类。局部通风包括局部送风系统和局部排风系统；全面通风包括全面送风系统和全面排风系统。

（1）局部通风。利用局部的送、排风控制室内局部地区的污染物的传播或控制局部地区的污染物浓度达到卫生标准要求的通风叫作局部通风。局部通风又分为局部排风和局部送风。

1）局部排风系统。局部排风是直接从污染源处排除污染物的一种局部通风方式。当污染物集中于某处发生时，局部排风是最有效的治理污染物对环境危害的通风方式。如果这种场合采用全面通风方式，反而使污染物在室内扩散；当污染物发生量大时，所需的稀释通风量则过大，甚至在实际上难以实现。

图5-3所示为一局部机械排风系统。这系统由排风罩、通风机、空气净化设备、风管和排风帽组成。排风罩——用于捕集污染物的设备，是局部排风系统中必备的部件；通风机——在机械排风系统中提供空气流动动力；风管——空气输送的通道，根据污染物的性质，其加工材料可以是钢板、玻璃钢、聚氯乙烯板、混凝土、砖砌体等；空气净化设备——用于防止对大气污染，当排风中含有污染物超过规范允许的排放浓度时，必须进行净化处理，如果不超过排放浓度可以不设净化设备；排风口——排风的出口，有风帽和百叶窗两种。当排风温度较高，且危害性不大时，可以不用风机输送空气，而依靠热压和风压进行排风，这种系统称为局部自然排风系统。局部排风系统的划分应遵循如下原则：

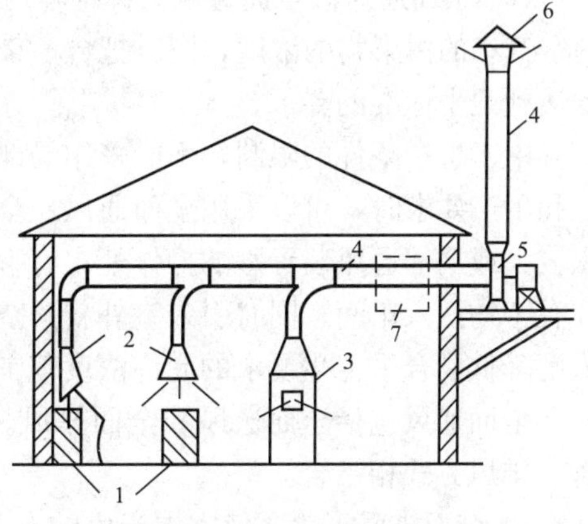

图5-3　局部机械排风系统

1—工艺设备；2—排风罩；3—排气柜；4—风管；5—通风机；6—排风帽；7—空气净化设备

① 污染物性质相同或相似，工作时间相同，且污染物散发点相距不远时，可合为一个系统。

② 不同污染物相混可产生燃烧、爆炸或生成新的有毒污染物时，不应合为一个系统，应各自成独立系统。

③ 排除有燃烧、爆炸或腐蚀的污染物时，应当各自单独设立系统，并且系统应有防止燃烧、爆炸或腐蚀的措施。

④ 排除高温、高湿气体时，应单独设置系统，并有防止结露和有排除凝结水的措施。

2）局部送风系统。在一些大型的车间中，尤其有大量余热的高温车间，采用全面通风已经无法保证室内所有地方都达到适宜的程度。在这种情况下，可以向局部工作地点送风，造成对工作人员温度、湿度、清洁度合适的局部空气环境。这种通风方式叫做局部送风，直接向人体送风的方法又叫岗位吹风或空气淋浴。

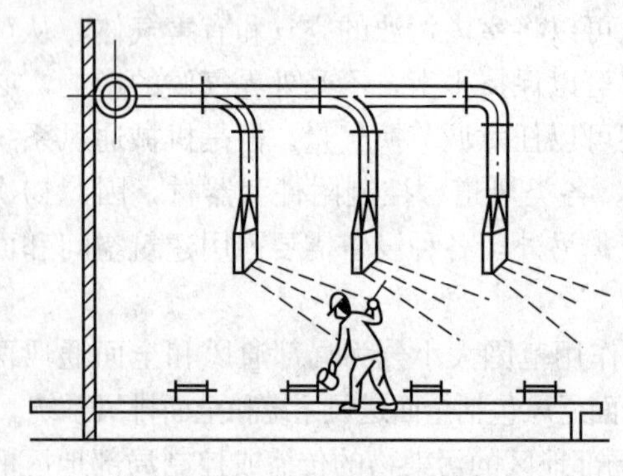

图 5-4 局部送风系统

图 5-4 所示为车间局部送风系统。将室外新风，以一定风速直接送到工人的操作岗位，使局部地区空气品质和热环境得到改善。当有若干个岗位需局部送风时，可合为一个系统。当工作岗位活动范围较大时，可采用旋转风口进行调节。夏季需对新风进行降温处理，应尽量采用喷水的等焓冷却，如无法达到要求，则采用人工制冷。有些地区室外温度并不太高，可以只对新风进行过滤处理。冬季采用局部送风时，应将新风加热到 18～25℃。

在工艺不忌细小雾滴的中、重作业的高温车间中，还可以直接用喷雾的轴流风机（喷雾风扇）进行局部送风。喷雾风扇实质上是装有甩水盘的轴流风机。自来水向甩水盘供水，高速旋转的甩水盘将水甩出形成雾滴，雾滴在送风气流中蒸发，从而冷却了送风气流。未蒸发的雾滴落在人身上，有“人造汗”的作用，因此可以在一定程度上改善高温车间中工作人员的工作条件。

(2) 全面通风。全面通风又称稀释通风，原理是向某一房间送入清洁新鲜空气，稀释室内空气中的污染物的浓度，同时把含污染物的空气排到室外，从而使室内空气中污染物的浓度达到卫生标准的要求。

由于生产条件的限制，不能采用局部通风或采用局部通风后室内空气环境仍然不符合卫生和生产要求时，可以采用全面通风。全面通风适用于：有害物产生位置不固定的地方；面积较大或局部通风装置影响操作处；有害物扩散不受限制的房间或一定的区段内。这就是允许有害物散入车间，同时引入室外新鲜空气稀释房间内的有害物浓度，使车间内的有害物的浓度降低到合乎卫生要求的允许浓度范围内，然后再从室内排出去。

全面通风包括全面送风和全面排风。两者可同时或单独使用。单独使用时需要与自然送、排风方式相结合。

1）全面排风。为了使室内产生的有害物尽可能不扩散到其他区域或邻室去，可以在有害物比较集中产生的区域或房间采用全面机械排风。图 5-5 所示为全面机械排风系统。在风机作用下，将含尘量大的室内空气通过引风机排除，此时，室内处于负压状态，而较干净

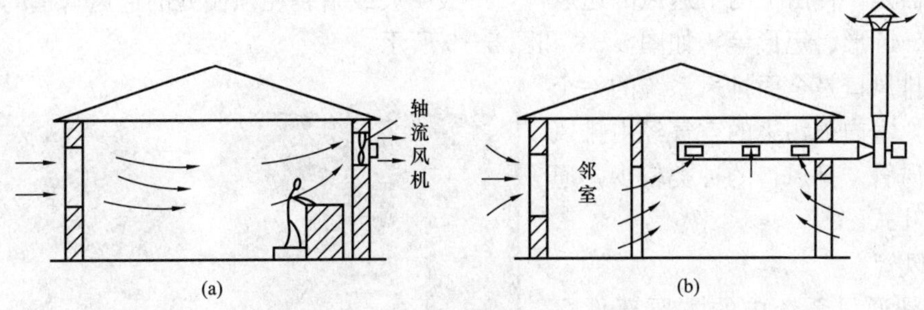

图 5-5 全面机械排风系统

(a) 在墙上装有轴流风机的最简单的全面排风系统；(b) 室内设有排风口，含尘量大的室内空气从专设的排气装置排入大气的全面机械排风系统

的一般不需要进行处理的空气从其他区域、房间或室外补入以冲淡有害物。

2) 全面送风。当不希望邻室或室外空气渗入室内，而又希望送入的空气是经过简单过滤、加热处理的情况下，多用如图 5-6 所示的全面机械送风系统来冲淡室内有害物，这时室内处于正压，室内空气通过门窗压出室外。

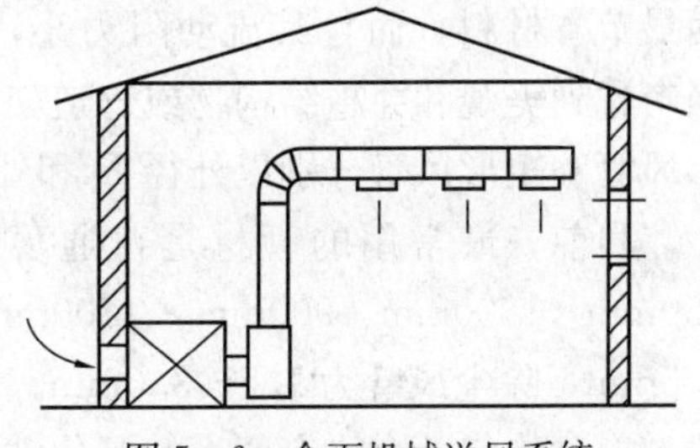

图 5-6 全面机械送风系统

5.2 通风系统常用设备与附件

由前面所述可知，自然通风的设备装置比较简单，只需用进、排风窗及附属的开关装置，但其他各种通风方式，包括机械通风系统和管道式自然通风系统，则由较多的构件和设备组成。在这些通风方式中，除利用管道输送空气及机械通风系统使用风机造成空气流通的作用压力外，一般的机械排风系统，是由有害物收集和净化除尘设备、风管、风机、排风口或风帽等组成；机械送风系统由进气室、风管、风机、进气口组成。机械通风系统中，为了开关和调节进排气量，还设有阀门。本节将介绍通风系统的这些构件。

一、室内送、排风口

室内送风口是送风系统中的风管末端装置，任务是将各送风口所要求的风量，按一定的方向及流速均匀地送入室内。

民用建筑中常用的送风口为活动百叶送风口，如图 5-7 所示。当通风管道布置在隔墙内或暗装时，通常采用这种送风口，安装时把它直接嵌在墙面上。

图 5-7 活动百叶送风口

在工业厂房中，一般通风量都很大，而且风管大多采用明装，因此常采用空气分布器作为送风口。

用于水平风管上的送风口大都直接开在风管的侧面或下面。风口可以是连续的，也可以是分开的。在连续的风口上，为了使气流均匀，常安装有许多导风板。而在分开开孔的风口上一般都装有插板，用于调节风量。

散流器是一种由上向下送风的送风口，一般明装或暗装在顶棚处的通风管道的端头，形状有方形、圆形、矩形等，如图5－8和图5－9所示。

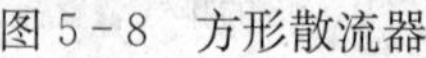

图5－8　方形散流器

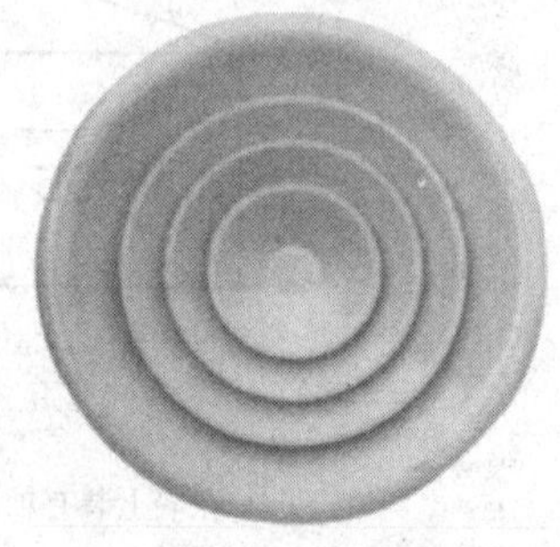

图5－9　圆形散流器

室内排风口是全面排风系统的一个组成部分，室内被污染的空气经由排风口进入排风管。排风口的种类较少，通常做成百叶式。

二、风管

风管是通风系统中的主要部件之一，其作用是用来输送空气。

常用的通风管道的断面有圆形和矩形两种。同样截面积的风管，以圆形截面最节省材料，而且其流动阻力小，因此采用圆形风管的较多。当考虑到美观和穿越结构物或管道交叉敷设时便于施工，才用矩形风管或其他截面风管。圆形风管和矩形风管分别以外径 D 和外边长 $A \times B$ 表示，单位是毫米（mm）。

目前，最常用的管材是普通薄钢板和镀锌薄钢板，有板材和卷材。板材的规格为750mm×1800mm、900mm×1800mm及1000mm×2000mm等；厚度：一般风管为0.5～1.5mm，除尘风管为1.5～3.0mm。普通薄钢板一般是冷轧或热轧钢板。要求表面平整、光滑、厚度均匀，允许有紧密的氧化铁薄膜，但不得有裂纹、结疤等缺陷。镀锌薄钢板要求表面光滑洁净，有镀锌层结晶花纹。有时也可以采用塑料板制作风管。当需要采用非金属材料制作风管时，必须符合防火标准，并应保证风管的坚固及严密性。

通风管道除了直管之外，还应根据工程的实际需要配设弯头、乙字弯、三通、四通、变径管（天圆地方）等管件。

三、阀门

通风系统中的阀门主要是用来调节风量，平衡系统，防止系统火灾蔓延。常用的阀门有启动阀、调节阀、止回阀和防火阀几种。

（1）风机启动阀。风机入口处的阀门有圆形插板阀和圆形瓣式启动阀等。圆形插板阀多用于中小型离心通风机上。圆形瓣式启动阀结构复杂，造价较高，但占地面积小，操作方便。

（2）调节阀。调节阀是用来对风量进行调节的阀门。常用的调节阀有密封式斜插板阀、蝶阀、三通调节阀等。

（3）止回阀。止回阀的作用是，当风机停止运传时，阻止风管路中的气流倒流，有圆形和方形之分。止回阀必须动作灵活，闸板关闭严密，所以阀板常用铝板制成，因铝板重量轻、启闭灵活，能防止火花及爆炸。止回阀适宜安装在风速大于8m/s的风管内。

（4）防火阀。防火阀的作用是，当发生火灾时，能自动关闭管道，切断气流，防止火势通过通风系统蔓延。防火阀也有方形、矩形之分，由阀板套、阀板和易熔片组成。防火阀是高层建筑空调系统中不可缺少的部件。

四、风机

风机是通风系统中的重要设备，其作用是为通风系统提供使空气流动的动力，以克服风管和其他部件、设备对空气流动产生的阻力。在通风和空调工程中，常用的风机有离心式和轴流式两种类型。

(1) 离心式风机。离心式风机的构造如图5-10所示，它主要由叶轮、机壳、机轴、吸气口、排气口及轴承、底座等部件组成。

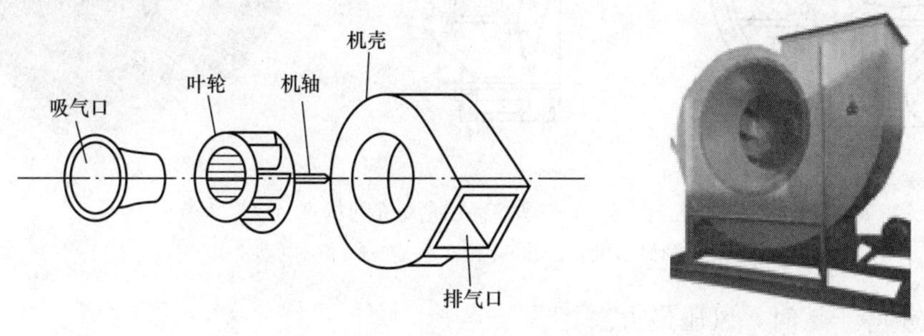

图5-10　离心式风机的构造

离心式风机的工作原理与离心式水泵相同，主要借助于叶轮旋转使气体获得压能和动能。

叶轮在电动机带动下随机轴一起高速旋转，叶片间的气体在离心力作用下由径向甩出，同时在叶轮的吸气口形成真空，外界气体在大气压力作用下被吸入叶轮内，以补充排出的气体，由叶轮甩出的气体进入机壳后被压向风管，如此源源不断地将气体输送到需要的场所。

离心式风机按产生的压力不同，可分为以下三类：

1) 低压风机。风压 $H \leqslant 1000$Pa，一般用于送排风系统或空气调节系统。

2) 中压风机。风压在 $1000\text{Pa} < H \leqslant 3000$Pa 范围内，一般用于除尘系统或管网较长，阻力较大的通风系统。

3) 高压风机。风压 $H > 3000$Pa，用于锻造炉、加热炉的鼓风或物料的气力输送系统。

离心式风机的风压一般小于15kPa。

离心式通风机安装应符合以下施工技术要求：通风机的基础，各部位尺寸应符合设计要求。预留孔灌浆前应清除杂物，灌浆应用碎石混凝土，其强度等级应比基础的混凝土高一级，并捣固密实，地脚螺栓不得歪斜。通风机的传动装置外露部分应有防护罩；通风机的进风口或进风管路直通大气时，应加装保护网或采取其他安全措施。进风管、出风管等应有单独的支撑，并与基础或其他建筑物连接牢固；风管与风机连接时，法兰不得硬拉和别劲，机壳不应承受其他机件的重量，以防止变形。如果安装减振器，要求各组减振器承受荷载的压缩量应均匀，不得偏心；安装减振器的地面应平整，安装完毕，在使用前应采取保护措施，以防损坏。

(2) 轴流式通风机。轴流式通风机主要由叶轮、外壳、电动机和支座等部分组成，如图5-11所示。

轴流式风机叶片与螺旋桨相似，当电动机带动它旋转时，空气产生一种推力，促使空气沿轴向流入圆筒形外壳，并与机轴平行方向排出。

轴流式风机与离心式风机相比有如下的特点：

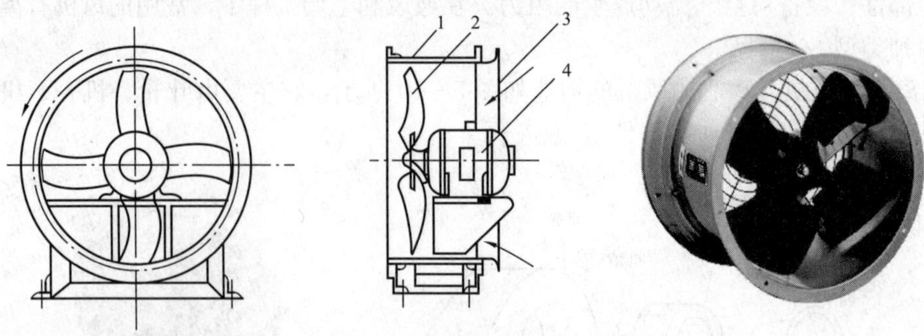

图 5-11　轴流式通风机的构造

1—圆筒形机壳；2—叶轮；3—进口；4—电动机

1）当风量等于零时，风压最大。

2）风量越小，所需功率越大。

3）风机的允许调节范围（经济使用范围）很小。

轴流式通风机多用在炎热的车间或卫生间中作为排风的设备。由于它产生的风压较小，只能用于无需设置管道的场合，以及管道的阻力较小的通风系统，而离心式通风机往往用在阻力较大的系统中。

在实际应用中选择风机时，首先应选用低噪声的风机，有条件时可采用变速风机，以减少运行费用。

五、风帽

为了防止雨水、雪、杂质等进入排气管或利用室外空气流速在排气口处进行自然通风，在机械及自然排气中用钢板作排气管时均应设风帽。不同形式的风帽适用于不同的系统，圆伞形风帽适用于一般的机械排气系统，锥形风帽适用于除尘系统及非腐蚀性有毒系统，筒形风帽适用于自然通风系统。

六、除尘器

在一些机械排风系统中，排出的空气中往往会有大量的粉尘，如果直接排入大气，就会使周围的空气受到污染，影响环境卫生和危害居民健康，因此必须对排出的空气进行适当净化，净化时还能够回收有用的物料。除掉粉尘所用的设备称为除尘器。

按照除尘主要作用机理，除尘器可分为机械式除尘器、过滤式除尘器、湿式除尘器和静电除尘器等。

（1）机械除尘器。机械除尘器包括重力沉降室、旋风除尘器和惯性除尘器等。这类除尘器的特点是结构简单、造价低、维护方便，但除尘效率不高，往往用于多级除尘系统中的前级预除尘。

（2）过滤式除尘器。过滤式除尘器包括袋式除尘器和颗粒层除尘器等，其特点是除尘效率高，但阻力较大，维护不方便，一般用作第二级除尘器。

（3）湿式除尘器。湿式除尘器包括低能湿式除尘器和高能文氏管除尘器，其主要特点是用水作除尘介质，除尘效率高，所消耗的能量也高，且有污水产生，还需要对污水进行处理，且对憎水性粉尘不适用。

（4）静电除尘器。静电除尘器又称电除尘器，有干式电除尘器和湿式电除尘器等，其特点是除尘效率高，消耗动力少；缺点是耗钢材多，投资大，制造、安装及运行管理要求高。

在实际的除尘器中，往往综合了几种除尘机理的共同作用，例如卧式旋风除尘器中，既有离心力的作用，也有冲击和洗涤作用。评价除尘器工作的主要性能指标是除尘效率。

5.3 高层建筑防排烟

5.3.1 建筑火灾烟气的特性

火灾是一种多发性灾难，它能导致巨大的经济损失和人员伤亡。建筑物一旦发生火灾，就有大量的烟气产生，这是造成人员伤亡的主要原因。了解火灾烟气的主要特性是控制烟气的前提。

一、烟气的毒害性

烟气中CO、HCN、NH_3等都是有毒性的气体；另外，大量的CO_2及燃烧后消耗了空气中大量氧气，引起人体缺氧而窒息。可吸入的烟粒子被人体的肺部吸入后，也会造成危害。空气中含氧量小于等于6%，或CO_2浓度大于等于20%，或CO浓度大于等于1.3%时，都会在短时间内致人死亡。有些气体有剧毒，少量即可致死，如光气$COCl_2$，空气中浓度大于等于50×10^{-6}时，在短时间内就能致人死亡。

二、烟气的高温危害

火灾时物质燃烧产生大量热量，使烟气温度迅速升高。火灾初起（5～20min）烟气温度可达250℃；而后由于空气不足，温度有所下降；当窗户爆裂，燃烧加剧，短时间内可达500℃。燃烧的高温使火灾蔓延；使金属材料强度降低；导致结构倒塌，人员伤亡。高温还会致使人昏厥、烧伤。

三、烟气的遮光作用

当光线通过烟气时，致使光强度减弱，能见距离缩短，这称为烟气的遮光作用。能见距离是指人肉眼看到光源的距离。能见距离缩短不利于人员的疏散，使人感到恐怖，造成局面混乱，自救能力降低；同时也影响消防人员的救援工作。实际测试表明，在火灾烟气中，对于一般发光型指示灯或窗户透入光的能见距离仅为0.2～0.4m，对于反光型指示灯仅为0.07～0.16m。如此短的能见距离，不熟悉建筑物内部环境的人就无法逃生。

建筑火灾烟气是造成人员伤亡的主要原因。因为烟气中的有害成分或缺氧使人直接中毒或窒息死亡；烟气的遮光作用又使人逃生困难而被困于火灾区。日本1976年的统计表明，1968～1975年火灾死亡人数达10 667人，其中因中毒和窒息死亡的有5208人，占48.8%，火烧致死的有4936人，占46.3%。在烧死的人中多数也是因CO中毒晕倒后被烧致死的。烟气不仅造成人员伤亡，也给消防队员扑救带来困难。因此，火灾发生时应当及时对烟气进行控制，并在建筑物内创造无烟（或烟气含量极低）的水平和垂直的疏散通道或安全区，以保证建筑物内人员安全疏散或临时避难和消防人员及时到达火灾区扑救。

5.3.2 火灾烟气控制原则

烟气控制的主要目的是，在建筑物内创造无烟或烟气含量极低的疏散通道或安全区。烟气控制的实质是控制烟气合理流动，也就是使烟气不流向疏散通道、安全区和非着火区，而向室外流动，主要方法有：①隔断或阻挡；②疏导排烟；③加压防烟。下面简单介绍这三种方法的基本原则。

一、隔断或阻挡

墙、楼板、门等都具有隔断烟气传播的作用。为了防止火势蔓延和烟气传播，建筑中必须划分防火分区和防烟分区。所谓防火分区是指用防火墙、楼板、防火门或防火卷帘等分隔的区域，可以将火灾限制在一定局部区域内（在一定时间内），不使火势蔓延。当然防火分区的隔断同样也对烟气起了隔断作用。所谓防烟分区是指在设置排烟措施的过道、房间中，用隔墙或其他措施（可以阻挡和限制烟气的流动）分隔的区域。防烟分区在防火分区中分隔。防火分区、防烟分区的大小及划分原则参见GB 50045—1995《高层民用建筑设计防火规范》。防烟分区分隔的方法除隔墙外，还有顶棚下凸不小于500mm的梁、挡烟垂壁和吹吸式空气幕。图5-12所示为用梁或挡烟垂壁阻挡烟气流动。

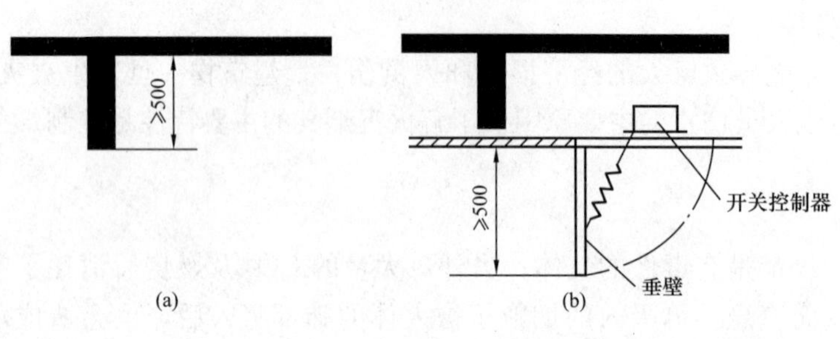

图5-12 用梁或挡烟垂壁阻挡烟气流动

(a) 下凸大于等于500的梁；(b) 可活动的挡烟垂壁

二、排烟

利用自然或机械作用力，将烟气排到室外，这称为排烟。利用自然作用力的排烟称为自然排烟；利用机械（风机）作用力的排烟称机械排烟。排烟的部位有两类：着火区和疏散通道。着火区排烟的目的是将火灾发生的烟气（包括空气受热膨胀的体积）排到室外，降低着火区的压力，不使烟气流向非着火区，以利于着火区的人员疏散及救火人员的扑救。对于疏散通道的排烟是为了排除可能侵入的烟气，以保证疏散通道无烟或少烟，以利于人员安全疏散及救火人员通行。

（1）自然排烟。自然排烟是利用热烟气产生的浮力、热压或其他自然作用力使烟气排出室外。这种排烟方式设施简单，投资少，日常维护工作少，操作容易；但排烟效果受室外很多因素的影响与干扰，并不稳定。因此它的应用有一定限制。虽然如此，在符合条件时宜优先采用。自然排烟有两种方式：利用外窗或专设的排烟口排烟和利用竖井排烟。

如图5-13（a）所示，利用可开启的外窗进行排烟，如果外窗不能开启或无外窗，可以专设排烟口进行自然排烟，如图5-13（b）所示。专设的排烟口也可以是外窗的一部分，但它在火灾时可以人工开启或自动开启。开启的方式也有多样，如可以绕一侧轴转动，或绕中轴转动等。图5-13（c）是利用专设的竖井，即相当于专设一个烟囱。各层房间设排烟风口与之相连接，当某层起火有烟时，排烟风口自动或人工打开，热烟气即可通过竖井排到室外。自然排烟是利用热烟气产生的浮力、热压或其他自然作用力使烟气排出室外。这种排烟方式实质上是利用烟囱效应的原理。在竖井的排出口设避风风帽，还可以利用风压的作用。但是由于烟囱效应产生的热压很小，而排烟量又大，因此需要竖井的截面和排烟风口的面积都很大，日本法规规定，楼梯间前室排烟用的竖井断面为$6m^2$，排烟风口的面积为$4m^2$。如此大的面积很难为建筑业主和设计人员所欢迎。因此，我国并不推荐使用这种排烟方式。

（2）机械排烟。当火灾发生时，利用风机做动力向室外排烟的方法叫作机械排烟。机械排烟系统实质上就是一个排风系统。

与自然排烟相比较，机械排烟具有以下优缺点：

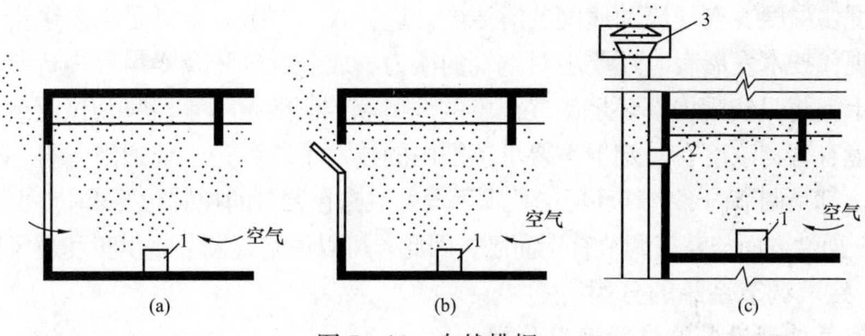

图 5-13 自然排烟

(a) 利用可开启外窗排烟；(b) 利用专设排烟口排烟；(c) 利用竖井排烟

1—火源；2—排烟风口；3—避风风帽

1）机械排烟不受外界条件（如内外温差、风力、风向、建筑特点、着火区位置等）的影响，而能保证有稳定的排烟量。

2）机械排烟的风道截面小，可以少占用有效建筑面积。

3）机械排烟的设施费用高，需要经常保养维修，否则有可能在使用时因故障而无法启动。

4）机械排烟需要有备用电源，防止火灾发生时正常供电系统被破坏而导致排烟系统不能运行。

机械排烟系统通常负担多个房间或防烟分区的排烟任务。它的总风量不像其他排风系统那样将所有房间风量叠加起来。这是因为系统虽然负担很多房间的排烟，但实际着火区可能只有一个房间，最多再波及邻近房间，因此系统只要考虑可能出现的最不利情况——两个房间或防烟分区。机械排烟系统大小与布置应考虑排烟效果、可靠性与经济性。系统服务的房间过多（系统大），则排烟口多、管路长、漏风量大、最远点的排烟效果差，水平管路太多时，布置困难。如系统小，虽然排风效果好，但却不经济。

三、加压防烟

加压防烟是用风机把一定量的室外空气送入一房间或通道内，使室内保持一定压力或门洞处有一定流速，以避免烟气侵入。图 5-14 所示为加压防烟两种情况，其中图 5-14（a）是当门关闭时，房间内保持一定正压值，空气从门缝或其他缝隙处流出，防止了烟气的侵入；图 5-14（b）是当门开启的时候，送入加压区的空气以一定风速从门洞流出，阻止烟气流入。当流速较低时，烟气可能从上部流入室内。由上述两种情况分析可知，为了阻止烟气流入被加压的房间，必须达到：①门开启时，门洞有一定向外的风速；②门关闭时，房间内有一定正压值。这也是设计加压送风系统的两条原则。

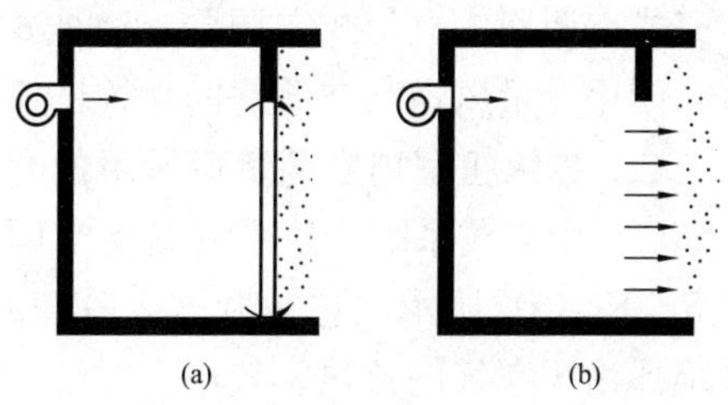

图 5-14 加压防烟

5.4 空气调节系统概述

5.4.1 空气调节的任务与作用

空气调节（简称空调）的意义就是“使空气达到所要求的状态”或“使空气处于正常状态”。据此，一个内部受控的空气环境，一般是指在某一特定空间（如房间、机舱、汽车）内，对空气的温度、湿度、空气流动速度及清洁度，进行人工调节，以满足工艺生产过程和人体舒适的要求。现代技术发展有时还要求对空气的压力、成分、气味及噪声等进行调节与控制。

在工程上，将只实现内部环境空气温度的调节和控制的技术手段称为供暖或降温；将只为保持内部环境有害物浓度在一定卫生要求范围内的技术手段称为工业通风。显然，供暖、工业通风及降温，都是调节内部空气环境的技术手段，只是在调节的控制和要求上，以及在调节空气环境参数的全面性方面与空气调节有别而已。因此，可以说空气调节是供暖和通风技术的发展。

5.4.2 空气调节系统的分类

一、按空气处理设备的位置情况分类

(1) 集中式空调系统。集中式系统中所有的空气处理设备，包括风机、冷却器、加热器、加湿器、过滤器等都设置在一个集中的空调机房内，空气处理所需的冷、热源由集中设置的冷冻站、锅炉房或热交换站供给。空气经过处理后，再送往各个空调房间。

这种空调系统服务面积大，处理的空气量多，运行可靠，便于集中管理和维修，缺点是机房占地面积大、风管占据空间较多。该系统适用于商场、超市、写字楼、剧院等大型公共场所。

(2) 半集中式空调系统。半集中式系统的特点是除了设有集中处理新风的空调机房和集中的冷、热源外，还设有分散在各个房间里的二次设备（又称为末端装置）来承担一部分冷热负荷，对送入空调房间的空气做进一步的补充处理。它包括有诱导式系统和风机盘管系统两种。它可解决集中式空调系统风管尺寸大，占据空间多的缺点，同时可根据负荷变化调整风量。如在一些办公楼、旅馆、饭店中采用的风机盘管系统，就是把新风在空调机房集中处理，然后与由风机盘管处理的室内循环空气一起送入空调房间。

在半集中式系统中，空气处理所需的冷、热源也是由集中设置的冷冻站、锅炉房或热交换站供给。因此，集中式和半集中式空调系统又统称为中央空调系统。

(3) 分散式空调系统。分散式空调系统又称为局部空调系统，实际上是一个小型的空调系统。它是把处理空气所需的冷热源、空气处理和输送设备、控制设备等集中设置在一个箱体内，组成一个紧凑的、可单独使用的空调机组（整体式空调器），然后按照需要，灵活、方便地布置在空调房间内或空调房间附近。此系统使用灵活，安装方便，节省风道，常用的有窗式空调器、立柜式空调器、壁挂式空调器等。工程上，把空调机组安装在空调房间的邻室，使用少量风道与空调房间相连的系统也称为局部空调系统。

二、按承担室内空调负荷所用的介质种类分类

(1) 全空气系统。该系统是指空调房间的热、湿负荷全部由经过处理的空气来负担，如图 5-15 (a) 所示。它是最早、最普通、至今仍广泛应用的空气调节方式，如集中式空调系统。由于空气的比热容较小，需要较多的空气量才能满足消除室内余热、余湿的要求，所以这种系统要求有较大断面的风道或较高的风速，可能要占据较多的建筑空间。

(2) 全水系统。该系统中，空调房间的热、湿负荷全部由水来负担，如图 5-15 (b) 所示。由于水的比热容远大于空气的比热容，所以在相同的负荷条件下所需的水量较少，因而可克服全空气系统风道占据建筑空间较多的缺点。但是，全水系统往往只能达到消除余热、余湿的目的，而起不到通风换气的作用，室内空气品质较差，所以通常不单独使用。

(3) 空气—水系统。该系统是全空气系统与全水系统的综合应用，以空气和水为介质，共同负担空调房间的热、湿负荷，如图 5-15 (c) 所示。它既解决了全空气系统因风量大导致

风道断面尺寸大而占据较多建筑空间的矛盾，也解决了全水系统空调房间的新鲜空气供应问题，适合于大型建筑和高层建筑。如带盘管的诱导空调系统、新风加风机盘管系统均属此类。

(4) 制冷剂系统。制冷剂系统是依靠制冷剂的蒸发或凝结来承担空调房间的负荷，如图 5-15 (d) 所示。由于制冷剂管道不便于长距离输送，该系统通常用于分散式安装的局部空调机组。如现在的家用分体式空调器，它分为室内机和室外机两部分。其中，室内机实际就是制冷系统中的蒸发器，并且在其内设置了噪声极小的贯流风机，迫使室内空气以一定的流速通过蒸发器的换热表面，从而使室内空气的温度降低；室外机就是制冷系统中的压缩机和冷凝器，内部设有一般的轴流风机，迫使室外的空气以一定的流速流过冷凝器的换热表面，让室外空气带走制冷剂液化放出的热量。

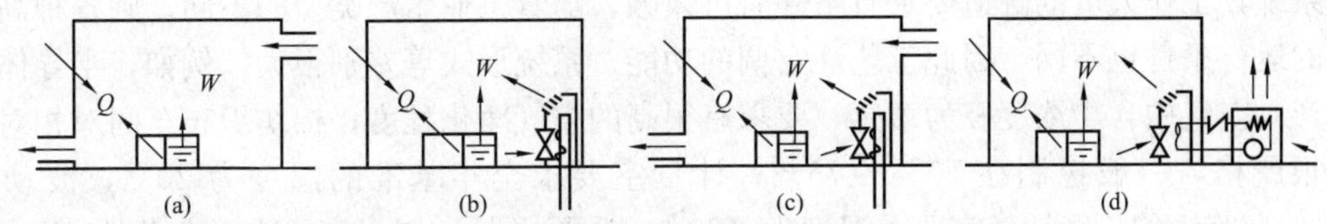

图 5-15 按承担室内空调负荷所用的介质种类分类的空调系统

(a) 全空气系统；(b) 全水系统；(c) 空气—水系统；(d) 制冷剂系统

三、根据集中式空调系统处理的空气来源分类

(1) 封闭式系统。封闭式系统所处理的空气全部来自空调房间本身，没有室外新鲜空气补充，全部是室内的空气在系统中周而复始地循环。因此，空调房间与空气处理设备由风管连成了一个封闭的循环环路，如图 5-16 (a) 所示。这种系统无论是夏季还是冬季冷热消耗量最省，但空调房间内的卫生条件差，人在其中生活、学习和工作易患空调病。因此，封闭式空调系统多用于战争时期的地下庇护所或指挥部等战备工程，以及很少有人进出的仓库等。

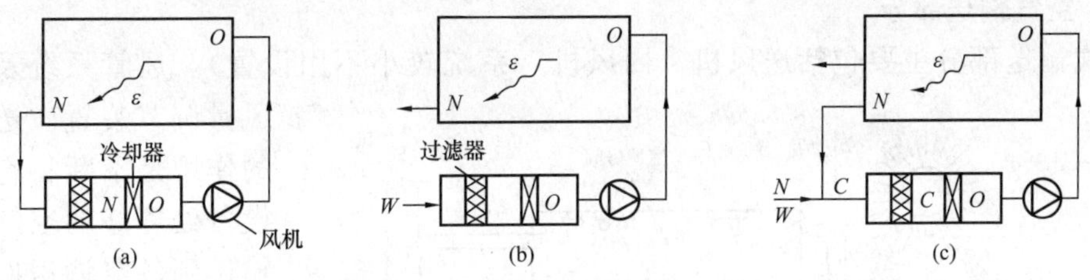

图 5-16 按处理空气的来源不同对集中式空调系统的分类

(a) 封闭式；(b) 直流式；(c) 混合式

N—室内空气；W—室外空气；C—混合空气；O—冷却器后的空气状态

(2) 直流式系统。直流式系统所处理的空气全部来自室外的新鲜空气，即室外的空气经过处理后送入各空调房间，吸收了室内的余热、余湿后全部排出室外，如图 5-16 (b) 所示。与封闭式系统相比，这种系统消耗的冷（热）量最大，但空调房间内的卫生条件完全能够满足要求。因此，这种系统适用于不允许采用室内回风的场合，如放射性实验室和散发大量有害物质的车间等。为了节能，可以考虑在排风系统中设置热回收设备。

(3) 混合式系统。因为封闭式系统没有新风，不能满足空调房间的卫生要求，而直流式系统消耗的能量又大，不经济，所以封闭式系统和直流式系统只能在特定的情况下才能使用。对于绝大多数空调系统，往往采用混合式系统，即采用一部分回风以节省能量，又使用部分室外的新鲜空气以满足卫生条件的要求。混合式系统综合了封闭式系统和直流式系统的优点，在工程实际中被广泛应用，如图 5-16（c）所示。

四、按空调系统用途或服务对象不同分类

(1) 舒适性空调系统，简称舒适空调，为室内人员创造舒适健康环境的空调系统。舒适健康的环境令人精神愉快，精力充沛，工作学习效率提高，有益于身心健康。办公楼、旅馆、商店、影剧院、图书馆、餐厅、体育馆、娱乐场所、候机或候车大厅等建筑中所用的空调都属于舒适空调。由于人的舒适感在一定的空气参数范围内，所以这类空调对温度和湿度波动的控制，要求并不严格。

(2) 工艺性空调系统，又称工业空调，为生产工艺过程或设备运行创造必要环境条件的空调系统，工作人员的舒适要求有条件时可兼顾。随着工业生产类型的不同，则各种高精度设备的运行条件也不同，因此工艺性空调的功能、系统形式等差别很大。例如，半导体元器件生产对空气中含尘浓度极为敏感，要求有很高的空气净化程度；棉纺织布车间对相对湿度要求很严格，一般控制在 70%～75%；计量室要求全年基准的温度为 20℃，波动值为 ±1℃，高等级的长度计量室要求温度为（20±0.2)℃；抗菌素生产要求无菌条件等。

5.4.3 空气调节系统的组成

图 5-17 所示为一个集中式空调系统，从图上可以看出一个完整的集中式空调系统由以下几部分组成：

一、空气处理部分

集中式空调系统的空气处理部分是一个包括各种空气处理设备在内的空气处理室。如图 5-17 所示，其中主要有过滤器、一次加热器、喷水室、二次加热器等。用这些空气处理设备对空气进行净化过滤和热湿处理，可将送入空调房间的空气处理到所需的送风状态点。各种空气处理设备都有现成的定型产品，这种定型产品称为空调机（或空调器）。

二、空气输送部分

空气输送部分主要包括送风机、回风机（系统较小不用设置）、风管系统及必要的风量调节装置。送风系统的作用是不断将空气处理设备处理好的空气有效地输送到各空调房间；回风系统的作用是不断地排出室内回风，实现室内的通风换气，保证室内空气品质。

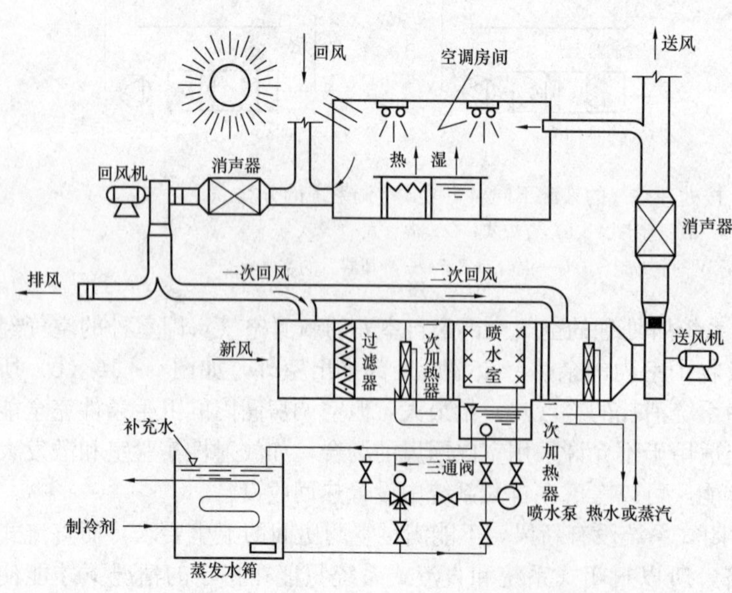

图 5-17 二次回风集中式空调系统

三、空气分配部分

空气分配部分主要包括设置在不同位置的送风口和回风口，作用是合理地组织空调房间的空气流动，保证空调房间内工作区（一般是 2m 以下的空间）的空气温度和相对湿度均匀一致，空气流速不致过大，以免对室内的工作人员和生产造成不良的影响。

四、辅助系统部分

集中式空调系统是在空调机房中集中进行空气处理然后再送往各空调房间的，空调机房里对空气进行制冷（热）（空调用冷水机组或热水、蒸汽）和湿度控制的设备等就是辅助设备。

5.5 空气处理设备

在空调工程中，为了满足房间的送风要求，需要使用不同的净化处理设备和热、湿处理设备将空气处理到某一个送风状态点，然后向室内送风。为了得到同一个送风状态点，可能会有不同的空气热、湿处理途径。

5.5.1 空气的净化处理设备

空气过滤器是用来对空气进行净化处理的设备，根据过滤效率的高低，通常分为初效、中效和高效过滤器三种类型。为了便于更换，一般做成块状。此外，为了提高过滤器的过滤效率和增大额定风量，可做成抽屉式（如图5-18所示）或袋式（如图5-19所示）。

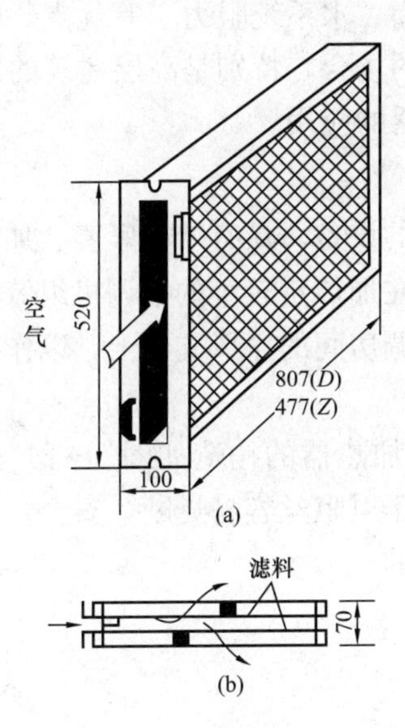

图5-18 抽屉式过滤器

（a）外形；（b）断面形状

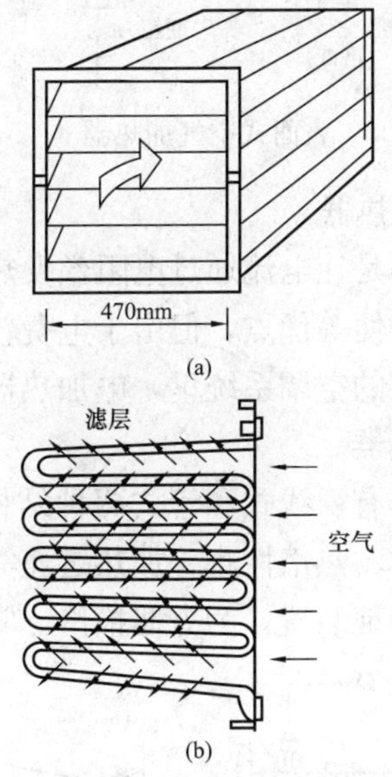

图5-19 袋式过滤器

（a）外形；（b）断面形状

空气过滤器应经常拆换清洗，以免因滤料上积尘太多，使房间的温、湿度和室内空气洁净度达不到设计的要求。

对空气过滤器的选用，应主要根据空调房间的净化要求和室外空气的污染情况而定。对以温度、湿度要求为主的一般净化要求的空调系统，通常只设一级粗效过滤器，在新、回风混合之后或新风入口处采用初次过滤器即可。对有较高净化要求的空调系统，应设粗效和中效两级过滤器，在风机之后增加中效过滤器，其中第二级中效过滤器应集中设在系统的正压段（风机的出口段）。有高度净化要求的空调系统，一般用粗效和中效两级过滤器进行预过滤，再根据要求洁净度级别的高低使用亚高效过滤器或高效过滤器进行第三级过滤。亚高效过滤器和高效过滤器尽量靠近送风口安装。

5.5.2 空气加热

在空调工程中，经常需要对送风进行加热处理。目前，广泛使用的加热设备有表面式空气加热器和电加热器两种类型，前者用于集中式空调系统的空气处理室和半集中式空调系统的末端装置中，后者主要用在各空调房间的送风支管上作为精调设备，以及用于空调机组中。

一、表面式空气加热器

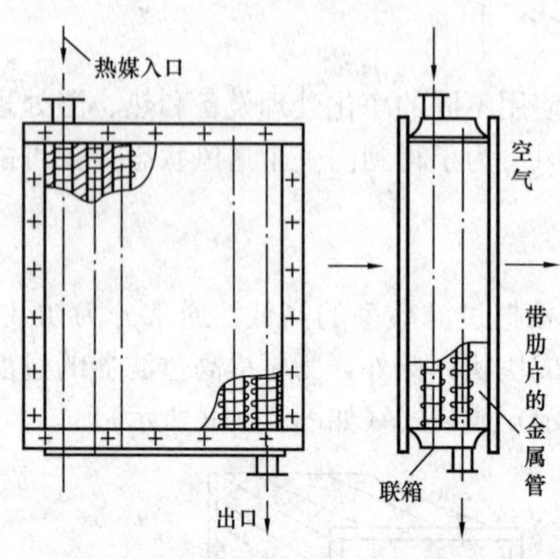

图 5-20 表面式空气加热器

表面式空气加热器又称为表面式换热器，是以热水或蒸汽作为热媒通过金属表面传热的一种换热设备。图 5-20 所示为用于集中加热空气的一种表面式空气加热器。为了增强传热效果，表面式换热器通常采用肋片管制作。用表面式换热器处理空气时，对空气进行热湿交换的工作介质不直接和被处理的空气接触，而是通过换热器的金属表面与空气进行热湿交换。

表面式换热器具有构造简单、占地面积少、水质要求不高、水系统阻力小等优点，因而，在机房面积较小的场合，特别是高层建筑的舒适性空调中得到了广泛的应用。

二、电加热器

电加热器是让电流通过电阻丝发热来加热空气的设备，具有结构紧凑、加热均匀、热量稳定、控制方便等优点，但由于电费较贵，通常只在加热量较小的空调机组等场合采用。在恒温精度较高的空调系统里，电加热器常安装在空调房间的送风支管上，以作为控制房间温度的调节加热器。

电加热器有裸线式和管式两种结构。裸线式电加热器的构造如图 5-21（a）所示，它具有结构简单、热惰性小、加热迅速等优点。但由于电阻丝容易烧断，安全性差，使用时必须有可靠的接地装置，为方便检修，常做成抽屉式的。

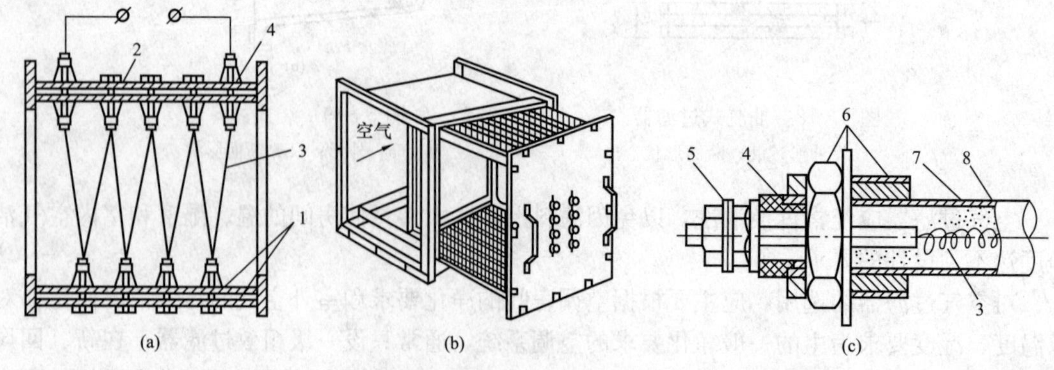

图 5-21 电加热器的构造

（a）裸线式电加热器；（b）抽屉式电加热器；（c）管式电加热器

1—钢板；2—隔热层；3—电阻丝；4—瓷绝缘子；5—接线端子；6—紧固装置；7—绝缘材料；8—金属套管

管式电加热器的构造如图5-21（c）所示，它是由若干根管状电热元件组成的，管状电热元件是将螺旋形的电阻丝装在细钢管里，并在空隙部分用导热而不导电的结晶氧化镁绝缘，外形做成各种不同的形状和尺寸。这种电加热器的优点是加热均匀、热量稳定、经久耐用、使用安全性好，但它的热情性大，构造也比较复杂。

5.5.3 空气冷却

使空气冷却特别是减湿冷却，是对夏季空调送风的基本处理过程，常用的方法如下。

一、用喷水室处理空气

喷水室是用于空调系统中夏季对空气冷却除湿、冬季对空气加湿的设备，它是通过水直接与被处理的空气接触来进行热、湿交换，在喷水室中喷入不同温度的水，可以实现空气的加热、冷却、加湿和减湿等过程。用喷水室处理空气能够实现多种空气处理过程，冬夏季工况可以共用一套空气处理设备，具有一定的净化空气的能力，金属耗量小，容易加工制作。该方式的缺点是对水质条件要求高，占地面积大，水系统复杂，耗电较多。在空调房间的温、湿度要求较高的场合，如纺织厂等工艺性空调系统中，得到了广泛的应用。

喷水室由喷嘴、喷水管路、挡水板、集水池和外壳等组成，集水池内又有回水、溢水、补水和泄水四种管路和附属部件。图5-22所示为喷水室的结构。

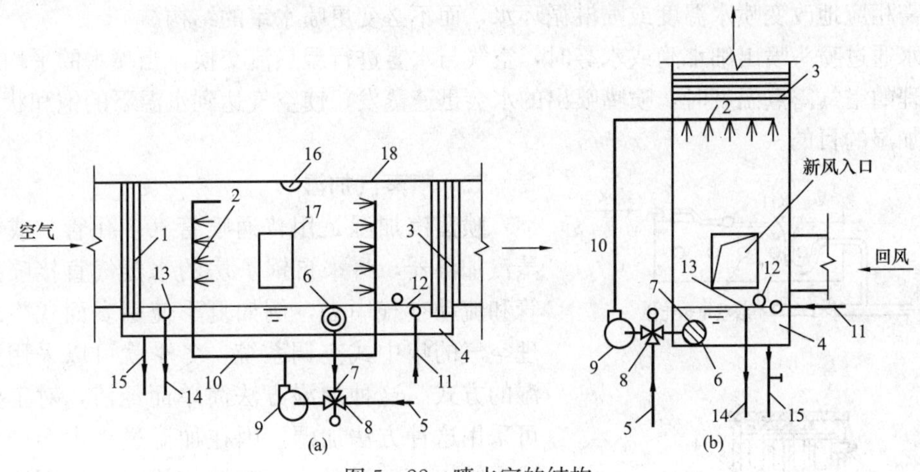

图5-22 喷水室的结构

(a) 卧式喷水室；(b) 立式喷水室

1—前挡水板；2—喷嘴与排管；3—后挡水板；4—底池；5—冷水管；6—滤水器；7—循环水管；8—三通混合阀；9—水泵；10—供水管；11—补水管；12—浮球阀；13—溢流器；14—溢流管；15—泄水管；16—防水灯；17—检查门；18—外壳

立式喷水室占地面积小，空气是从下而上流动，水则是从上向下喷淋。因此，空气与水的热湿交换效果比卧式喷水室好，一般用于要处理的空气量不大或空调机房的层高较高的场合。

喷水处理法可用于任何空调系统，特别是在有条件利用地下水或山涧水等天然冷源的场合，宜采用这种方法。此外，当空调房间的生产工艺要求严格控制空气的相对湿度（如化纤厂）或要求空气具有较高的相对湿度（如纺织厂）时，用喷水室处理空气的优点尤为突出。但是这种方法也有缺点，主要是耗水量大，机房占地面积较大，水系统也比较复杂。

二、用表面式冷却器处理空气

表面式冷却器简称表冷器，是由铜管上缠绕的金属翼片所组成排管状或盘管状的冷却设备，分为水冷式和直接蒸发式两种类型。水冷式表面冷却器与空气加热器的原理相同，只是将热媒换成冷媒——冷水而已。直接蒸发式表面冷却器就是制冷系统中的蒸发器，这种冷却方式，是靠制冷剂在其中蒸发吸热而使空气冷却的。

水冷式表冷器的管内通入冷冻水，空气从管表面侧通过进行热交换冷却空气。因为冷冻水的温度一般在7～9℃，夏季有时管表面温度低于所处理空气的露点温度，这样就会在管子表面产生凝结水滴，使空气完成一个减湿冷却的过程。如果管表面温度高于所处理空气的露点温度则对空气进行干式冷却（使空气的温度降低但含湿量不变）。

表冷器在空调系统被广泛使用，其结构简单、运行安全可靠、操作方便，但必须提供冷冻水源，不能对空气进行加湿处理。

5.5.4　空气的加湿

当冬季空气中含湿量降低时（一般指内陆气候干燥地区），对湿度有要求的建筑物内加湿，对生产工艺需满足湿度要求的车间或房间也需采用加湿设备。

一、喷水室喷水加湿

用喷水室加湿空气，是一种常用的加湿法。对于全年运行的空调系统，如果夏季是用喷水室对空气进行减湿冷却处理的，在其他季节需要对空气进行加湿处理时，可仍使用该喷水室，只需相应地改变喷水温度或喷淋循环水，而不必变更喷水室的结构。

当水通过喷头喷出细水滴或水雾时，空气与水雾进行湿热流交换，当喷水的平均水温高于被处理的空气露点温度时，喷嘴喷出的水会迅速蒸发，使空气达到水温下的饱和状态，从而达到加湿的目的。

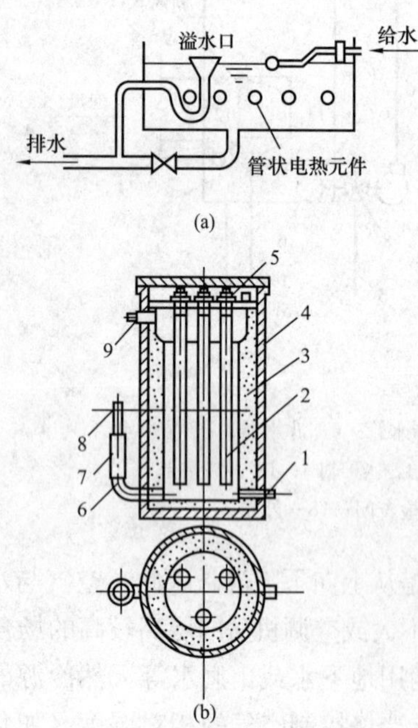

图 5－23　电加湿器

（a）电热式加湿器；（b）电极式加湿器

1—进水管；2—电极；3—保温层；4—外壳；5—接线柱；6—溢水管；7—橡皮短管；8—溢水嘴；9—蒸汽出口

二、喷蒸汽加湿

喷蒸汽加湿是用普通喷管（多孔管）或专用的蒸汽加湿器，将来自锅炉房的水蒸气直接喷射入风管和流动空气中去，例如夏季使用表面式冷却器处理空气的集中式空调系统，冬季就可以采用这种加湿的方式。这种加湿方法简单而经济，对工业空调可采用这种方法加湿。因在加湿过程中会产生异味或凝结水滴，对风道有锈蚀作用，不适用于一般舒适性空调系统。

三、水蒸发加湿

水蒸发加湿是用电加湿器加热水以产生蒸汽，使其在常压下蒸发到空气中去，这种方式主要用于空调机组中。电加湿器是使用电能生产蒸汽来加湿空气，根据工作原理不同，有电热式和电极式两种，如图 5－23 所示。

电热式加湿器是在水槽中放入管状电热元件，元件通电后将水加热产生蒸汽，补水靠浮球阀自动控制，以免发生断水空烧现象。

电极式加湿器是利用三根铜棒或不锈钢棒插入盛水的容器中作电极，当电极与三相电源接通后，电流从水中流过，水的电阻转化的热量把水加热产生蒸汽。电极式加湿器结构紧凑，加湿量易于控制。但耗电量较大，电极上容易产生水垢和腐蚀，因此适用于小型空调系统。

5.5.5 空气的减湿

在气候潮湿的地区、地下建筑及某些生产工艺和产品贮存需要空气干燥的场合，往往需要对空气进行减湿处理。空气减湿的方法很多，常用的两种方法如下。

一、制冷减湿

制冷减湿是靠制冷除湿机来降低空气的含湿量。除湿机是一种对空气进行减湿处理的设备，常用于对湿度要求低的生产工艺、产品储存及产湿量大的地下建筑等场所的除湿。

除湿机实际上是一个小型的制冷系统，由制冷系统和风机等组成，其工作原理如图 5-24 所示。当待处理的潮湿空气流过蒸发器时，由于蒸发器表面的温度低于空气的露点温度，于是使空气温度降低，将空气在蒸发器外表面温度下所能容纳的饱和含湿量以上的那部分水分凝结出来，达到除湿目的。已经减湿降温后的空气随后再流过冷凝器，又被加热升温，吸收高温气态制冷剂凝结放出的热量，使空气的温度升高、相对湿度减小，从而降低了空气的相对湿度，然后进入室内。

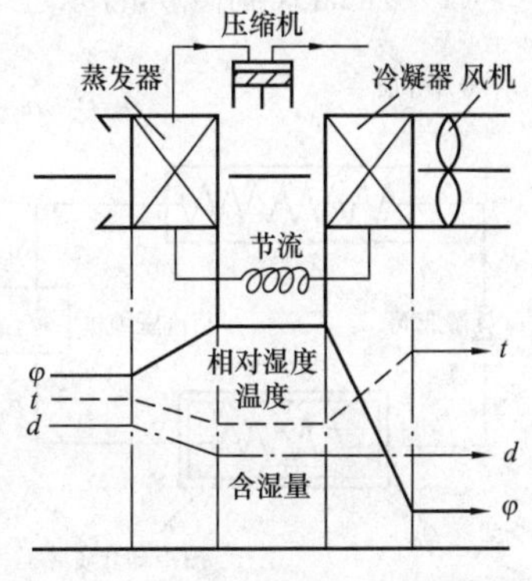

图 5-24 制冷除湿机工作原理图

由除湿机的工作原理可知，它的送风温度较高，因此适用于既要减湿，又需要加热的场所。

二、利用吸湿剂吸湿

固体吸湿剂有两种类型：一种是具有吸附性能的多孔性材料，如硅胶、铝胶等，吸湿后材料的固体形态并不改变；另一种是具有吸收能力的固体材料，如氯化钙等，这种材料在吸湿之后，由固态逐渐变为液态，最后失去吸湿能力。

固体吸湿剂的吸湿能力不是固定不变的，使用一段时间后失去了吸湿能力时，需进行“再生”处理，即用高温空气将吸附的水分带走（如对硅胶），或用加热蒸煮法使吸收的水分蒸发掉（如对氯化钙）。

液体吸湿剂采用氯化锂等溶液喷淋到空气中，使空气中的水分凝结出来而达到去湿的目的。

5.6 空气调节用制冷装置

5.6.1 空调冷源

在夏季，为了维持空调房间内空气的温度、湿度，必须利用空调冷源提供的冷量，通过空气处理设备（如喷水室、表面式空气冷却器等）处理空气，源源不断地向室内输送冷风，来抵消室外空气和太阳辐射对空调房间的热湿干扰和室内灯光、设备、人体等散发的热湿量。

空调工程中使用的冷源包括天然冷源和人工冷源两种。

天然冷源包括地下水、深湖水、深海水、天然冰、地道风和山涧水等。在我国的大部分地区，地下水温较低（如我国东北地区的中部和北部约为4～12℃），采用地下水或深井水可以满足空调系统空气降温的需要。但很多地区地下水的控制开采，使地下水作为天然冷源的应用受到限制。因此，当天然冷源不能满足空调需要时，便采用人工冷源，即用人工的方法制取冷量。空调工程中使用的制冷机主要有压缩式制冷和溴化锂吸收式制冷两大类。

5.6.2 制冷原理及机组

一、压缩式制冷机

(1) 压缩式制冷机的原理。压缩式制冷机是利用液体蒸发过程中要吸收汽化潜热这一特性，使另一物体得到冷却的。图5-25所示为压缩式制冷机工作原理图。

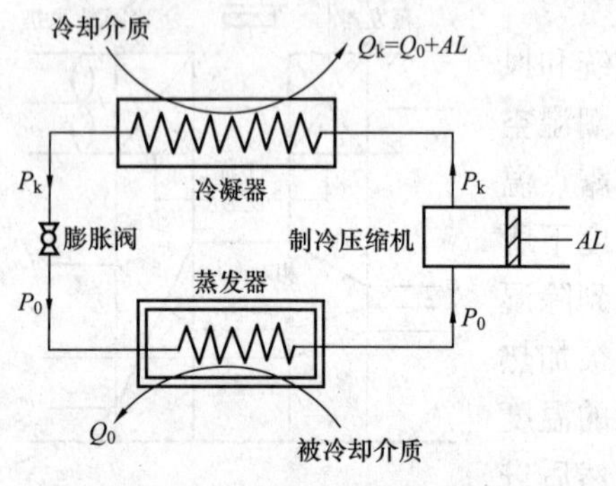

图5-25 压缩式制冷原理图

压缩式制冷机由制冷压缩机、蒸发器、冷凝器和膨胀阀四个主要部件组成，并由管道连接，构成一个封闭的循环系统。制冷剂在制冷系统中经历蒸发、压缩、冷凝和节流四个主要热力过程。

低温低压的液态制冷剂在蒸发器中吸取了被冷却介质（如水）的热量，产生相变，蒸发成为低温低压的制冷剂蒸气，单位时间内吸收的热量就是制冷量。

低温低压的制冷剂蒸气被压缩机吸入，经压缩成为高温高压的制冷剂蒸气后被排入冷凝器。在压缩过程中，压缩机消耗了机械功AL。

在冷凝器中，高温高压的制冷剂蒸气被水或环境空气冷却，放出热量Q，相变成为高压液体，放出的热量相当于在蒸发器中吸收的热量与压缩机消耗机械功转换成为热量的总和。从冷凝器排出的高压液态制冷剂，经膨胀阀门节流后变成低温低压的液体，再进入蒸发器进行蒸发制冷。

(2) 压缩式制冷机的形式。为了使制冷系统高效经济、安全可靠地运行，一个完整的蒸汽压缩式制冷系统除了具有压缩机、冷凝器、蒸发器和膨胀阀四大基本部件以外，还配备了氟利昂—油分离器、储液器、电磁阀、干燥过滤器、回热器及一些检测控制仪表、阀门等。把上述的部件组装在一起就称为冷水机组。

根据所配压缩机的形式不同，冷水机组分为活塞式冷水机组、螺杆式冷水机组和离心式冷水机组。

1) 活塞式冷水机组。制冷压缩机为活塞式压缩机。活塞式压缩机是应用最为广泛的一种制冷压缩机，它的压缩装置是由活塞和气缸组成的，活塞在气缸内往复运动并压缩吸入的气体。活塞式冷水机组比较适宜的单机制冷量不大于580kW。

2) 离心式冷水机组。离心式冷水机组配备的是离心式压缩机。它是靠离心力的作用，连续地将所吸入的气体压缩。离心式压缩机的特点是制冷能力大，结构紧凑，重量轻，占地面积小，维护费用低，通常可在30%～100%负荷范围内无级调节。比较适宜的单机冷量不小于580kW。

3) 螺杆式冷水机组。螺杆式冷水机组配备螺杆式压缩机。它是回转式压缩机中的一种，通过气缸中两个反向旋转的螺杆相互啮合，改变两螺杆间的容积，使制冷剂蒸气得到压缩。

与活塞式制冷压缩机相比，螺杆式冷水机组特点是效率高，能耗小，可实现无级调节，但螺杆的加工精度要求较高，形式有单螺杆和双螺杆两种。

二、吸收式制冷机的原理

吸收式制冷循环原理与压缩式制冷基本相似，不同之处是用发生器、吸收器和溶液泵代替了制冷压缩机，如图5-26所示。吸收式制冷是靠消耗热能来实现的。

在吸收式制冷机中，吸收器相当于压缩机的吸入侧，发生器相当于压缩机的压出侧。低温低压液态制冷剂在蒸发器中吸热蒸发成为低温低压制冷剂蒸气后，被吸收器中的液态吸收剂吸收，形成制冷剂吸收剂溶液，经溶液泵升压后进入发生器。在发生器中，该溶液被加热、沸腾，其中沸点低的制冷剂变成高压制冷剂蒸气，与吸收剂分离，然后进入冷凝器液化，经膨胀阀节流的过程大致与压缩式制冷相同。

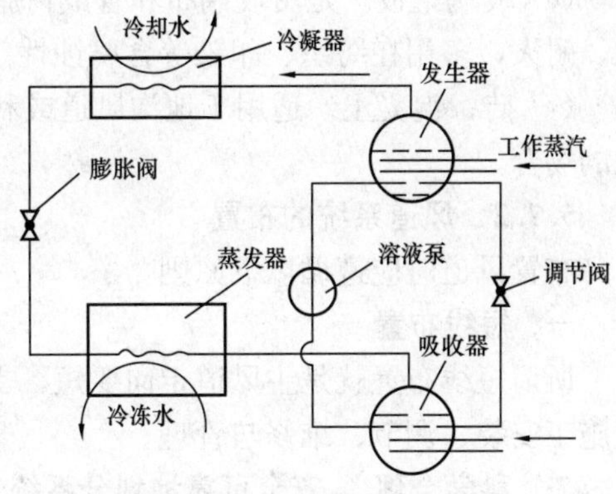

图5-26　吸收式制冷原理图

吸收式制冷目前常用的有两种工质，一种是溴化锂水溶液，其中水是制冷剂，溴化锂为吸收剂，制冷温度为0℃以上；另一种是氨水溶液，其中氨是制冷剂，水是吸收剂，制冷温度可以低于0℃。

溴化锂吸收式制冷机所需的热能来自于热电厂或锅炉的蒸汽，也可以自身燃烧油或天然气来制备。

5.7　风道系统的选择、布置与安装

5.7.1　风道系统的选择

一、风道断面形状的选择

(1) 圆形风道。若以等用量的钢板而言，圆形风道通风量最大，阻力最小，强度大，易加工，保温方便，一般用于排风管道。

(2) 矩形风道。对于公共、民用建筑，为了利用建筑空间，降低建筑高度，使建筑空间既协调又美观，通常采用方形或矩形风道。但当矩形风道的断面积一定时，当宽高比大于8∶1时，风道比摩阻增大，因此矩形风道的宽高比一般不大于4∶1，最多取到6∶1。

二、风道材料的选择

通风管道一般采用板材制作，但具体使用什么材料要根据输送气体的性质和就地取材的原则来确定，常用的材料有：

(1) 普通钢板。又称“黑铁皮”，它结构强度高，加工性能好，价格便宜，但表面易生锈，使用时应做防腐处理。

(2) 镀锌铁皮。又称“白铁皮”，是在普通钢板表面镀锌而成。它具有普通钢板的特点，同时耐腐蚀性能好，是风道常用材料，适用于各种空调系统。

(3) 不锈钢板。具有防腐、耐酸、强度高、韧性好、表面光洁等优点，但价格高，常用在洁净度要求高或防腐要求高的通风系统。

(4) 铝板。塑性好、易加工、耐腐蚀，摩擦时不产生火花，多用于洁净度要求高或有防爆要求的通风空调系统。

(5) 塑料复合板。是在普通钢板上喷一层 0.2～0.4mm 厚的塑料层而成。它既有钢板的强度大的性能，又有塑料的耐腐蚀性，多用于防腐要求高的通风系统。

(6) 玻璃钢板。是由玻璃布和合成树脂复合后形成的新型材料。它质轻、强度高、耐腐蚀、耐火，多用在纺织、印染等含腐蚀性气体或含大量水蒸气的排风系统。

(7) 砖、混凝土。适用于地沟风道或利用建筑或构筑物的空间组合成风道，用于通风量大的场合。

5.7.2 风道系统的布置

布置风道时应遵循以下原则：

一、短线布置

所谓短线布置就是主风道走向要短，支风道要少，达到少占空间、简洁与隐蔽。而且便于施工安装、调节、维修与管理。

二、科学合理、 安全可靠地划分系统

系统的划分要考虑到室内参数、生产班次、运行时间等方面，另外还应考虑到防火要求。

三、新风口的位置

新风口应设在室外空气洁净的地点；应设在排风口的上风侧；应在不低于离室外地坪 2.0m 处采气；新风口应距离排风口 20m 以上，如不能满足要求时，排风口应高出新风口 6m。

5.7.3 风道系统的安装

一、施工条件

(1) 通风及空调风管，部件均已加工完毕，并经检查合格。

(2) 与土建施工密切配合，安装孔洞预留正确，预埋件正确完好符合设计要求。

(3) 施工准备工作已经做好，如施工工具，吊装机械设备，必要的脚手架或升降平台已齐备，施工用料已准备好。

二、风管支吊架的安装

风管支吊架横梁一般用角钢制作，圆形风管的吊架由吊杆和抱箍组成，矩形风管吊架由吊杆和横梁组成。

吊杆由圆钢制成，端部加工成 50～60mm 长的螺纹，以便于调整吊架标高。

风管安装的支吊架间距：水平风管，直径或大边长小于 400mm 时，支吊架间距不超过 4m，直径或大边长大于或等于 400mm 时，支吊架间距不超过 3m；垂直风管，支架间距不超过 4m，且每根立管的固定件不少于两个。

风管支、吊架安装的注意事项：

(1) 支架不得设在风口、阀门及检查门处。吊架不得直接吊在风管法兰上。

(2) 矩形保温风管支架应设在保温层外部，并不应损伤保温层。

三、风管的安装

可概括成组合连接和吊装两部分。风管的组合连接，又可分为法兰连接和无法兰连接两类。当用法兰连接时，法兰连接的接口处需加填料（所加的填料不得突入管内），输送一般空气的风管，填料可用8501胶条；输送高温空气的风管，可用石棉绳或石棉板；输送腐蚀性气体的风管，可用耐酸橡胶板和聚氯乙烯板；输送产生凝结水或含有蒸汽的潮湿空气的风管，应用橡胶板或闭孔海绵橡胶板。当风管进行组合连接时，先把两法兰对正，加好填料穿好螺栓，再对角均匀用力将各螺栓拧紧。

本章小结

本章主要介绍了通风系统的功能和分类，通风系统中常用的设备与附件；介绍了建筑火灾烟气的特性及控制原则；介绍了空气调节系统的分类和组成，空调系统中常用的净化及热湿处理设备，空气调节用制冷装置的制冷原理及常用冷水机组；介绍了风道系统的断面形状及材料选择、风道系统的布置及安装的相关知识。

习　题

5.1　通风系统主要有哪些功能？

5.2　通风系统有哪些分类方法，各自包含什么内容？

5.3　通风系统常用设备与附件有哪些？有什么用途？

5.4　控制火灾烟气的方法有几种，基本原则是什么？

5.5　空调系统有哪些分类方法，各自包含什么内容？

5.6　空气调节系统由哪几部分组成？

5.7　常用的空气净化处理设备有哪些？

5.8　常用的空气加热和冷却设备有哪些？

5.9　空气加湿和减湿的方法有哪些？

5.10　压缩式制冷机的工作原理是什么？

5.11　吸收式制冷机的工作原理是什么？

5.12　风道系统的布置原则是什么？

第6章　暖通空调施工图识读

【要点提示】在本章将要学到供暖、通风及空调施工图的相关知识。通过学习了解暖通空调图纸的制图要求，熟悉图例符号，掌握图纸的识图方法和技巧，更好地为工程实践服务。

6.1 常用暖通空调图例

6.1.1　暖通空调制图的一般规定

一、图线

在暖通空调图纸中，线型的基本宽度 b 一般选用 0.7、1.0mm。图线有实线、虚线、波浪线、点长画线、折断线等。实线和虚线有粗线（b）、中粗线（$0.5b$）、细线（$0.25b$）。粗线单线一般表示管道；中粗线表示本专业设备轮廓、双线表示管道的轮廓；细线表示建筑物轮廓和尺寸、标高、角度等标注线及引出线及非专业设备轮廓等。波浪线有中粗线（$0.5b$）、细线（$0.25b$）。中粗线单线表示软管；细线表示断开界线。有的图纸使用了自定义图线，应注意其在图中的意义。

二、比例

总平面图、平面图的比例一般与工程项目设计的主导专业一致。剖面图一般采用1∶50、1∶100、1∶200 等。局部放大图、管沟断面图采用 1∶20、1∶50、1∶100 等。索引图、详图采用 1∶1、1∶2、1∶10、1∶20 等。流程图、原理图一般不用比例绘制。

三、图样画法

(1) 系统编号。一个工程设计中同时有供暖、通风、空调等两个及以上的不同系统时，应进行系统编号。系统编号由系统代号和顺序号组成。系统代号由大写拉丁字母表示，见表 6-1；顺序号由阿拉伯数字组成。当一个系统出现分支时，可采用图 6-1 (a) 的画法表示。系统编号一般注在系统总管处，竖向垂直的管道系统应标注立管编号，如图 6-1 (b) 所示。

表 6-1　系统代号

序号	字母代号	系统名称	序号	字母代号	系统名称
1	N	（室内）供暖系统	9	X	新风系统
2	L	制冷系统	10	H	回风系统
3	R	热力系统	11	P	排风系统
4	K	空调系统	12	JS	加压送风系统
5	T	通风系统	13	PY	排烟系统
6	J	净化系统	14	P（Y）	排风兼排烟系统
7	C	除尘系统	15	RS	人防送风系统
8	S	送风系统	16	RP	人防排风系统

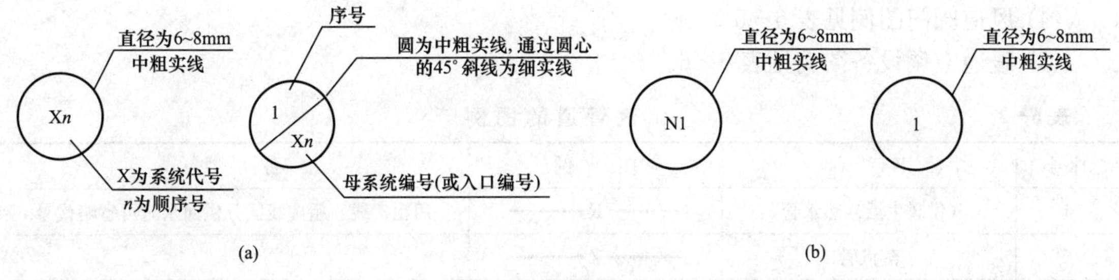

图 6－1　系统编号

(a) 系统代号、编号的表示方法；(b) 立管编号

(2) 管道标高、管径尺寸标注。标高以米（m）为单位。标高符号以直角等腰三角形表示，如图 6－2 所示。水、汽管道所注标高未予说明时，表示管中心标高；矩形风管所注标高未予说明时，表示管底标高；圆形风管所注标高未予说明时，表示管中心标高。有坡度的管道的标高在始端或末端标注。

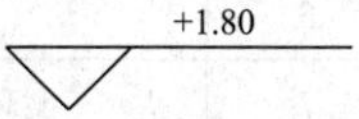

+1.80

图 6－2　标高的表示方法

管径标注以毫米（mm）为单位。低压流体输送用无缝钢管、螺旋缝或直缝焊接钢管、铜管、不锈钢管用“D（或）外径×壁厚”，如“D108×4”、“108×4”。低压流体输送用焊接管道规格应标注公称直径用“DN”表示，如“DN25”、“DN70”。金属或塑料管用“d”表示，如“d10”。矩形风管以截面尺寸“A×B”表示，如“400×150”。水平管道的规格一般标注在管道的上方；竖向管道的规格一般标注在管道的左侧；双线表示的管道，其规格可标注在管道的轮廓线内，如图 6－3 所示。多条管线的规格标注方式如图 6－4 所示。风口、散流器的规格、数量及风量的表示方法如图 6－5 所示。

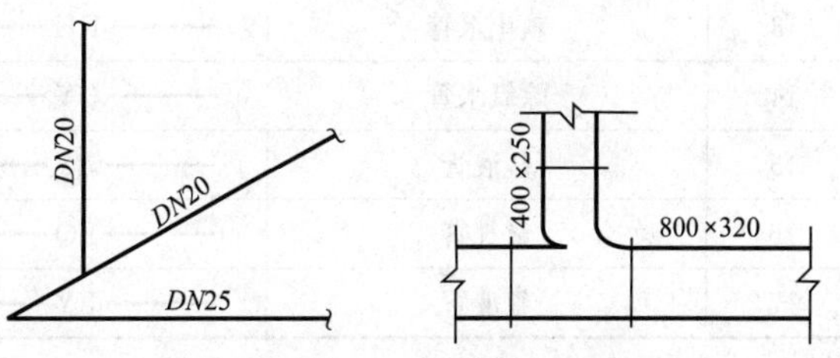

图 6－3　管道截面尺寸的表示方法

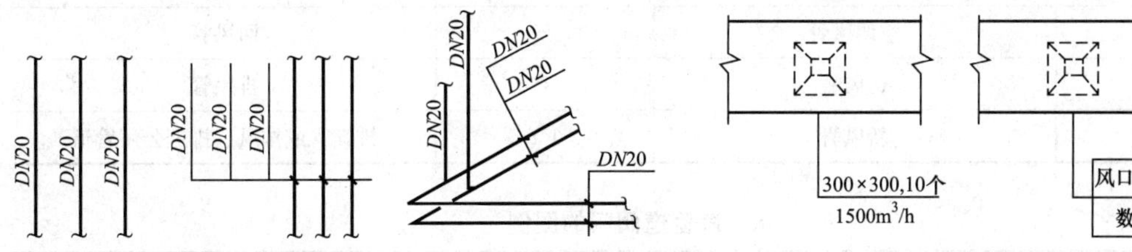

图 6－4　多条管线的规格标注方式

图 6－5　风口、散流器的表示方法

(3) 水管道在转向、分支、交叉、跨越、重叠时，在图纸中会有一些专门的表示方法，有时管道在一张图纸中断，需转至其他图面表示（或由其他图纸引来）时，应注明转至（或来自）的图纸编号。

6.1.2　暖通空调常用图例

(1) 水、汽管道的图例见表 6－2。

(2) 风道代号见表 6－3。

(3) 水、汽管道阀门的图例见表 6－4。

（4）风道阀门图例见表 6-5。

（5）暖通空调设备图例见表 6-6。

表 6-2 水汽管道的图例

序号	名　称	图　例	备　注
1	（供暖生活）热水管	——R——	用粗实线、粗虚线区分供回水时可省略代号
2	蒸汽管	——Z——	
3	凝结水管	——N——	
4	膨胀排污排汽旁通管	——P——	
5	补给水管	——G——	
6	泄水管	——X——	
7	循环管，信号管	——XH——	循环管为粗实线，信号管为细虚线
8	溢排管	——Y——	
9	空调冷水管	——L——	
10	空调冷热水管	——LR——	
11	空调冷却水管	——LQ——	
12	空调冷凝水管	——n——	
13	软化水管	——RH——	
14	除氧水管	——CY——	
15	盐液管	——YS——	
16	氟气管	——FQ——	
17	氟液管	——FY——	

表 6-3 风道代号

代号	风道名称	代号	风道名称
K	空调风管	H	回风管
S	送风管	P	排风管
X	新风管	PY	排烟管或排风、排烟公用管道

表 6-4 水、汽管道阀门的图例

序号	名　称	图　例	附　注
1	闸阀		
2	手动调节阀		
3	球阀 转心阀		
4	蝶阀		

续表

序号	名　称	图　例	附　注
5	阀门（通用）止回阀		1. 没有说明表明螺纹连接 法兰连接 焊接 2. 轴测图画法 阀杆为垂直 阀杆为水平
6	角阀	或	
7	三通阀	或	
8	四通阀		
9	节流阀		
10	膨胀阀	或	
11	旋塞		
12	止回阀	或	左图为通用，右图为升降式止回阀
13	减压阀	或	左图小三角为平面图画法，右为剖面、系统图画法
14	安全阀		左图为通用，中间为弹簧式，右图为重锤式
15	疏水阀		也称疏水器，用　表示
16	浮球阀	或	
17	集气罐、排气装置		
18	自动排气阀		
19	除污器		左为立式除污器，中为卧式除污器，右为 Y 形过滤器
20	节流孔板、减压孔板		也可用　表示
21	补偿器		也称“伸缩器”
22	矩形补偿器		

续表

序号	名称	图例	附注
23	套管补偿器		
24	波纹管补偿器		
25	球形补偿器		
26	活接头		
27	法兰		
28	法兰盖		
29	丝堵		也可表示为
30	可屈挠橡胶软接头		
31	金属软管		也可表示为
32	绝热管		
33	保护套管		
34	固定支架		
35	坡度及坡向	i=0.003 或 i=0.003	

表 6-5 风道阀门图例

序号	名称	图例	附注
1	风道		
2	导流片弯头		
3	消声器 消声弯管		也可表示为：
4	插板阀		
5	天圆地方		左为矩形风管，右为圆形风管
6	蝶阀		

续表

序号	名　称	图　例	附　注
7	对开多叶调节阀		左为手动，右为电动
8	风管止回阀		
9	三通调节阀		
10	防火阀	70℃	表示 70℃动作的常开阀也可表示为 70℃,常开
11	排烟阀	280℃　280℃	左为 280℃动作的常闭阀，右为常开阀
12	软接头	~	也可表示为
13	软管		
14	风口（通用）	或	
15	散流器		左为矩形散流器，右为圆形散流器，散流器可见时为实线

表 6－6　　暖通空调设备图例

序号	名　称	图　例	附　注
1	散热器及手动放气阀	15　15　15	左为平面图画法，中、右为剖面、系统图画法
2	散热器及控制阀	15　15　15　15	

续表

序号	名　称	图　例	附　注
3	轴流风机	或	
4	离心风机		
5	水泵		左为进水，右为出水
6	空气加热、冷却器		左、中为单加热、单冷却右为双功能换热装置
7	板式换热器		
8	空气过滤器		左为粗效，中为中效，右为高效
9	电加热器		
10	加湿器		
11	风机盘管		可标注型号 FP-5
12	减振器		左为平面图画法，右为剖面、系统图画法

6.2　供暖系统施工图及其识读

6.2.1　室内供暖施工图的组成

室内供暖施工图主要包括平面图、系统图、详图及设计说明和设备材料表等。

一、平面图

室内供暖平面图表示建筑各层供暖管道与设备的平面布置，内容包括：

(1) 建筑物轮廓，其中应注明轴线、房间主要尺寸、指北针，必要时应注明房间名称。

(2) 热力入口位置，供、回水总管名称、管径。

(3) 干、立、支管位置，走向、管径、立管编号。

(4) 散热器的类型、位置和数量。各种类型的散热器规格和数量标注方法如下：

1) 柱形、长翼形散热器只标注数量（片数）。

2) 圆翼形散热器应注根数、排数，如 3×2（每排根数×排数）。

3) 光管散热器应注管径、长度、排数，如 D108×200×4（管径×管长 ×排数）。

4）闭式散热器应注长度、排数，如 1.0×2（长度×排数）。

对于多层建筑各层散热器布置基本相同时，也可采用标准层画法。在标准层平面图上，散热器要注明层数和各层的数量。平面图中散热器与供水（供汽）、回水（凝结水）管道的连接，按图方式绘制。

(5) 膨胀水箱、集气罐、阀门位置与型号。

(6) 补偿器型号、位置、固定支架位置。

二、系统图

供暖工程系统图应以轴测投影法绘制，并宜用正等轴测或正面斜轴测投影法。当采用正面斜轴测投影法时，y 轴与水平线的夹角可选用 45°或 30°。图的布置方向一般应与平面图一致。

供暖系统图应包括如下内容：

(1) 管道走向、坡度、坡向、管径及变径的位置，管道与管道之间的连接方式。

(2) 散热器与管道的连接方式，例如是竖单管还是水平串联的，是双管上供还是下供的等。

(3) 管路系统中阀门的位置、规格。

(4) 集气罐的规格、安装形式（立式或是卧式）。

(5) 蒸汽供暖疏水器、减压阀的位置、规格、类型。

(6) 节点详图的图号。

按规定对系统图进行编号，并标注散热器的数量。对于柱形、圆翼形散热器的数量，应注在散热器内；光管式、闭式散热器的规格及数量应注在散热器的上方。

三、详图

在供暖平面图和系统上表达不清楚、用文字也无法说明的地方，可用详图画出。详图是局部放大比例的施工图，因此也叫大样图。例如，一般供暖系统入口处管道的交叉连接复杂，因此另画一张比例比较大的详图。

四、设计说明

室内供暖系统的设计说明一般包括以下内容：

(1) 系统的热负荷、作用压力。

(2) 热媒的品种及参数。

(3) 系统的形式及管路的敷设方式。

(4) 选用的管材及连接方法。

(5) 管道和设备的防腐、保温作法。

(6) 无设备表时，需说明散热器及其他设备、附件的类型、规格和数量等。

(7) 施工及验收要求。

(8) 其他需要用文字解释的内容。

6.2.2　室内供暖施工图实例和识图

一、室内供暖施工实例

图 6－6 所示为某综合楼供暖首层平面图，图 6－7 所示为供暖二层平面图，图 6－8 所示为供暖系统图。

(1) 本工程采用低温水供暖，供回水温度为 95～70℃。

(2) 系统采用上供下回单管顺流式。

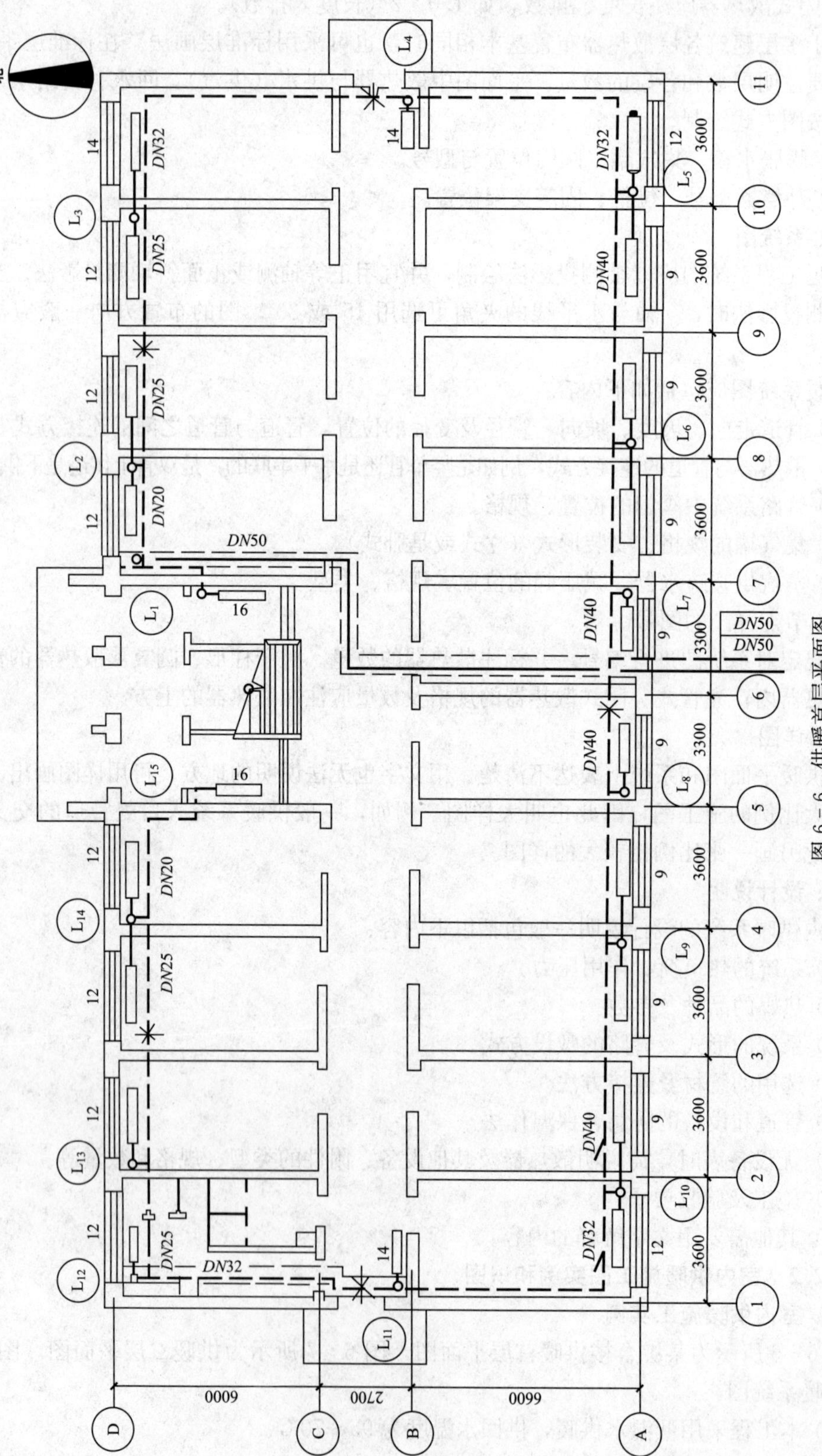
北
L1
L2
L3
L4
L5
L6
L7
L8
L9
L10
L11
L12
L13
L14
L15
DN50
DN50
DN50
DN40
DN40
DN40
DN40
DN32
DN32
DN32
DN32
DN25
DN25
DN25
DN25
DN20
DN20
16
16
14
14
12
9
3600
3300
6000
2700
6600
A
B
C
D
1
2
3
4
5
6
7
8
9
10
11

图 6－6 供暖首层平面图

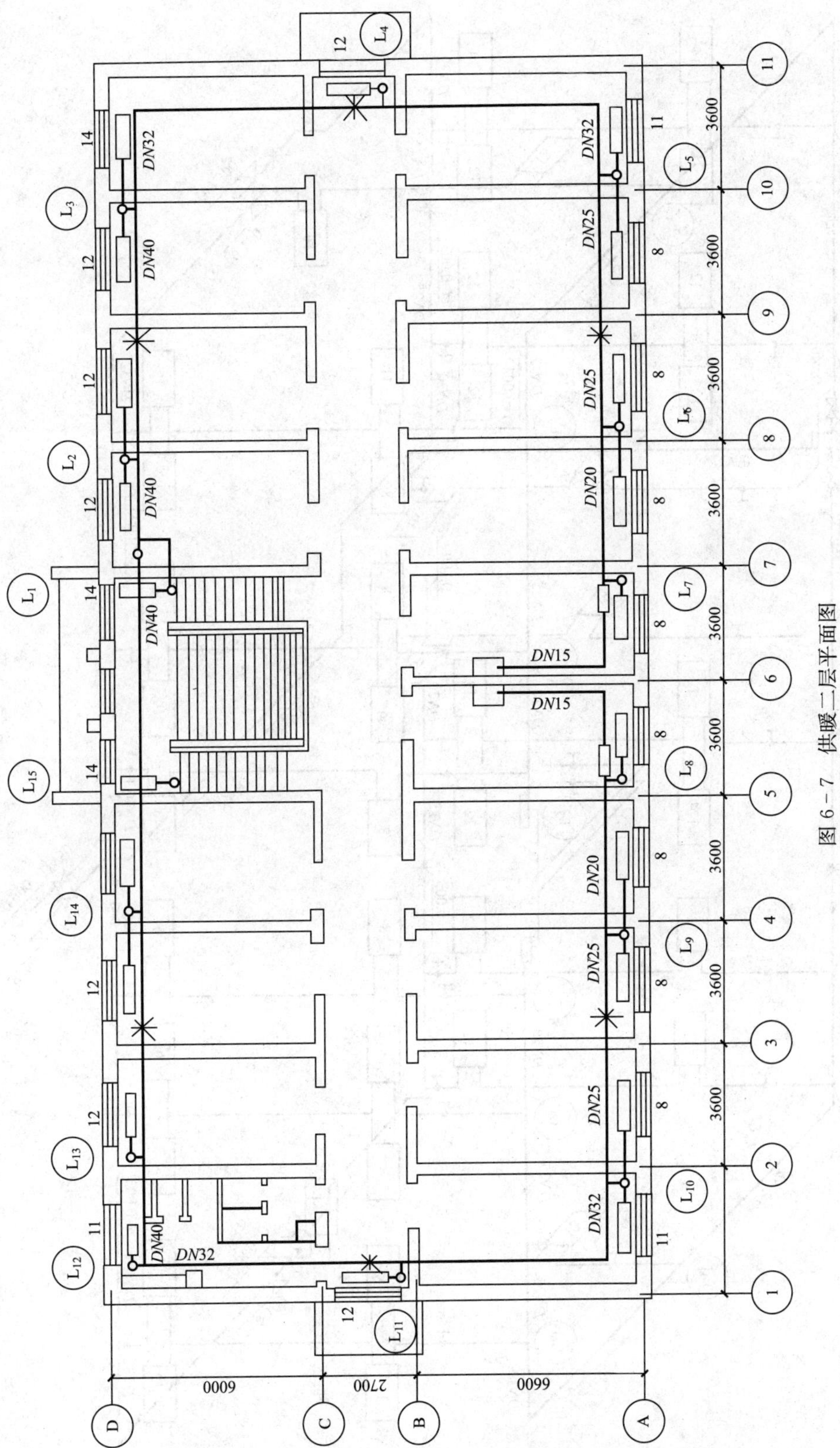
L1
L2
L3
L4
L5
L6
L7
L8
L9
L10
L11
L12
L13
L14
L15
DN40
DN32
DN25
DN20
DN15
3600
6000
2700
6600
1
2
3
4
5
6
7
8
9
10
11
A
B
C
D

图 6-7　供暖二层平面图

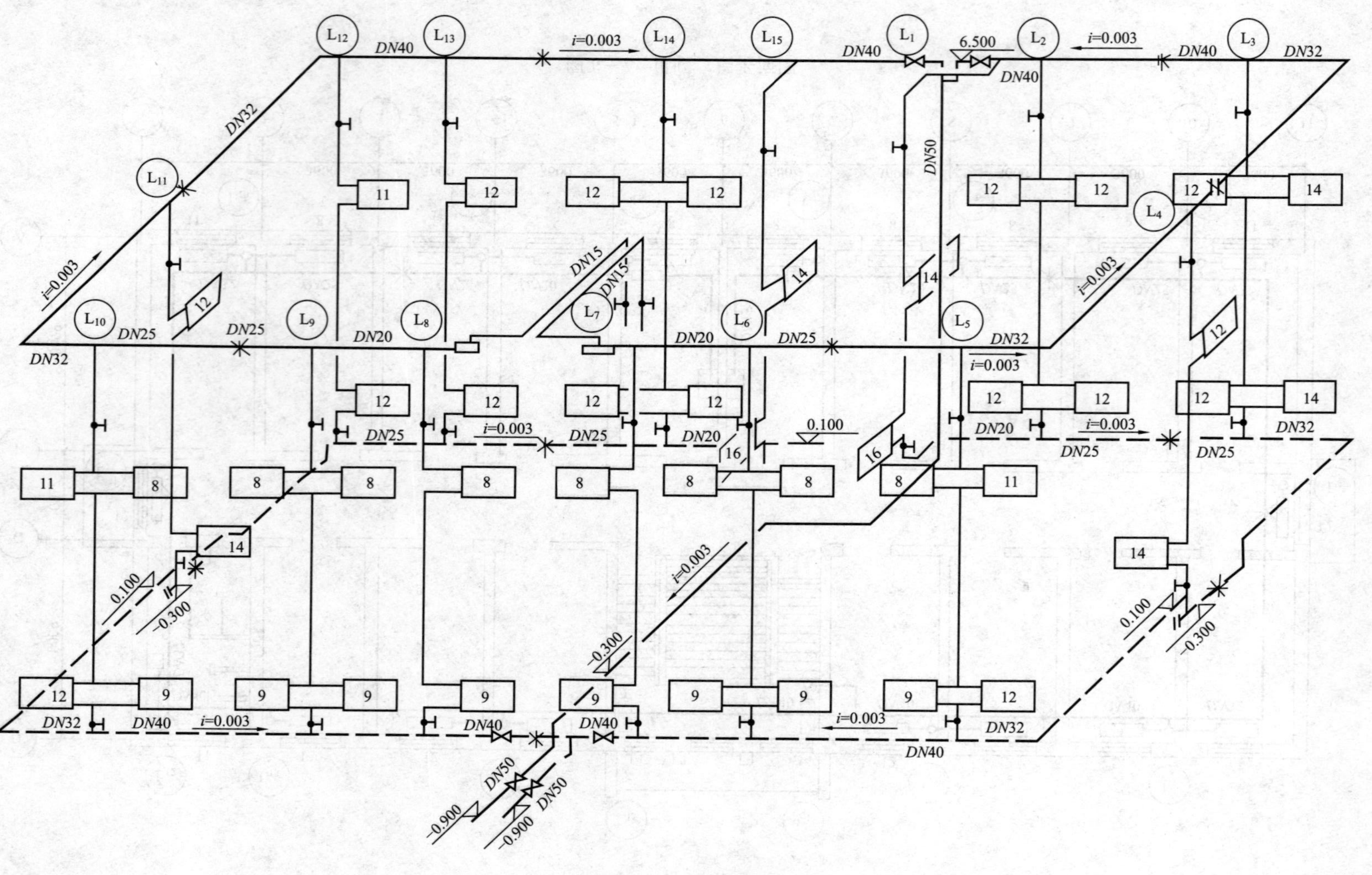
L1
L2
L3
L4
L5
L6
L7
L8
L9
L10
L11
L12
L13
L14
L15
DN15
DN20
DN25
DN32
DN40
DN50
i=0.003
6.500
0.100
-0.300
-0.900

图 6-8 供暖系统图

(3) 管道采用焊接钢管，$DN32$ 以下为丝扣连接，$DN32$ 以上为焊接。

(4) 散热器选用铸铁四柱 813 型，每组散热器设手动放气阀。

(5) 集气罐采用《采暖通风国家标准图集》N103 中Ⅰ型卧式集气罐。

(6) 明装管道和散热器等设备，附件及支架等刷红丹防锈漆两遍，银粉两遍。

(7) 室内地沟断面尺寸为 500mm×500mm，地沟内管道刷防锈漆两遍，50mm 厚岩棉保温，外缠玻璃纤维布。

(8) 图中未注明管径的立管均为 $DN20$，支管为 $DN15$。

(9) 其余未说明部分，按施工及验收规范有关规定进行。

二、室内供暖施工图识图

(1) 平面图。读平面图的主要目的是了解管道、设备及附件的平面位置和规格、数量等。

在首层平面图中（见图 6-6），热力入口设在靠近⑥轴右侧位置，供回水干管均为 $DN50$。供水干管引入室内后，在地沟内敷设，地沟断面尺寸为 500mm×500mm。主立管设在建筑比例⑦轴处。回水干管分成两个分支环路，右侧分支共 7 根立管，左侧分支共 8 根立管。回水干管在过门和厕所内局部做地沟。

在二层平面图中（见图 6-7），从供水主立管分为左右两个分支环路，分别向各立管供水，末端干管分别设置卧式集气罐，型号详见说明，放气管为 $DN15$，引至二层水池。建筑物内各房间散热器均设置在外墙窗下。一层走廊、楼梯间因有外门，散热器设在靠近外门内墙处；二层设在外窗下。散热器为铸铁四柱 813 型（见设计说明），各组片数标注在散热器旁。

(2) 系统图。读供暖系统图，一般从热力入口起，先弄清干管的走向，再逐一看各立、支管。

参照图 6-8，系统热力入口供回水干管均为 $DN50$，并设同规格阀门，标高为－0.9m。引入室内后，供水干管标高为－0.3m，有 0.003 上升的坡度，经主立管引到二层后，分为两个分支，分流后设阀门。两分支环路起点标高均为 6.5m，坡度为 0.003，供水干管末端为最高点，分别设卧式集气罐，通过 $DN15$ 放气管引至二层水池，出口处设阀门。

各立管采用单管顺流式，上下端设阀门。图中未标注的立、支管管径详见设计说明（立管为 $DN20$，支管为 $DN15$）。

回水干管同样分为两个分支，在地面以上明装，起点标高为 0.1m，有 0.003 沿水流方向下降的坡度。设在局部地沟内的管道，末端的最低点，并设泄水丝堵。两分支环路汇合前设阀门，汇合后进入地沟，回水排至室外。

6.3　通风、空调施工图及其识读

室内通风与空调施工图是表示一栋工业或民用建筑的通风工程或空调工程的图样。它包括通风和空调系统的平面图、剖面图、系统图和详图。一个完整的通风与空调系统施工图还要有设计、安装说明。对于空调系统施工图，还应包括空调冷冻水及冷却水系统流程图及冷冻机房的布置图。

6.3.1 通风与空调施工图组成

一、设计与安装说明

通风与空调施工图的设计、安装说明的主要内容有：

(1) 建筑物概况。介绍建筑物的面积、高度及使用功能；对空调工程的要求。

(2) 设计标准。室外气象参数，夏季和冬季的温度、湿度、风速；室内设计标准，如各空调房间（如客房、办公室、餐厅、商场等）夏季和冬季的设计温度、湿度、新风量要求和噪声标准等。

(3) 空调系统。对整幢建筑物的空调方式和建筑物内各空调房间所采用的空气调节设备作简要的说明。

(4) 空调系统设备安装要求。主要是对空调系统的装置，如风机盘管、柜式空调器及通风机等提出详细的安装要求。

(5) 空调系统一般技术要求。对风管使用的材料、保温和安装的要求提出说明。

(6) 空调水系统。包括空调水系统的类型，所采用的管材及保温，系统试压和排污情况。

(7) 机械送排风。建筑物内各空调房间、设备层、车库、消防前室、走廊的进排风设计要求和标准。

(8) 空调冷冻机房。列出所采用的冷冻机、冷冻水泵及冷却水泵的型号、规格、性能和台数，并提出主要的安装要求。

二、通风与空调平面图、剖面图

要表示出各层、各空调房间的通风与空调系统的风道及设备布置，给出进风管、排风管、冷冻水管、冷却水管和风机盘管的平面位置。

对于在平面图上难以表达清楚的风道和设备，应加绘剖面图。剖面图的选择要能反映该风道和设备的全貌，并给出设备、管道中心（或管底）标高和注出距该层地面的尺寸。

三、通风与空调系统图

系统图与平面图相配合可以说明通风与空调系统的全貌。表示出风管的上、下楼层间的关系，风管中干管、支管、进（出）风口及阀门的位置关系。风管的管径、标高，也能得到反映。

四、送、排风示意图

对通风与空调工程中的送风、排风、消防正压送风、排烟等应表示出来。

五、空调冷冻水及冷却水系统工艺流程图

在空调工程中，风与水两个体系是紧密联系，缺一不可的，但又相互独立。所以，在施工图中应将冷冻水及冷却水的流程详尽绘出，使施工人员对整个水系统有全面的了解。需要注意的是，冷冻水和冷却水流程图和送、排风示意图均是无比例的。

六、冷冻机房布置图

给出冷水机组、水泵、水池、电气控制柜的安装位置。

七、设备材料表

列出本通风与空调工程主要设备，材料的型号、规格、性能和数量。

八、局部详图

通常可采用国家或地区的标准图。如建设单位对本工程有特殊要求者，需由设计人员专门提供。

在识读通风与空调施工图时，首先必须看懂设计安装说明，从而对整个工程建立一个全面的概念。接着识读冷冻水和冷却水流程图，送、排风示意图。流程图和示意图反映了空调系统中两种工质的工艺流程。领会了工艺流程后，再识读各楼层、各空调房间的平面图就比较清楚了。至于局部详图，则是对平面图上无法表达清楚的部分做出补充。

识读过程中，除要领会通风与空调施工图外，还应了解土建图纸的地沟、孔洞、竖井、预埋件的位置是否相符，与其他专业（如水、电）图纸的管道布置有无碰撞，发现问题应及时同相关人员协商解决。

6.3.2　空调施工图实例

下面以某商业楼空调施工图为例进一步说明通风、空调施工图的组成和内容。

该工程的施工图纸由图纸目录，设计说明，主要设备材料表，地下室通风空调平面图，各层空调平面图，空调水系统图和空调制冷机房流程图等组成。

在设计说明中，包含以下内容：

一、工程概况

本商业楼分地下、地上两部分，地下一层为停车场和超市，地上五层为商场。空调总面积 11 730m^2。

设计范围：

(1) 地下室超市及地上部分的中央空调设计。

(2) 地下室超市及停车场防排烟设计。

二、设计依据及设计参数

1. 设计依据

建设单位设计书及甲方提供资料中与本专业设计有关内容、建筑专业提供的建筑图纸、《民用建筑供暖通风与空气调节设计规范》(GB 50736—2012)、《建筑设计防火规范》(GB 50016—2006)、《高层民用建筑设计防火规范》(2005 年版) (GB 50045—1995)、《汽车库、修车库、停车场设计防火规范》(GB 50067－1997)、《汽车库建筑设计规范》(JGJ 100—1998)、《通风与空调工程施工质量验收规范》(GB 50243—2002)、《通风与空调工程施工规范》(GB 50738—2011)、《建筑给水排水及采暖工程施工质量验收规范》(GB 50242—2002)。

2. 设计参数（见表 6－7）

表 6－7

项目 / 房间	夏季		冬季		新风量 (m^3/p·h)	换气次数 (n/h)
	温度 (℃)	相对湿度 (%)	温度 (℃)	相对湿度 (%)		
超市	26	50	18	40	—	
商场	25	60	21	40	35	10
办公室	24	55	22	50	—	

三、空调系统及排烟系统设计概述

1. 空调及排烟方式

本建筑超市及商场为全空气式空调方式，办公室及卫生间等房间设置风机盘管。超市及商场采用吊顶式空气处理机组（机组安装吊顶内），空气经过滤冷却或加热消声处理后通过低速送风风管直接送至商场或超市。送入商场的空气由新风和回风组成，另设机械排风系统进行通风换气。地下室停车场和超市设置机械排烟系统，同时设置机械补风系统，排烟风机采用双速风机，平时用于通风换气。

2. 空调冷热源

水系统采用双管制：冷冻水温度 7～12℃，热水温度 55～60℃。冷热源由冷冻站集中提供。制冷机组采用离心式冷水机组，制冷机房设置水－水换热器，将来可接热水锅炉或集中供热外网。

四、空调通风系统安装

1. 设备安装

空气处理机组选用吊顶式新风机组，风机盘管选用卧式暗装型，安装及减震按照设备厂方提供的资料进行。

每台机组、风机盘管的水路系统供水管安装阀门、过滤器、软管接头。吊顶式空调器吊杆采用膨胀螺栓固定，安装详见产品安装说明。

2. 风管材料

风管均采用镀锌钢板，风管法兰及螺栓规格按照《通风与空调工程施工质量验收规范》的规定制作，风管长边大于 500mm 的弯管均设导流片。风管支吊架采用膨胀螺栓固定。

土建风道应内壁光滑，严密不漏风。当土建未达到上述要求时，不得安装风管等构造，土建风道与风管连接处应安装密封条。

3. 风管防腐

钢板风管破损接口处刷防锈漆两道，部件、支、吊托架及基础钢构件均应在除锈后涂防锈底漆两道，明装部分再涂面漆两道，埋在混凝土中固定部分应除油污，但不得涂油漆。

4. 风管保温

风管采用闭孔海绵材料保温，厚度为 10mm，具体作法详见产品说明书，排风管不保温。

5. 风口

风机盘管送回风口及风管上的送回风口应与室内建筑装修配合安装。

6. 风阀

新风及回风入口安装多叶调节阀，空气处理机组出口安装防火阀，排烟风机入口安装排烟防火阀。接新风的空气处理机组应在回水管道设置温度报警装置，当回水温度低于 8℃ 时报警，手动关闭多叶调节阀。

7. 风管连接

钢板风管连接应保持垂直，以免螺丝拧紧时损坏法兰，法兰接口处采用 4mm 橡胶垫。风管与其他管路交叉及影响施工装修时，可以用伸缩软管解决，一般情况应直接连接，软管应采用保温型材料。

五、水路系统安装

1. 管材

冷热水管及凝水管 $DN \leqslant 150$ 时采用热镀锌钢管，丝接或法兰连接。$DN > 150$ 时采用非镀锌焊接钢管，焊接或法兰连接。

2. 管道防腐

冷热水管、镀锌管在接口及表面破损处清理后刷防锈漆两道，焊接钢管除锈合格后，刷防锈漆两道，面漆两道。

3. 管道保温

冷热水管试压完毕采用聚乙烯保温材料保温，$DN \leqslant 50$ 保温厚度为 20mm，$DN > 50$ 保温厚度为 30mm。

4. 冷媒水管穿墙和楼板处，保温层不能间断

在墙体或楼板的两侧设置夹板，夹板空间应填充松散保温材料（岩棉或矿棉）。

5. 管道穿过墙壁和楼板，设置塑料套管

安装在楼板内的套管，其顶部应高出装饰地面 20mm，底部应与楼板底面相平；安装在墙壁内的套管其两端与饰面相平。穿过楼板的套管与管道之间缝隙用阻燃密实材料和防水油膏填实，端面光滑。穿墙套管与管道之间缝隙用阻燃密实材料填实，且端面光滑。管道的接口不得设在套管内。

6. 管道试压

冷热水管进行 0.8MPa 水压试验，5min 压力降不大于 0.02MPa 且不渗不漏为合格。凝水管进行通水试验，不渗不漏为合格。

六、其他

说明未尽处请遵照《通风与空调工程施工质量验收规范》；《建筑给水排水及采暖工程施工质量验收规范》等进行施工。

图 6-9～图 6-15（见文后插页）是商业楼的地下室通风空调平面图、一层空调平面图、地下室和一层的空调水管平面图、空调水系统图和空调制冷机房流程图。其中图 6-9 为地下室通风空调平面图，图 6-10 为地下室空调水管平面图，地下室停车场和超市设置机械排烟系统，同时设置机械补风系统，排烟风机采用双速风机，平时用于通风换气；超市内采用全空气式空调方式。图 6-11 和图 6-12 为一层空调风管平面图和一层空调水管平面图，一至五层为商场，商场为全空气式空调方式，商场内的办公室及卫生间等房间设置风机盘管，二～四层的空调风管平面图和空调水管平面图与一层相似，在此不再列出。图 6-13、6-14 为空调水系统和空调冷凝水系统图，图 6-15 为空调制冷机房流程图。

本章小结

本章主要介绍了暖通空调制图的一般规定，暖通空调常用图例；介绍了供暖、通风与空调施工图的组成及实例识图。

习　题

6.1　室内供暖施工图主要包括哪些内容？

6.2　怎样识读室内供暖施工图？

6.3　通风与空调施工图主要包括哪些内容？

6.4　怎样识读通风与空调施工图？

第7章　建筑供配电及防雷接地系统

【要点提示】建筑供配电是建筑电气专业最重要的内容。供配电系统的主要任务是为建筑环境提供安全、可靠、优质、灵活、经济的供电电源和配电线路，同时，建筑弱电的电气设备、建筑照明、建筑消防等需要的不同电源，基本上由供配电系统来提供，因此，供配电系统是其他建筑电气内容的基础。

在建筑物中，配电系统由于电气设备绝缘损坏、大自然雷电或其他原因，会对建筑物或电气设备产生破坏作用并威胁人身安全。针对这样的情况，建筑物一般采取防雷措施和安全接地系统，以避免危险事故发生。

7.1　供电系统概述

7.1.1　供电系统的组成

概括来说，供电系统是一个庞大的电路网，它可以跨越省际、国际，甚至洲际。按照作用，一般将供电系统分为四个部分：发电、输电、变配电、用电。

(1) 供电系统的电源是发电厂。将自然界中的一次能源转换成电能的工厂就是发电厂。我国发电厂有水力发电厂、火力发电厂（燃料为煤、石油、天然气）、原子能发电厂、太阳能发电厂、风能发电厂等，目前主要以水力发电厂和火力发电厂为主，将原子能发电作为今后发展的方向。

(2) 供电线路是输送电能的通道。输电线路的形式主要有架空和电缆两种形式，目前，我国主要以架空输电为主，只有在遇到繁华市区、河流湖泊等，才采用电缆的形式。为了节省能源，通常采用35kV以上的高压线路输电，而由降压变电所分配给用户的10kV及以下的电力线路称为配电线路。目前，已出现少数的高压直流输电线路，它在性能上比交流输电提高了很多。

(3) 变电所分为升压变电所和降压变电所。升压变电所是将低电压变成高电压，一般建立在发电厂厂区内；降压变电所是将高电压变成适合用户的低电压，一般建立在靠近用户的中心地点。变电所的作用就是接受电能和分配电能，而配电所的作用是分配电能。

(4) 供电系统的终端是电能用户，即消耗电能的电气设备。用电设备按用途可分为动力设备（电动机等），工艺用电设备（冶炼、电焊等），电热用电设备（电炉、干燥箱等），照明用电设备等。

7.1.2　供电系统的作用

供电系统是将各种类型的发电厂、变电所、输电线路、配电设备及电能用户等联系起来，组成一个整体，如图7-1所示。整个系统内的发电设备可以互为备用，并且有计划地安排轮流检修，不仅提高了系统的供电可靠性，也可实现设备的经济运行，充分体现了供电系统的宏观调控作用。

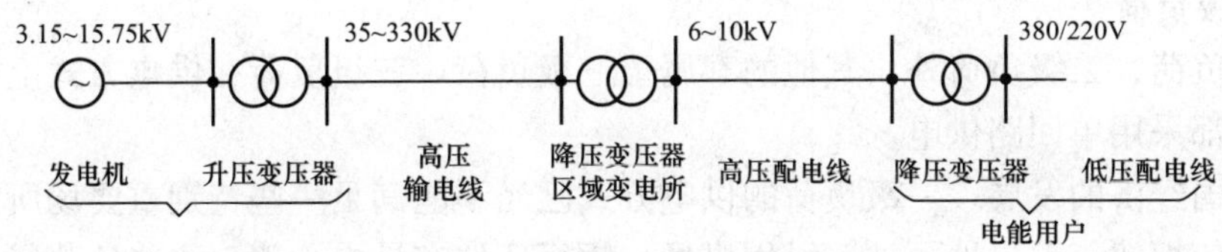

图 7－1　供电系统

7.1.3　电能质量

供配电系统的电能质量包括电压质量、波形质量和频率质量。

根据规定，交流供电系统的额定电压等级有：12、24、36、110、220、330V 及 3、6、10、35、110、220、330、500kV 等，目前，我国最高的电压等级是 800kV。习惯上把 1kV 以下的电压称为低压，1kV 以上的电压称为高压。衡量电压质量的标准是电压偏移、电压波动和三相电压不对称度。在使用中，实际电压都要偏离额定电压，这种情况就是电压偏移。电压偏移主要是由各种电气设备、供配电线路的电能损失引起的，可通过改善线路、提高设备的效率等途径减小。规范上用额定电压损失来限定电压偏移。电压波动主要是由电源波动和电能用户变化引起的。三相电压不平衡（不对称）主要是由炼钢电弧炉、单相电动机车等引起的。

我国交流电力网的额定频率（俗称工频）是 50Hz。电力系统正常频率偏差的允许值为 ±0.2Hz。当系统容量较小时，可放宽到 ±0.5Hz。

7.2　电力负荷的简易计算

计算负荷是以原始的设备铭牌数据为依据，从发热角度出发，并且考虑到安全、经济、合理等因素，用科学的方法统计出的假想负荷。

7.2.1　电力负荷的分级

根据用电设备对供电可靠性的要求不同，把供电负荷分为三级。

一、一级负荷

中断供电将造成重大的政治、经济损失或人员伤亡的负荷，或是影响有重大政治、经济意义的用电单位正常工作的负荷，叫做一级负荷，如重要的铁路枢纽、通信枢纽、重要的国际活动场所、重要的宾馆、医院的手术室、重要的生物实验室等。

一级负荷的供电方式：①采用两个互相独立的电源供电，当一个电源发生故障时，另一个电源不应同时受到损坏。②当从电力系统取得第二电源不能满足上述条件或经济上不合理时应设置备用电源，一般备用电源采用柴油发电机组或直流蓄电池组。

二、二级负荷

中断供电将造成较大的政治、经济损失或影响重要用电单位正常工作的负荷，叫做二级负荷，如地、市政府办公楼，三星级旅馆，甲级电影院，地、市级主要图书馆、博物馆、文物珍品库等。

二级负荷的供电方式采用两条彼此独立的线路供电，供电变压器也应有两台。当负荷较小或地区供电条件困难时，可由一回 6kV 及以上专用架空线供电；当采用电缆线路时，应采用两根电缆组成的线路供电，每根电缆应能承受 100%的二级负荷。

三、三级负荷

除一级负荷、二级负荷外，其他的都属于三级负荷，三级负荷在供电方式上没有特殊的要求，一般都采用单回路供电。

随着我国经济的发展，一级负荷的供电方式已经不能满足一些特别重要场所的需要，如市话局、电信枢纽、卫星地面站、民用机场、银行证券交易中心等，这些负荷属于特别重要的一级负荷，一般叫做特一级负荷。同时随着经济的发展，一级负荷、二级负荷的增多，三级负荷的供电方式会逐渐减少或者取消。

7.2.2 负荷计算的方法

所谓电力负荷计算，就是按照一定方法计算用电设备、配电线路、配电装置及发电机、变压器中的电流或功率。计算负荷是一个假想的持续性负荷，热效应与同一时间内实际变动负荷产生的最大热效应相等。负荷计算的方法一般有需要系数法、利用系数法、二项式法和单位指标法，其中需要系数法用得较多。下面对需要系数法作以简单介绍。

需要系数法

需要系数是考虑用电设备组不能同时工作，不能同时满载，不能在同一个工作制下工作，不能在同一个工作效率下工作四个因素，从而得出的一个计算系数，一般用 K_n 表示，通过查表获得。

有功计算负荷的公式是

$$P_C = K_n P_S \tag{7-1}$$

式中 P_C——有功计算负荷，kW；

K_n——负荷计算需要系数，通过查表获得；

P_S——设备功率，指的是设备的原始铭牌数据对应的有功功率。

当设备为连续工作制时：$P_S = P_N$（P_N 指设备的额定功率）

当设备为断续工作制时：$P_S=\sqrt{\frac{\varepsilon_N}{\varepsilon_G}}P_N$（$\varepsilon_N$ 为设备的铭牌额定暂载率，ε_G 为统一规定暂载率，其中，电焊机为100%，起重机为25%）。

当设备为气体放电光源（荧光灯、高压汞灯等）时：$P_S=1.2P_N$。

无功计算负荷的公式是

$$Q_C = P_C \cdot \tan\varphi \tag{7-2}$$

式中 Q_C——无功计算负荷，kvar；

$\tan\varphi$——功率因数角的正切值。

视在计算负荷的公式是

$$S_C = \sqrt{P_C^2 + Q_C^2} \tag{7-3}$$

或者先根据公式 $S_C=\frac{P_C}{\cos\varphi}$计算出视在计算负荷 S_C，然后根据公式 $Q_C=\sqrt{S_C^2-P_C^2}$计算出无功计算负荷 Q_C。

式中 S_C——视在计算负荷，kV·A；

$\cos\varphi$——功率因数。

计算电流的公式是

$$I_C = \frac{S_C}{U_N} \quad (单相线路) \tag{7-4}$$

$$I_C = \frac{S_C}{\sqrt{3}U_N} \quad (三相线路，其中 U_N 为线电压) \tag{7-5}$$

式中　I_C——计算电流，A；

U_N——额定电压，V。

【例 7-1】 已知某化工厂机修车间采用 380V 供电，低压干线上接有冷加工机床 26 台，其中 11kW 的 1 台，4.5kW 的 8 台，2.8kW 的 10 台，1.7kW 的 7 台，试求该机床组的计算负荷。

解　该设备组的总设备功率为

$$P_S = 11\times1+4.5\times8+2.8\times10+1.7\times7 = 86.9\,(\text{kW})$$

查表获得 K_n=0.16～0.2（取 0.2），$\tan\varphi$=1.73，$\cos\varphi$=0.5，则

有功计算负荷　P_C=0.2×86.9=17.38（kW）

无功计算负荷　Q_C=17.38×1.73=30.06（kvar）

视在计算负荷　S_C=17.38/0.5=34.76（kV·A）

计算电流　I_C=34.76/($\sqrt{3}$×0.38)=52.8（A）

7.3　低压输配电线路

7.3.1　变配电所概述

一、变配电所的构成

变电所的构成主要有：高压配电室、低压配电室、变压器室、电容器室、值班室等。变电所的类型有很多，按变压器及高压电气设备安装的位置，可分为室内型、半室外型、室外型及成套变电站。室内型变电所将所有的设备都放在室内，其特点是安全、可靠、受环境影响小，但是造价较高。半室外型变电所只将低压配电设备放在室内，其他设备均放在室外，其特点是造价低，变压器通风散热好。室外型变电所将全部设备都放在室外，一般建筑工地较多采用此类变电所。成套变电站由高压室、低压室、变压器室组成，成套出厂，其特点是易搬迁，安装方便。

二、变配电所的主要电气设备

在低压变配电所中，常用的高压电气设备有熔断器、隔离开关、负荷开关、断路器、互感器、避雷器等；常用的低压电气设备有低压断路器、刀开关、熔断器等。主要电气设备的文字及图形符号见表 7-1。

常用的高压电气设备如下：

(1) 高压熔断器。高压熔断器的作用是使设备或者线路避免遭受过电流和短路电流的危害。各种类型的高压熔断器的保护主要由熔体来完成，当线路或者设备出现故障时，电流增大，熔体温度上升到熔断温度，熔体熔断，起到保护作用。

(2) 高压断路器。高压断路器既可切断正常的高压负荷电流，又可切断严重过载或短路电流，有很完善的灭弧装置。高压断路器按灭弧介质可分为多油断路器、少油断路器、真空断路器、六氟化硫断路器等。

表 7-1 主要电气设备的文字及图形符号

电气设备名称	文字符号	图形符号	电气设备名称	文字符号	图形符号
断路器	QF		电压互感器	TV	
负荷开关	QL		刀开关	QK	
隔离开关	QS		接触器常开触点	KM	
熔断器	FU		接触器常闭触点	KM	
电流互感器	TA		热继电器	KH	线圈　常闭触点

(3) 高压隔离开关。高压隔离开关的作用是隔离高压电源，以保证线路能安全检修。高压隔离开关没有灭弧装置，不能通断负荷电流，因此在和其他开关配合使用的倒闸操作时，应特别注意。

(4) 高压负荷开关。高压负荷开关用来通断高压线路正常的负荷电流。高压负荷开关有一定的灭弧装置，不能通断故障电流。

7.3.2 低压配电线路

一、低压配电线路的配电要求

低压配电线路的配电要求可以概括为五个原则：安全、可靠、优质、灵活、经济。

(1) 安全。随着我国经济的迅速发展，工程质量的要求早已做了调整，安全是人们首先考虑的问题。对于低压配电线路，应保证安全的原则，且从以下方面考虑：配电线路的设计应严格按照国家有关规范进行，并且根据实际情况适当调整；配电线路的施工按照设计图纸进行，施工材料一定是正规厂家的合格产品，施工工艺应符合国家施工规范章程。

(2) 可靠。低压配电线路应满足民用建筑所必需的供电可靠性要求。所谓可靠性，是指供电电源、供电方式应满足负荷等级要求，否则会造成不必要的损失。

(3) 优质。低压配电线路在供电可靠的基础上，还应考虑到电能质量。电能质量的两个衡量指标是电压和频率。电压的质量除跟电源有关外，还与动力、照明线路的设计有很大关系。在设计线路时，低压线路供电的距离应满足电压损失要求；在一般情况下，动力和照明宜共用变压器，当采用共用变压器严重影响照明质量时，可将动力和照明线路的变压器分别设置，以避免电压波动。我国规定工频为 50Hz，应由电力系统保证，与低压配电线路的设计无关。

(4) 灵活。低压配电线路还应考虑到负荷的未来发展。从工程角度看，低压配电线路应力求接线简单、操作方便、安全，并具有一定的灵活性。特别是近年大功率家用电器的迅速发展，如即热式电热水器、大屏幕电视机等普及很快，因此应在设计时进行调查研究，使设计在符合有关规定的基础上，适当考虑发展的要求留有余地。

(5) 经济。低压配电线路在满足上述原则的基础上，应当考虑节省有色金属的消耗、减少电能的消耗、降低运行费用等，满足经济的原则。

二、低压配电线路的配电方式

低压配电线路的基本配电方式有放射式、树干式和环形式，以下对常用的放射式和树干式作以说明。

(1) 放射式。放射式指的是每一个独立负荷或集中负荷均由单独的配电线路供电，它一般用于供电可靠性要求较高或设备容量较大的场所。例如，电梯，虽然容量不大，但供电可靠性要求高；大型消防泵、生活用水泵和中央空调机组等，供电可靠性要求高，单台机组容量大；这些设备都必须采用放射式专线供电。对于供电可靠性要求不高，用电量较大的楼层等，也必须采用放射式供电方案。

放射式配电方式配电可靠性高，但是所需设备及有色金属消耗量大。

(2) 树干式。树干式指的是若干个独立负荷或集中负荷按它所处的位置依次连接到某一条配电干线上。一般适用于用电设备比较均匀，设备容量不大，无特殊要求的场所。

树干式配电方式的系统灵活性好，耗资小，但是干线发生故障影响范围大。

在一般的建筑物中，由于设备类型多，供电可靠性要求不同，因此，多采用放射式和树干式结合的配电方式，如图 7-2 所示。

三、低压配电线路的敷设

(1) 概述。低压配电线路按照敷设的场所，分为室外配电线路和室内配电线路。室外配电线路是指从变配电所至建筑物进线处的一段低压线路。由进户线至室内用电设备之间的一段线路，则是室内配电线路，如图 7-3 所示。民用建筑室外配电线路有架空线路和电缆线路两种。

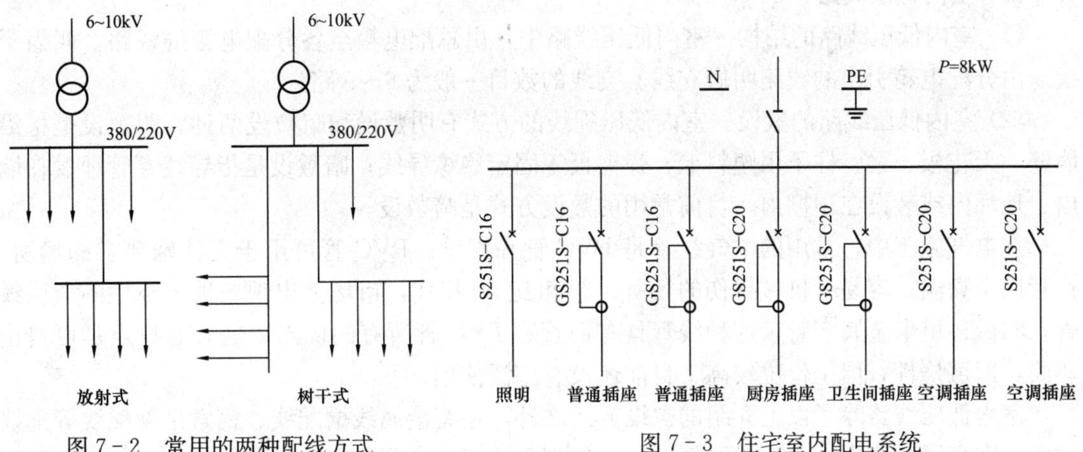

图 7-2　常用的两种配线方式　　图 7-3　住宅室内配电系统

(2) 架空线路。

1) 特点。架空线路的优点：投资少、材料容易解决，安装维护方便，便于发现和排除故障；不足之处：占地面积大，影响环境的整齐和美观，易受外界气候的影响。

2) 架空线的结构。低压架空线路由导线、电杆、横担、绝缘子、金具和拉线等组成。

3) 架空线的敷设。低压架空线路敷设的主要过程包括：电杆测位和挖坑，立杆，组装横担，导线架设，安装接户线。敷设过程要严格按照有关技术规程进行，以确保安全和质量要求。

(3) 电缆线路。

1）特点。电缆线路的优点：运行可靠、不易受外界环境影响、不需架设电杆、不占地面、不碍观瞻等，特别适合于有腐蚀性气体和易燃易爆气体的场所；不足之处：成本高、投资大、维修不方便等。

2）电缆的结构和类型。电缆是一种特殊的导线，它是将一根或几根绝缘导线组合成线芯，外面包上绝缘层和保护层。保护层又分为内护层和外护层。内护层用以保护绝缘层，而外护层用以保护内护层免受机械损伤和腐蚀。

电缆的分类方式很多：按电缆芯数可分为单芯、双芯、三芯、四芯等；按线芯的材料可分为铜芯电缆和铝芯电缆；按用途可分为电力电缆、控制电缆、同轴电缆和通信电缆等；按绝缘层和保护层不同又可分为油浸纸绝缘铅包电缆、聚氯乙烯绝缘聚氯乙烯护套电缆和橡皮绝缘聚氯乙烯护套电缆等。

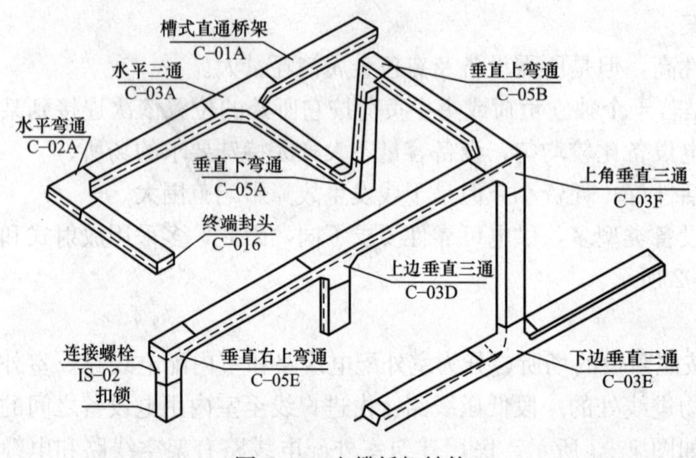

图 7－4　电缆桥架结构

3）电缆线路的敷设。电缆线路的敷设方式很多，有直接埋地敷设、电缆沟敷设、沿管道敷设、沿构架明敷设、沿桥架敷设等。最常用的方式有电缆沟敷设和沿桥架敷设（如图7－4所示）。

四、室内低压线路

(1) 室内低压线路的结构。室内低压线路中，由总配电箱至各分配电箱的线路，叫做干线。由分配电箱引出的线路叫做支线。支线的数目一般为 6～9 路。

(2) 室内低压线路的敷设。室内低压配线的方式有明敷设和暗敷设两种。明敷设是指沿墙壁、天花板、梁、柱子用塑料卡、瓷夹板等固定绝缘导线；暗敷设是指导线穿管埋设在墙内、地坪内或装设在顶棚内。目前常用的敷设方式是暗敷设。

在电气施工中，常用的电气线管是 PVC 管和钢管。PVC 管可用于无特殊要求的场所。钢管用于高温、容易受机械损伤的场所。20 世纪 90 年代，市场上出现一种可挠性的金属线管，叫做普里卡金属套管，这种线管具有钢管和 PVC 管所有的优点，最大的特点是可自由弯曲，即可挠性，但是价位较高，目前还没有广泛使用。

室内低压线路除了以上介绍的敷设方式之外，还有金属线槽配线、钢索吊架配线等配线方式。在高层建筑中，由于线路复杂，一般都采用竖井内配线。电气竖井是指从建筑底层到顶层留下一定截面的井道，可分为强电竖井和弱电竖井。竖井内配线经常采用的形式有封闭式母线、电缆线、绝缘线穿管。

7.4　配电导线与自动开关的选择

7.4.1　配电导线的选择

为了保证配电线路安全、经济的运行，应根据环境和使用特点选择导线。导线的选择包括导线的材料、导线截面、绝缘方式等。常用导线的型号及主要用途见表 7－2。目前，低压绝缘导线和电缆一般都采用铜导线，只有部分母线可采用铝线；导线的绝缘方式很多，例如低压绝缘导线一般采用聚氯乙烯绝缘导线；而导线截面的选择必须满足三个方面的要求：导线的发热条件、允许电压损失和机械强度，下面分别作以介绍。

表 7－2　常用导线的型号及主要用途

导线型号		额定电压（V）	导线名称	最小截面面积（mm^2）	主要用途
铝芯	铜芯				
LJ	TJ	—	裸铝导线、裸铜导线	25	室外架空线
BLV	BV	500	聚氯乙烯绝缘线	2.5	室内线路
BLX	BX	500	橡皮绝缘线	2.5	室内线路
BLXF	BXF	500	氯丁橡皮绝缘线		室外敷设
BLVV	BVV	500	塑料护套线		室外敷设
	RV	250	聚氯乙烯绝缘软线	0.5	250V 以下各种移动电器
	RVS	250	聚氯乙烯绝缘绞型软线	0.5	
	RVV	250	聚氯乙烯绝缘护套软线		250V 以下各种移动电器

一、按发热条件选择导线截面

电流通过导线时，要产生能量损耗，使导线发热。而当绝缘导线的温度过高时，导线绝缘会加速老化，甚至损坏，引起火灾。因此，导线在通过最大负荷电流产生的温度，不应超过其正常运行时的最高允许温度。这就是按发热条件来选择导线截面。

导线的允许载流量不应小于该导线所在线路的计算电流，即

$$I_{al} \geqslant I_C \tag{7-6}$$

式中　I_{al}——不同型号规格的导线，在不同的温度及不同敷设条件下的允许载流量，A；

　　I_C——线路的计算电流，A。

值得注意的是，中性线及地线的截面可选择比火线小一个等级即可。

【例 7－2】 某建筑施工现场采用 220V/380V 的低压配电系统供电，现场最高气温为 30℃，干线的计算电流为 140A，架空敷设，试确定进户导线的型号及截面积。

解　考虑到施工现场的特点，采用铝芯导线。在室外架空敷设，可选择价格低廉的橡皮绝缘导线，导线的型号为 BLX 橡皮绝缘铝芯导线。

查表，可得在满足上述条件的情况下的导线载流量是 163A，截面积为 $50mm^2$，因此，选择截面积是 $50mm^2$ 的绝缘铝芯进户线，选择截面积是 $25mm^2$ 的橡皮绝缘铝芯中性线和地线。

二、按允许电压损失选择导线截面

配电导线存在阻抗，因此会在配电线路上产生电压损失。电压损失过大，会使得用户端的电压达不到要求，影响设备的正常工作。因此，在选择导线截面时，要考虑到因为导线阻抗带来的电压损失，即按照电压损失选择导线截面。

一般规定用户的实际电压和额定电压偏差为±5%，对于视觉要求高的场所，应适当降低偏差。

配电线路的电压损失的大小与导线的输送功率、输送距离及导线的截面积有关，可用式

(7-7) 进行导线截面积的选择，即

$$S=\frac{P_C L}{C\Delta U} \tag{7-7}$$

式中 S——导线截面积，mm^2；

P_C——线路的计算功率，kW；

L——导线长度，m；

C——电压损失计算系数，它是与电路相数、额定电压及导线材料的电阻率等因素有关的一个常数，见表 7-3；

ΔU——允许电压损失。

表 7-3 计算线路电压损失公式中系数 C 值

线路额定电压（V）	线路相数	系数 C 值	
		铜　线	铝　线
380/220	三线四线	77	46.3
380/220	两相三线	34	20.5
220	单相或直流	12.8	7.75
110	单相或直流	3.2	1.9
36	单相或直流	0.34	0.21
24	单相或直流	0.153	0.092
12	单相或直流	0.038	0.023

【例 7-3】 某学生宿舍楼照明的计算负荷为 50kW，由 100m 远处的变电所用塑料绝缘铜线（BV）供电，供电方式为三相四线制，要求这段线路的电压损失不超过 2.5%。试选择导线截面积。

解

$$S=\frac{P_C L}{C\Delta U}=\frac{50\times100}{77\times2.5}=25.97\ (mm^2)$$

因此，选择截面积为 $35mm^2$ 的塑料绝缘铜线。

三、按机械强度选择导线截面

导线和电缆应有足够的机械强度及避免在刮风、结冰时被拉断，使供电中断，造成事故。因此，国家有关部门强制规定了在不同敷设条件下，导线按机械强度要求允许的最小截面，一般情况下，导线只要满足发热要求和电压损失要求，就一定满足机械强度要求。当配电导线长度大于 300m 时，按照电压损失要求计算导线截面积，按照发热要求校验，当配电导线小于 300m 时，则按照发热要求计算导线截面积，按照电压损失要求校验。

7.4.2 自动开关的选择

一、常用低压控制电器

(1) 刀开关。刀开关是最简单的手动控制电器，用于不需要频繁接通或断开的电路中。根据刀开关的构造不同，分为胶盖开关、铁壳开关、隔离开关。

1) 胶盖开关。胶盖开关是结构最简单的一种刀开关，它的容量小，常用的有 15、30A，最大的为 60A；它没有灭弧能力，因此容易损伤刀刃；胶盖开关广泛应用于照明电路和容量小于 3kW 的电动机电路，还可用作电源的隔离开关。

2）铁壳开关。铁壳开关又叫做封闭式负荷开关，它由刀开关、熔断器组成，装在有钢板防护的外壳内。铁壳开关没有灭弧能力，为了使用安全，铁壳开关内还装有连锁装置，保证开关在闭合时，盖子不能打开，而盖子打开时，闸刀不能合闸。

3）隔离开关。隔离开关由动触头（活动刀刃）、静触头（固定触头或刀嘴）组成。它的主要用途是保证电气设备检修工作的安全。隔离开关没有灭弧装置，只能用来切断电压。

（2）熔断器。熔断器是最简单的一种保护电器，用以实现短路保护。它的特点是结构简单、体积小、重量轻、维护简单、价格低廉，所以应用极为广泛。

熔断器由熔体和安装装置组成，熔体由熔点较低的金属如铅、锡、锌、铜、银、铝等制成。当熔体流过电流足够大，时间足够长，由于电流的热效应，熔体便会熔断而切断电路。熔断器串联在被保护的电路中。

（3）低压断路器。低压断路器俗称自动开关、空气开关。在正常条件下，可以通过人工操作接通或切断电路；电路发生故障时，又能自动分断电路，起到保护作用。低压断路器的特点是：具有短路、过载、欠压保护功能，能自动切断电路。因此，低压断路器的应用极为广泛。

目前，常用的低压断路器有 DZ、DW，新型号有 C、S、K 系列等，低压断路器的具体型号各个厂家都不尽相同，如 T1B1－63C63/2、HUM18－40/1P、S251S－C40 均为不同厂家的断路器型号。

（4）漏电保护器。漏电保护器由放大器、零序互感器和脱扣装置组成。它具有检测和判断漏电的能力，可在几十到几百毫安的漏电电流下动作。将低压断路器和漏电保护器合二为一的情况比较常见。

（5）按钮。按钮是一种结构简单、应用广泛、短时接通或断开小电流电路的手动控制电器。

按钮一般由按钮帽、恢复弹簧、动触头、静触头和外壳等组成。按钮根据静态时触头的分合状况可分为三种：常开按钮（动合按钮）、常闭按钮（动断按钮）及复合按钮（常开、常闭组合为一体的按钮）。按钮的特点是可以频繁操作。

（6）交流接触器。交流接触器用来接通和断开主电路。它具有控制容量大、可以频繁操作、工作可靠、寿命长等特点，在继电接触电路中应用广泛。

交流接触器由电磁机构、触头系统和灭弧装置三部分组成。电磁机构由励磁线圈、铁心、衔铁组成。触头根据通过电流大小的不同分为主触头和辅助触头；主触头用在主电路中，通断大电流电路；辅助触头用在控制电路中，用来控制小电流电路。触头根据自身特点分为常开触头和常闭触头。

当交流接触器励磁线圈通入单相交流电时，铁心产生电磁吸力，弹簧被压缩，衔铁吸合，带动动触头向下移动，使常闭触头先断开，常开触头后闭合。当励磁线圈失电时，电磁力消失，在弹簧弹力的作用下，使触点位置复原，常开触头先断开，常闭触头后闭合。

（7）热继电器。热继电器是一种利用电流的热效应工作的过载保护电器，一般用来保护电动机因过载而损坏。

加热元件串接在电动机主电路中，动触头接于电动机线路接触器线圈的控制电路中，当电动机过载时，热继电器的电流增大，经过一定时间后，发热元件产生的热量使双金属片遇热膨胀弯曲，动触头与静触头分开，使电动机的控制回路断电，将电动机的电源切断，起到保护作用。

(8) 互感器。互感器是一种特殊的变压器，它的原理与变压器相同。互感器分为电压互感器和电流互感器两种。

电流互感器主要用于扩大测量交流电路的量程，一般和电度表接在一起。

电压互感器的主要作用是使测量仪表和保护电器与高压电路隔开，以保证二次设备和人员的安全。

二、低压控制开关的选择

(1) 刀开关、负荷开关、隔离开关的选择。刀开关、负荷开关、隔离开关的线路，其额定电压不应超过开关的额定电压值，同时，它们的额定电流应大于或等于线路的额定电流。

(2) 熔断器的选择。熔断器的额定电压应大于或等于配电线路的额定电压，熔断器熔体的额定电流 I_N 应大于或等于配电线路的计算电流 I_C，即

$$I_N \geqslant I_C \tag{7-8}$$

同时，熔体的额定电流和电动机的尖峰电流应满足以下条件，即

$I_N \geqslant KI_{jf}$（当启动电流很小时，K 取 1；当启动电流较大时，K 取 0.5～0.6）

(3) 断路器的选择。

1) 断路器的额定电压应大于或等于配电线路的额定电压。

2) 断路器的额定电流 I_N 应大于或等于配电线路的计算电流 I_C，即

$$I_N \geqslant I_C \tag{7-9}$$

3) 断路器的极限分断电流应大于或等于配电线路最大短路电流。

4) 配电用断路器脱扣器的整定：长延时动作电流值取线路允许载流量的 0.8～1 倍；3 倍延时动作电流值的释放时间应大于最大启动电流电动机的实际启动时间，以防止电动机启动时断路器脱扣分闸。电动机保护用断路器延时脱扣器的整定：长延时动作电流值应等于电动机额定电流，6 倍延时动作电流值的释放时间应大于电动机的实际启动时间，以防止电动机启动时断路器脱扣分闸。照明回路用断路器延时脱扣器的整定：长延时动作电流值应不大于线路的计算电流，以保证线路正常运行。

一般情况下，断路器的分断能力比同容量的熔断器的分断能力低，为改善保护特性，两者往往配合使用，熔断器尽可能置于断路器前侧。

【例 7-4】 某建筑工地上有一分配电箱，该配电箱控制着 5 台电动机。电动机型号：一台塔吊，型号为 QZ315 型（3＋3＋15）kW，$J_C = 25\%$。15kW 电动机的额定电流为 30A，启动电流是额定电流的 7 倍；两台振捣器：Y 系列，2.2kW；通过计算得知电动机的尖峰电流为 239A。试选择该配电箱的进线断路器。

解 1) 进线断路器的选择。

由于容量最大的一台电动机的启动电流是 7×30＝210（A），因此熔体选择计算系数 K 取 0.6。

该配电箱的计算电流已包括了塔吊的额定电流 30A，所以熔体的额定电流为

$$I_N \geqslant KI_{jf} = 0.6 \times 239 = 143\ (\text{A})$$

该配电箱的进线熔断器选 RM10，熔断器的额定电流为 200A，熔体的额定电流为 160A。

2）该配电箱的进线断路器采用 DZ 系列，其型号为 DZ20Y－200/3300，复式脱扣器整定电流为 160A。

（4）漏电开关的选择。一般情况下，开关箱内的漏电保护器的额定漏电动作电流应不大于 30mA，额定漏电动作时间应小于 0.1s；使用潮湿和有腐蚀介质场所的漏电保护器应采用防溅型产品，其额定漏电动作电流应不大于 15mA，额定漏电动作时间应小于 0.1s。

7.5　建筑物防雷的基本知识

7.5.1　人体触电类型

一、触电的原因及危害

人体本身是电导体，当人体接触带电体承受过高电压形成回路时，就会有电流流过人体，由此引起的局部伤害或死亡现象叫做触电。

一般规定 36V 以下为安全电压。人体通过 30mA 以上的电流就具有危险性。但由于人体电阻值有较大的差异，即使同一个人，他的体表电阻也与皮肤的干燥程度、清洁程度、健康状况及心情等因素有很大的关系。当皮肤处于干燥、洁净和无损伤状态下，人体电阻在 4kΩ 以上；当皮肤处于潮湿状态，人体电阻约为 1kΩ。由此可见，安全电压也是因人而异的。

二、触电方式

（1）直接触电。人体的某一部位接触电气设备的带电导体，另一部位与大地接触，或同时接触到两相不同的导体所引起的触电，叫做直接触电。此时加在人体的电压为相电压或线电压。

（2）间接触电。间接触电是指人体接触到故障状态的带电导体，而正常情况下该导体是不带电的。例如，电气设备的金属外壳，当发生碰壳故障时就会使金属外壳的电位升高，这时人触及金属外壳就会发生触电。人体同时触到不同电位的两点时，会在人体加一电压，此电压称为接触电压。减小接触电压的方法是进行等电位连接。

（3）跨步电压触电。在接地装置中，当有电流流过时，此电流流经埋设在土壤中的接地体向周围土壤中流散，使接地体附近的地表面任意两点之间都可能出现电压。如图 7－5 所示，当人走到附近时，两脚之间的电压 U 就叫做跨步电压。当供电系统出现对地短路或有雷电流流经输电线入地时，都会在接地体上流过很大的电流，使接触电压大大超过安全电压，造成触电伤亡。因此，一般接地体的电阻应尽量小，以减小跨步电压。

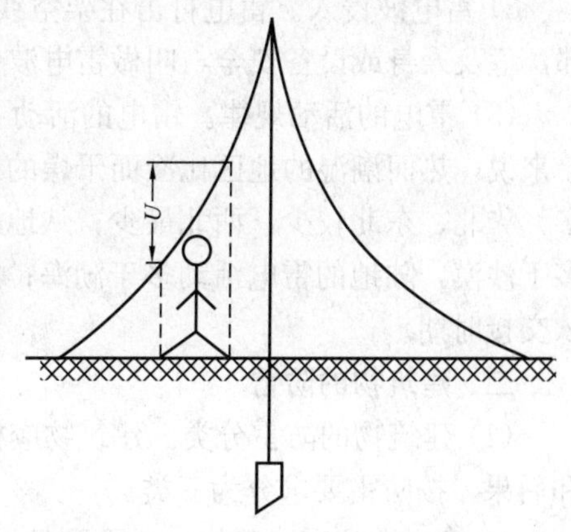

图 7－5　单一接地体附近的电位分布

三、触电急救措施

（1）尽快使触电者脱离电源。可就近断开电源；若距电源开关较远，则用干燥的不导电物体拨开电源线；可采用短路法使电源开关掉闸。

（2）现场急救。触电者脱离电源后需积极抢救，时间越快越好。若触电者失去知觉，但仍能呼吸，应立即抬到空气畅通、温暖舒适的地方平卧。若触电者已停止呼吸，心脏停止跳动，这种情况往往是假死，一般通过人工呼吸和心脏按压的方法使触电者恢复正常。

四、防止触电的主要措施

(1) 建立各项安全规章制度，加强安全教育和对电气工作人员的培训。

(2) 设立屏障，保证人与带电体的安全距离，并挂标示牌。

(3) 采用联锁装置和继电保护装置，推广使用漏电断路器进行接地故障保护。

7.5.2 建筑防雷系统

一、雷电的基本知识

(1) 雷电的形成及危害。空气中不同的气团相遇后，凝成水滴或冰晶，形成积云。积云在运动中分离出电荷，当电荷积聚到足够数量时，就形成带电雷云。在带有不同电荷雷云之间，或在雷云及由其感应而生的不同电荷之间发生击穿放电，即形成雷电。

雷电放电电流很大，幅值可达数十至数百千安。雷电感应所产生的电压高达几百千伏至几百万伏，放电时产生的温度达 2000K。雷电产生的机械效应、热效应及电气效应几乎同时瞬间发生，往往造成突然性危害，可炸裂或击毁被击建筑物；通过导体时，烧断导线，烧毁设备，引起金属熔化而造成火灾及停电事故；雷电流流入地下或雷电波侵入室内时，在相邻的金属构架或地面上产生很高的对地电压，造成接触电压和跨步电压升高，导致电击危险。

(2) 雷电的种类。

1) 直击雷。带电雷云直接对大地或地面凸出物放电，叫做直击雷。直击雷一般作用于建筑物顶部的凸出部分或高层建筑的侧面（又叫侧击雷）。

2) 感应雷。感应雷分为静电感应和电磁感应两种。静电感应是雷云接近地面时，在地面凸出物顶部感应大量异性电荷，在雷云离开时，凸出物顶部的电荷失去束缚，以雷电波的形式高速传播。电磁感应雷是在雷击后，雷电流在周围空间产生迅速变化的强磁场，处在强磁场范围内的金属导体上会感应出过高的过电压形成。

3) 雷电波侵入。雷电打击在架空线或金属管道上，雷电波沿着这些管线侵入建筑物内部，危及人身或设备安全，叫做雷电波侵入。

(3) 雷电的活动规律。雷电的活动主要取决于气象、季节、地域及地物等因素。从气候上来说，热而潮湿的地区比冷而干燥的地区雷电活动多，我国以华南、西南及长江流域比较多，华北、东北较少，西北最少；从地域上看，山区的雷电活动多于平原，平原的雷电活动多于沙漠，陆地的雷电活动多于湖海；从季节上看，雷电主要活动在夏季，其次是春夏和夏秋交接时期。

二、建筑物的防雷

(1) 建筑物的防雷分类。建筑物应根据其重要程度、使用性质、发生雷电事故的可能性和后果，按防雷要求分为三类。

1) 第一类防雷建筑物。遇下列情况之一时，应划为第一类防雷建筑物：凡制造、使用或储存炸药、火药、起爆药、火工品等大量爆炸物质的建筑物，因电火花而引起爆炸，会造成巨大破坏和人身伤亡者；具有 0 区或 10 区爆炸危险环境的建筑物；具有 1 区爆炸危险环境的建筑物，因电火花而引起爆炸，会造成巨大破坏和人身伤亡者。

2) 第二类防雷建筑物。遇下列情况之一时，应划为第二类防雷建筑物：国家级重点文物保护的建筑物；国家级的会堂、办公建筑物、大型展览和博览建筑物、大型火车站、国宾馆、国家级档案馆、大型城市的重要给水水泵房等特别重要的建筑物；国家级计算中心、国际通信枢纽等对国民经济有重要意义，且装有大量电子设备的建筑物；制造、使用或储存爆炸物质的建筑物，且电火花不易引起爆炸或不致造成巨大破坏和人身伤亡者；具有 1 区爆炸危险环境的建筑物，且电火花不易引起爆炸或不致造成巨大破坏和人身伤亡者；具有 2 区或 11 区爆炸危险环境的建筑物；工业企业内有爆炸危险的露天钢质封闭气罐；预计雷击次数大于 0.06 次/a 的部、省级办公建筑物及其他重要或人员密集的公共建筑物；预计雷击次数大于 0.3 次/a 的住宅、办公楼等一般性民用建筑物。

3）第三类防雷建筑物。遇下列情况之一时，应划为第三类防雷建筑物：省级重点文物保护的建筑物及省级档案馆；预计雷击次数大于或等于 0.012 次/a，且小于或等于 0.06 次/a 的部、省级办公建筑物及其他重要或人员密集的公共建筑物；预计雷击次数大于或等于 0.06 次/a，且小于或等于 0.3 次/a 的住宅、办公楼等一般性民用建筑物；预计雷击次数大于或等于 0.06 次/a 的一般性工业建筑物；根据雷击后对工业生产的影响及产生的后果，并结合当地气象、地形、地质及周围环境等因素，确定需要防雷的 21～23 区火灾危险环境；在平均雷暴日大于 15d/a 的地区，高度在 15m 及以上的烟囱、水塔等孤立的高耸建筑物；在平均雷暴日小于或等于 15d/a 的地区，高度在 20m 及以上的烟囱、水塔等孤立的高耸建筑物。

（2）建筑物的防雷措施。根据三种雷电的破坏作用及建筑物防雷分类，可以采取如下措施：防直击雷的措施是在建筑物顶部安装避雷针、避雷带和避雷网；防感应雷的措施是将建筑物面的金属构件或建筑物内的各种金属管道、钢窗等与接地装置连接；防雷电波侵入的措施是在变配电所或建筑物内的电源进线处安装避雷器。

（3）建筑物的防雷装置。建筑物的防雷装置一般由接闪器、引下线、接地装置三个部分组成。

1）接闪器。接闪器即引雷装置，其形式有避雷针、避雷带、避雷网等，安装在建筑物的顶部。接闪器一般用圆钢或扁钢做成。避雷针主要安装在构筑物（如水塔、烟囱）或建筑物上；避雷带水平敷设在建筑物顶部凸出部分，如屋脊、屋檐、女儿墙、山墙等位置；避雷网是可靠性更高的多行交错的避雷带。

2）引下线。引下线是连接接闪器和接地装置的金属导体，它的作用是把接闪器上的雷电流引到接地装置上去。引下线一般用圆钢或扁钢制作，既可以明装，也可以暗设。对于建筑艺术要求较高者，引下线一般暗敷，目前也经常利用建筑物本身的钢筋混凝土柱子中的主筋直接引下去，非常方便又节约投资，但必须要求将两根以上的主筋焊接至基础钢筋，以构成可靠的电气通路。

3）接地装置。接地装置由接地线和接地体组成，接地装置是引导雷电流安全入地的导体。接地体分为水平接地体和垂直接地体两种。水平接地体一般用圆钢或扁钢制成，垂直接地体则采用圆钢、角钢或钢管制成。连接引下线和接地体的导体叫做接地线，接地线通常采用直径为 10mm 以上的镀锌圆钢制成。

7.6　建筑电气系统的接地

7.6.1　接地概述

将电气设备的某一部分与地做良好的连接，叫做接地。埋入地中并直接与大地接触的金属导体，叫做接地体（或接地极）。兼作接地用的直接与大地接触的各种金属构件、金属井管、钢筋混凝土建筑物的基础、金属管道和设备等，叫做自然接地体；为了接地埋入地中的接地体，叫做人工接地体。连接设备接地部位和接地体的金属导线，叫做接地线。接地体和接地线的组合，叫做接地装置。接地电阻指的是接地装置对地电压和通过接地体流入地中电流的比值。

7.6.2 接地的类型

根据接地目的的不同，接地类型主要有工作接地、保护接地、保护接零三种。

一、工作接地

电力系统由于运行安全的需要，将电源中性点接地，这种接地方式叫做工作接地。

二、保护接地

将电气设备的金属外壳与大地作良好的电气连接，这种接地方式叫做保护接地。保护接地适用于中性点不接地的低压系统。

三、保护接零

将电气设备在正常情况下不带电的金属部分与零线作良好的电气连接，叫做保护接零。保护接零适用于中性点接地的低压系统中。

低压系统中常用的运行系统是 TN－C－S 和 TN－S。其中，TN－C－S 系统中，T 表示电源中性点接地，N 表示设备保护接零，C 表示 PE 线与 N 线是合一的，S 表示 PE 线与 N 线是分开的；TN－S 系统则是在全系统内 N 线与 PE 线是分开的。

7.6.3 等电位连接

一、总等电位连接

将建筑物内所有电器外壳、金属管等用导线连接，再做统一接地。等电位连接的作用在于降低建筑物内间接接触电压和不同金属部件间的电位差，并消除自建筑物外经电气线路和各种金属管道引入的危险故障电压的危害。它的作法是通过进线配电箱近旁的总等电位连接端子板（接地母排）将下列导电部分互相连通：进线配电箱的 PE（PEN）母排；公用设施的金属管道，如上下水、热力、煤气等管道；如果可能，应包括建筑物金属结构；如果做了人工接地，也包括其接地极引线，如图 7－6 所示。

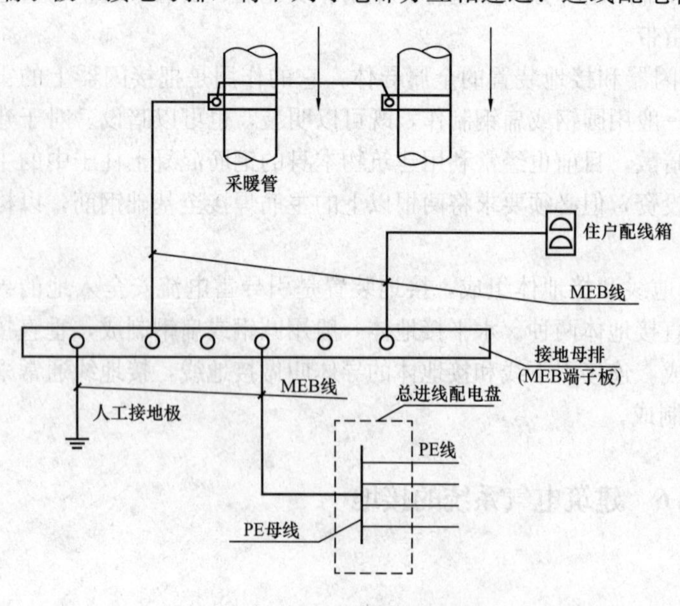

图 7－6 总等电位连接

二、辅助等电位连接

在特别潮湿、危险性大的场所，即将该场所内的所有金属构件、管道等部分用导线直接进行等电位连接。例如，厨房、卫生间等场所，都需要做辅助等电位连接，在这些场所需设置等电位箱。

三、局部等电位连接

在一局部场所范围内将各

可导电部分连通，称为局部等电位连接，可通过局部等电位连接端子板将 PE 母线（或干线）、金属管道、建筑物金属体等相互连通。

7.7　施工现场临时用电

7.7.1　概述

施工现场供电是指为建筑安装工程施工工地提供电力，以满足建筑工程建设用电的要求。施工现场用电一般由两大部分组成：一部分是建筑工程施工机械设备用电；另一部分是施工现场照明用电。当建筑工程施工正常进行时，这个供电系统必须能保证施工正常工作，以满足施工用电的要求；当建设施工完成时，这个供电系统的工作即告结束。由于施工供电明显地具有临时供电的性质，所以施工现场供电是临时性供电。施工现场供电虽然是临时性的，但从电源引入一直到用电设备，便形成了一个完整的供用电系统，这个系统的运行必须是安全、可靠的。

7.7.2　施工现场变压器的选用

建筑工程现场施工供电，关系到合理安全地供电，对节约电能和降低工程费用，有着重要的现实意义。一般来说，施工现场电源的选用有以下方案：

(1) 如果是大型工程，需要装设独立的变压器，那么在开工前，要完成永久性的供电设施，包括送电线路、变配电室等，使能有永久性配电室引接施工电源。施工工地的电源主干线，如有条件也应与永久性的配电线路结合在一起。

(2) 如果工程使用就近的供电设施，那么施工现场临时用电也尽量由临近的地区供电网内取得。

(3) 利用的高压电力网。向供电部门申请安装施工现场临时用电。

7.7.3　施工现场负荷量的计算

工地临时供电，包括动力用电与照明用电两种，在计算负荷量时，应考虑到以下设备：

(1) 施工现场所使用的机械动力设备、其他电气工具及照明用电的数量。

(2) 施工总进度计划中施工高峰阶段同时用电的机械设备最高数量。

总负荷量可按式（7-10）计算，即

$$P = 1.05 \sim 1.10 \left(K_1 \frac{\sum P_1}{\cos\varphi} + K_2 \sum P_2 + K_3 \sum P_3 + K_4 \sum P_4 \right) \tag{7-10}$$

式中　P——供电设备总需要量，kV·A；

P_1——电动机额定功率，kW；

P_2——电焊机额定功率，kV·A；

P_3——室内照明容量，kW；

P_4——室外照明容量，kW；

$\cos\varphi$——电动机的平均功率因数（在施工现场最高为 0.75～0.85，一般为 0.65～0.75）。

7.7.4　配电线路布置

(1) 施工现场临时用电一般采用 380V/220V 的供电系统，整个施工现场可按三级配电形式布置，即总配电箱→分配电箱→开关箱。

(2) 施工现场配电线路一般应采用 TN-S 接零保护的三相四线制系统，架空线路距地面4m以上，在各配电箱处打地钻进行重复接地，中性线应与其他各导线颜色区别开来。

(3) 施工现场使用的配电箱、开关箱的安装高度，箱底与地面的垂直距离均为1.3m，配电箱、开关箱进出线口一律高于箱体的下底，并且要防绝缘损坏。整个施工现场用电要实行分级保护。

(4) 照明应有专用漏电保护箱，一般场所宜选用额定电压为220V的照明器。镝灯、小太阳灯等金属外壳必须与PE线相连接。室内线路及灯具安装高度不得低于2.5m，室外线路及灯具安装高度不得低于3m，如低于此值需使用36V安全电压供电。

(5) 熔断器、闸具参数应与设备容量相匹配，严禁使用不符合原规格的熔丝或金属丝。

(6) 施工现场一律选用铜导线，导线截面积可根据负荷量来选择。

本章小结

本章主要介绍了供配电系统的有关知识，主要包括：供电系统的组成、作用；电力负荷的计算方法；低压变配电所的结构、类型及主要的电气设备。低压配电线路的配电要求、配电方式、配电线路的结构和敷设；配电导线和开关的选用原则；建筑物防雷接地的基本知识；施工现场临时用电的一般方案等。

习 题

7.1 建立供电系统有哪些优越性？

7.2 什么是工频？我国供电系统的工频是多少？

7.3 根据供电可靠性，电力负荷的分级情况如何？各级的供电方式怎样？

7.4 室外低压配线的方式有哪些？它们各自的特点是怎样的？

7.5 总结一下，室内低压配线的方式都有哪些？

7.6 选用配电导线都应该满足哪些要求？

7.7 在选用断路器和熔断器时，一定要躲过电动机的尖峰电流，为什么？

7.8 雷电的危害形式有哪些？各种形式分别采取什么样的防雷措施？

7.9 防雷装置的组成有哪些？各部分的作用分别是什么？

7.10 接地电阻是不是接地体的电阻？接地电阻值应该等于哪个值？

7.11 什么叫保护接地和保护接零？各适用于什么场合？

7.12 什么是等电位连接？它的作用是什么？

7.13 施工现场用电一般采用哪种供电方式？

第8章　建筑弱电系统

【要点提示】在本章将要学到有关建筑弱电系统的基本知识，主要包括有线电视系统、广播音响系统、电话通信系统、保安与报警系统等。通过学习，要求掌握建筑弱电系统的基本概念，熟悉它们在建筑物中的应用，增强对建筑弱电系统的基本了解和认识。

8.1　有线电视系统

8.1.1　有线电视系统概述

电视是现代社会传播信息的重要工具，它不仅能为我们提供富有意义的娱乐节目，还能迅速传递政治、经济、科技、文化、治安等信息。因此，随着经济的发展，电视数量越来越多，分布也越来越广泛，从而接收图像质量高、效果好的电视节目就成为迫切的需要。为解决电视节目收看的质量问题，有线电视系统应运而生。

有线电视系统是指利用电视天线和卫星天线接收电视信号，并通过电缆系统将电视信号传输、分配到用户电视接收机的系统。有线电视系统的组成包括前端处理部分、干线传输部分、用户分配部分。在建筑密集区，选择最佳位置安装天线和前端设备，经传输分配系统送至各个用户的电视接收机，而且系统的信号源除了共用天线接收的电视信号外，还加入了一些自办的节目（如录像、电影），这样的一个系统就成为一个闭路的有线电视系统，称为共用天线电视系统，简称 CATV 系统。

8.1.2　有线电视系统的组成

有线电视系统的组成有三大部分，分别是前端信号处理部分、干线传输部分和用户分配部分，如图 8-1 所示。

一、前端信号处理部分

前端系统是有线电视系统最重要的组成部分之一，这是因为前端信号质量若不好，后面其他部分是较难补救的。

前端系统主要包括电视接收天线、频道放大器、卫星电视接收设备、自播节目设备、导频信号发生器、调制器、混合器及连接线缆等部件。它的任务是把天线接收到的各种电视信号，经过处理后，恰当地送入分配网络。前端设备是根据天线输出电平的大小和系统的要求来设计的，其质量的好坏对整个系统的音像质量起着关键作用。

二、干线传输部分

干线传输部分是把前端接收处理、混合后的电视信号，传输给用户分配系统的一系列传输设备，主要有各种类型的干线放大器和干线电缆。为了能够高质量、高效率地传送信号，应当采用优质低耗的同轴电缆和光缆；同时，采用干线放大器，其增益正好抵消电缆的衰减，既不放大，也不减小。在主干线上应尽可能减少分支，以保证干线中串接放大器的数量最少。如果要传输双向节目，则必须使用双向传输干线放大器，建立双向

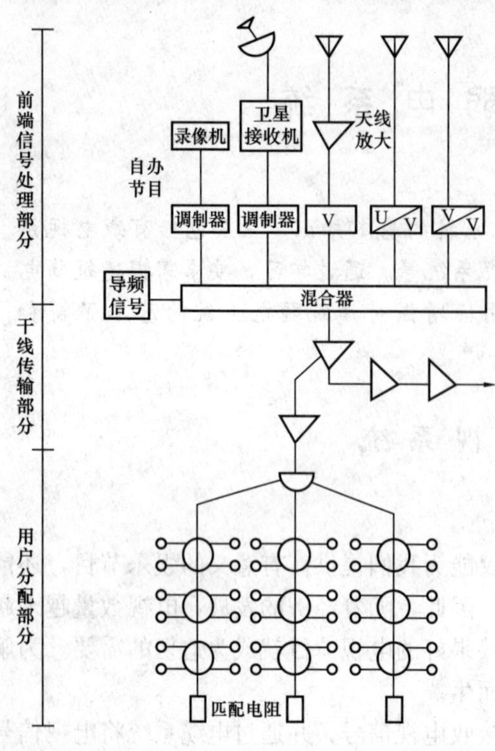

图 8-1 有线电视系统的组成

传输系统。

(1) 干线放大器的类型。根据干线放大器的电平控制能力主要分为以下几类：

1) 手动增益控制和均衡型干线放大器。

2) 自动增益控制型干线放大器。

3) 自动增益控制加自动斜率补偿型放大器。

4) 自动电平控制型干线放大器。该放大器包含有自动增益控制和自动斜率控制功能。

(2) 干线传输电缆。干线传输电缆一般有两种，一种是同轴电缆，另一种是光纤电缆。同轴电缆是指有两个同心导体，而导体和屏蔽层又共用同一轴心的电缆。最常见的同轴电缆由绝缘材料隔离的铜线导体组成，在里层绝缘材料的外部是另一层环形导体及绝缘体，然后整个电缆由聚氯乙烯或特氟纶材料的护套包裹。光纤电缆是以光脉冲的形式来传输信号，材质以玻璃或有机玻璃为主的网络传输介质，简称光缆。光缆由纤维芯、包层和保护套组成。

有线电视系统的干线传输网络结构有树形、星形或树形和星形的混合形式。同轴电缆和光缆各有其特别适合的网络结构形式，因此在进行网络结构设计时应当结合传输介质的特点来考虑。

树形网络通常采用同轴电缆作传输媒介。同轴电缆传输频带比较宽，可满足多种业务信号的需要，同时特别适合于从干线、干线分支拾取和分配信号，价格便宜，安装维护方便，所以同轴电缆树形网络结构至今被广泛采用。

由于分解和分支信号的困难，光缆不能使用树形分支网络结构，但它更宜使用星形布局。星形网络结构特别适合用于用户分配系统，即在分配的中心点将用户线像车轮一样向外辐射布置。这种结构有利于在双向传输分配系统中实行分区切换，以减少上行噪声的积累。

在实际设计和应用中，往往采用两者的混合结构，以使网络结构更好地符合综合性多种业务和通信要求。

三、用户分配部分

分配系统是有线电视系统的最后一个环节，是整个传输系统中直接与用户端相连接的部分。它的分布面最广，其作用是使用成串的分支器或成串的串接单元，将信号均匀地分给各用户接收机。由于这些分支器及串接单元都具有隔离作用，所以各用户之间相互不会有影响；即使有的用户端被意外短路，也不会影响其他用户的收看。

用户分配的基本方式见图 8-2。

分配器是分配高频信号电能的装置，其作用是把混合器或放大器送来的信号平均分成若干份，送给几条干线，向不同的用户区提供电视信号，并能保证各部分得到良好的匹配。它本身的分配损耗约为 3.5dB，频率越高，损耗越大。实用中，按分配器的端数分有二分配

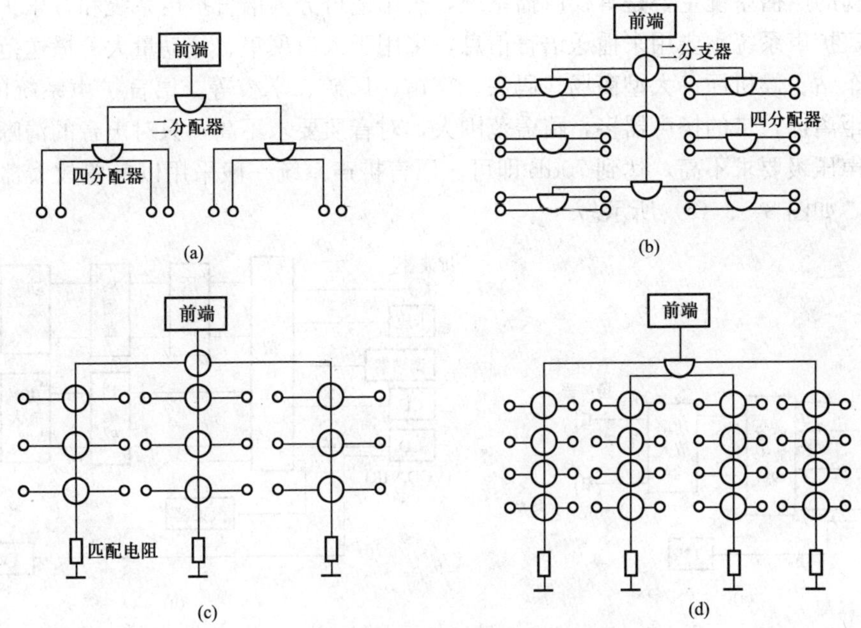

图8-2 分配系统的四种分配方式
(a) 分配—分配方式；(b) 分支—分配方式；(c) 分支—分支方式；(d) 分配—分支方式

器、三分配器、四分配器及六分配器等。

分支器是从干线上取出一部分电视信号，经衰减后馈送给电视机所用的部件。分支器和分配器不同，分配器是将一个信号分成几路输出，每路输出都是主线；而分支器则以较小的插入损失从干线上取出部分信号经衰减后输送给各用户端，而其余的大部分信号，则通过分支器的输出端再送入馈线中。

分配信号的方式应根据分配点的输出功率、负载大小、建筑结构及布线要求等实际情况灵活选用，以能充分发挥分配器和分支器的作用为原则。例如，应用分配器可将一个输入口的信号能量均等或不均等地分配到两个或多个输出口，分配损耗小，有利于高电平输出。但分配器不适合直接用于系统输出口的信号分配，因为分配器的阻抗不匹配时容易产生反射，同时它无反向隔离功能，因此不能有效地防止用户端对主线的干扰。而分支器反向隔离性能好，所以采用分支器直接接于用户端，传送分配信号。

8.2 广播音响系统

8.2.1 广播音响系统概述

广播音响系统是指单位内部或某一建筑物（群）自成系统的独立有线广播系统，是集娱乐、宣传和通信的工具。广播音响系统常用于公共场所，平时播放背景音乐，播放通知，报告本单位新闻、生产经营状况及召开广播会议；在特殊情况下还可以当作应急广播，如事故、火警疏散的抢救指挥等。此外，还可以转播中央和当地电台的无线广播节目、自办娱乐节目等。该系统的特点是：设备简单，维护和使用方便，听众多，影响面大，工程造价低，易普及。目前，广播音响系统已被广泛采用。

建筑物的广播系统主要是有线广播系统，按用途可分为语言扩声系统和音乐扩声系统两大类。语言扩声系统主要用来播送语言信息，多用于人口聚集、流动量大、播送范围广的场合，如火车站、候机厅、大型商场、码头、宾馆、厂矿、学校等。语言扩声系统的特点是，声音传输距离远，带的扬声器多，覆盖范围大，对音质要求不高，只对声音的清晰度有一定的要求，声压级要求不高，达到 70dB 即可。语言扩声系统一般采用以前置放大器为中心的音响系统，如图 8－3（a）所示。

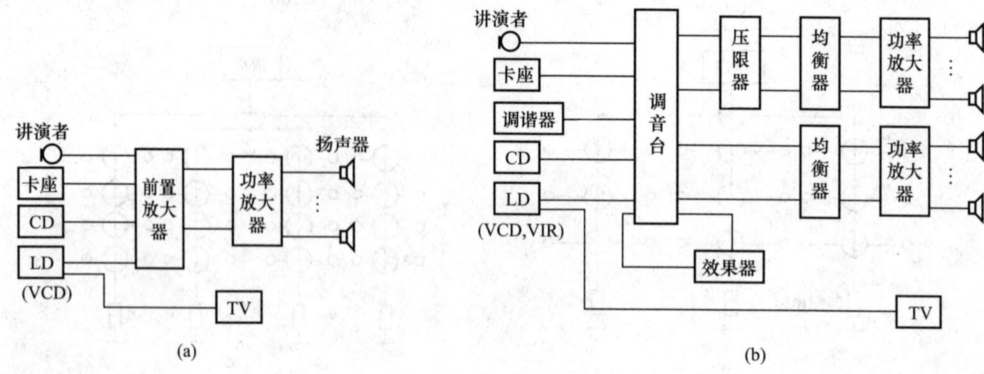

图 8－3　两种扩声系统

（a）语言扩声系统；（b）音乐扩声系统

音乐扩声系统主要用来播放音乐、歌曲和文艺节目等内容，以欣赏和享受为目的。因此在声压级、传声增益、频响特性、声场不均匀度、噪声、失真度和音响效果等方面，比语言扩声系统有更高的要求。音乐扩声系统主要采用双声道立体声形式，有的还采用多声道和环绕立体声形式。音乐扩声系统多采用以调音台为控制中心的音响系统，如图 8－3（b）所示。音乐扩声系统多用于音乐厅、歌厅、舞厅、卡拉 OK 厅、多功能厅、剧场、体育馆和大型文艺演出等场合。对于专业音响系统，使用的设备多、档次高，对声场的频响特性要求高，安装和调试比较复杂，需要有专业知识的人员进行调试和现场指导，才能使系统的音响效果达到理想状态。

8.2.2　广播音响系统的组成

广播音响系统由音源设备、声音处理设备、扩声设备三部分组成。

一、音源设备

音源设备能够产生声音信号，频率为 20Hz～20kHz，主要音源设备如下：

(1) 话筒。话筒又叫传声器或麦克风，它是把各种声源发出的声音转换成电信号的设备。

(2) 卡座录音机。录音机是能将音频信号进行记录和重放的设备。它是利用电磁转换原理，把其他音源的信号记录在磁带上，或是把录在磁带上的信号重放出来。现在的录音机普遍采用了轻触式机芯、逻辑控制电路、集成化杜比降噪系统、自动选曲电路和微处理器控制电路等。双卡录音机是扩声系统中不可缺少的设备。

(3) 激光唱机（CD 机）。CD 机是广播音响系统中最常用的音源设备之一，它利用激光光束，以非接触方式将 CD 唱盘上的脉冲编码调制信号检拾出来，经解码器解码把数字信号转换为模拟音频信号输出。CD 机主要由激光拾音器、唱盘驱动器、伺服机构和数字信号处理电路等部分组成。

(4) 电唱机。电唱机是利用拾音头将密纹唱片中的声纹信号检拾出来得到声音信号。目前，电唱机已逐步被卡座录音机和激光唱机所代替。

(5) 调谐器（收音头）。调谐器实际上是一台设有低频放大和扬声器的收音机。

(6) 其他音源设备。录像机（VCR）、影碟机（LD）和各类 VCD 机、DVD 机，它们既能提供视频图像信号，又能提供音频图像信号，可作为扩声系统的音源设备。

二、声音处理设备

语言扩声系统对声音处理设备要求不高，但是对于音乐扩声系统来讲，为了获得高保真度和各种艺术效果的声音，就必须对输入的各种音频信号进行适当的加工处理。声音处理设备主要有：

(1) 调音台。调音台又称前级增音机，是扩声系统中的主要设备之一，起着指挥中心和分配信号的作用。调音台能接收多路不同电平的各种音源信号，在对其进行加工、处理和混合后，重新分配和编组，由输出端子输出多路音频信号，供其他设备使用。

(2) 频率均衡器。频率均衡器是一种对声音频响特性进行调整的设备。通过均衡器可以对声音中某些频率成分的电平进行提升或衰减，以达到不同的音响效果，见表 8－1。

表 8－1　音频信号频率对音质的影响

频率	中心频率	带宽	调整效果
高频	10kHz	5～200kHz	可改变音色的表现力
中频	3kHz	350Hz～6kHz	中高频可改变音色的明亮度、清晰度，中低频可改变音色的力度
低频	100Hz	20～350Hz	可改变音色的丰满度、浑厚度

(3) 移频器。移频器是用来控制扩音设备中声音反馈的设备。它可以实现频率补偿，抑制啸叫，改善重放品质。移频器主要用于语言扩音系统中，而以音乐和歌曲为内容的扩声系统，则不宜采用。

(4) 激励器。音频信号在系统的传输过程中，损失最多的是中频和高频的谐波成分，使扬声器放出来的声音缺乏现场感、穿透力和清晰度，而激励器就是在原来音频信号中添加上丢失的中频和高频谐波成分的设备。

(5) 压限器。它的主要功能是对音频信号的动态范围进行压缩和扩张，即把音频信号的最大电平和最小电平之间的相对变化量进行压缩和扩张，以达到保护设备、减小失真、降低噪声和美化音质的目的。

三、扩声设备

扩声设备主要有以下几类：

(1) 功率放大器。功率放大器简称功放，它的作用是把来自前置放大器或调音台的音频信号进行功率放大，以足够的功率推动音箱发声。功放按照与扬声器配接的方式可分为定压式和定阻式两种。对于传播距离远、音箱布局分散的广播系统，应选用定压式功放。歌舞厅、迪斯科厅等场所的主音箱系统选用定阻式功放。

(2) 音频变压器。音频变压器的作用是变换电压和阻抗。

(3) 扬声器。扬声器是将扩音机输出的电能转换为声能的器件。

8.2.3　扬声器的布置

在现代建筑中，广播音响系统和消防广播系统往往共用一个系统，根据实际情况相互切换。因此，广播音响系统对扬声器的布置还应符合消防紧急广播的要求。对用于公共广播系统的语言扩音系统，扬声器布置地点包括走廊、电梯门厅、商场、餐厅、会场、娱乐厅等公共场所及车库、机房等地点，在走道的交叉处及拐弯处也应安装扬声器。对厅堂音乐扩声系统的一般要求：所有听众席上的声压分布均匀，听众的声源方向良好，控制声反馈和避免产生回声干扰。

扬声器的布置方式有以下三种：

一、集中式布置

这种布置方式的扬声器指向性较宽，适用于房间形状和声学特性良好的场所。其优点是声音清晰、自然、方向性好，缺点是有可能引起啸叫。

二、分散式布置

这种布置方式的扬声器指向性较尖锐，适用于房间形状和声学特性不良好的场所，其优点是声压分布均匀，容易防止啸叫；缺点是声音的清晰度容易破坏，感觉声音从旁边或者后边传来，有不自然的感觉。

三、混合式布置

这种布置方式的主扬声器的指向性较宽，辅助扬声器的指向性较尖锐，适用于声学特性良好，但房间形状不理想的场所。该方式的优点是大部分座位的清晰度好，声压分布较均匀；缺点是有的座位会同时听到主、辅扬声器两方向来的声音。

8.3 电话通信系统

8.3.1 电话通信系统概述

随着经济的发展和信息时代的到来，人们对信息的需求量与日俱增，电话通信已成为人们交流、获取信息的重要方式之一。在现代建筑中，电话通信系统是建筑电气弱电部分不可缺少的系统之一。

一、电话通信的发展

电话通信技术从发明到现在，已经有一百多年的历史。它的发展经历了模拟通信和数字通信两个阶段。模拟通信是指信号以模拟方式进行处理和传输；而数字通信是指将模拟信号转换为数字信号，然后以数字信号进行通信，这种方式就称为数字通信。图 8－4 所示为模拟通信和数字通信示意。

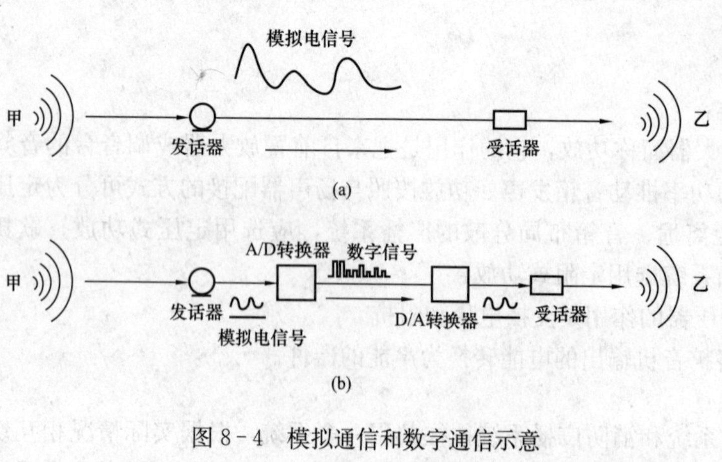

图 8－4 模拟通信和数字通信示意
(a) 模拟通信示意；(b) 数字通信示意

由图 8－4 可以看出，数字通信与模拟通信相比较，增加了两个设备：一个是模拟转换设备，作用是将模拟信号转换为数字信号；另一个是数模转换设备，作用是将数字信号还原为模拟电信号。数字通信与模拟通信一样，也是双向的。目前，我国大部分地区已建成数字电话交换本地网，电话交换设备已基本实现数字程控交换。

二、程控交换机

(1) 程控交换机概述。不同用户间的通话，是通过电话交换机来完成的。早期的电话交换是依靠人工接线来满足用户通话要求的，这种人工电话交换机的保密性差，接线速度慢，劳动强度大。后来人们又发明了步进制和纵横制等电磁式交换机，它们具有笨重、费电、维护量大等缺点。

1965年5月，美国贝尔系统的1号电子交换机问世，它是世界上第一部开通使用的程控电话交换机。程控交换机是利用电子计算机技术，用预先编好的程序来控制电话的接续工作。交换机在硬件上采用全模块化结构，具有高集成度、高可靠性、高功能、低成本的特点，最开始的程控交换机都是模拟程控交换机，只能交换模拟信号。随着电子器件、集成电路和电子计算机技术的发展，出现了程控数字交换机。程控数字交换机（PABX）实质上是一部由计算机软件控制的数字通信交换机。图8-5所示为程控数字交换机硬件结构。

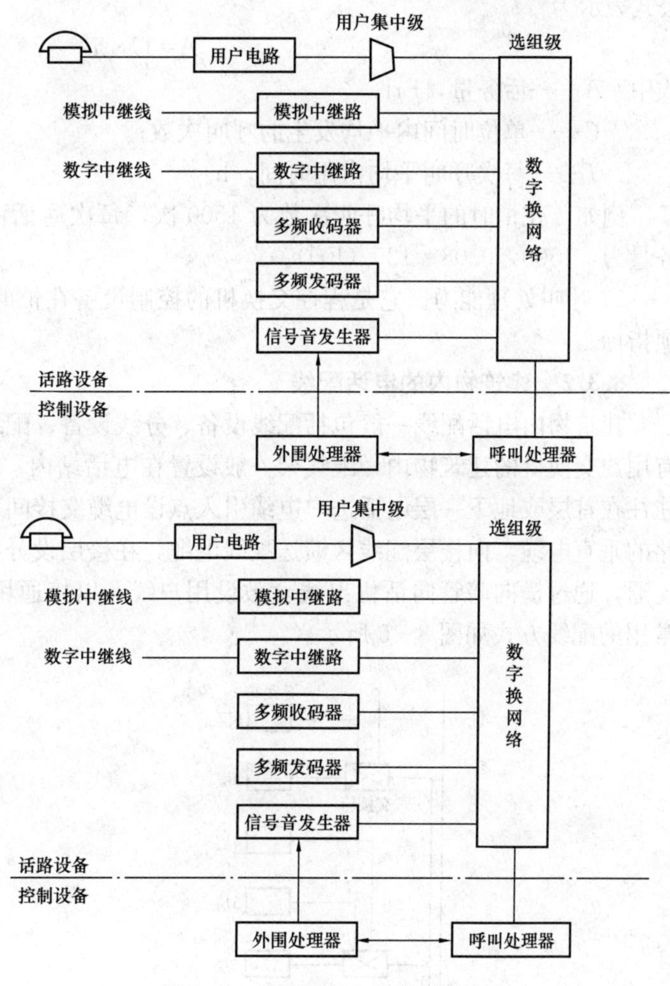

图8-5 程控数字交换机硬件结构

(2) 程控交换机的构成。程控交换机基本划分为两大部分：话路设备和控制设备。话路设备主要包括各种接口电路（如用户线接口电路和中继线接口电路等）和交换（或接续）网络；控制设备在纵横制交换机中主要包括标志器与记发器，而在程控交换机中，控制设备则为电子计算机，包括中央处理器（CPU）、存储器和输入/输出设备。

(3) 程控交换机的类型。从技术结构上划分为程控模拟用户交换机和程控数字用户交换机两种。前者是对模拟话音信号进行交换，属于模拟交换范畴。后者交换的是PCM数字话音信号，是数字交换机的一种类型。

从使用方面进行分类，程控交换机可分为通用型程控用户交换机和专用型程控用户交换机两大类。通用型程控用户交换机适用于一般企业、事业单位，工厂，机关，学校等以话音业务为主的单位，容量一般在几百门以下，且其内部话务量所占比重较大，一般占总发话话务量的70%左右。目前，国内生产的200门以下的空分程控用户交换机均属此种类型，其特点是系统结构简单，体积较小，使用方便，价格便宜，维护量较少。专用型程控用户交换机适用于各种不同的单位，根据各单位专门的需要提供各种特殊的功能。

(4) 程控交换机的主要性能指标。

1) 容量规模。这项指标是指交换机能接入的最大的用户线数或中继线数，它反映交换机网络的通路数。

2) 话务量。它是衡量程控交换机所能承担话务量多少的指标，通常用爱尔兰（或小时呼）作为话务量的单位。话务量为单位时间内平均呼叫次数与呼叫平均占用时间的乘积，用公式表示为

$$A=C\times T \tag{8-1}$$

式中 A——话务量，Erl；

C——单位时间内平均发生的呼叫次数；

T——每次呼叫平均占用时间，h。

例如：在忙时的平均呼叫次数为 1500 次，每次通话占用时间平均为 0.08h，则忙时话务量为：1500×0.08=120（Erl）。

3) 呼叫处理能力。它是程控交换机的控制设备在忙时对用户呼叫次数的处理能力的一项指标。

8.3.2 建筑物内的电话配线

建筑物内电话配线一般包括配线设备、分线设备、配线电缆、用户线及用户终端机。在有用户交换机的建筑物内，配线架一般设置在电话站内；在无用户交换机的较大建筑物内，往往在首层或地下一层电话进户电缆引入点设电缆交接间，内置交接箱，从配线设备引出多路的垂直电缆，向楼层配线区馈送配线电缆，在楼层设分线箱，并与楼层横向暗管线系统相连通，通过横向暗管向话机出线盒敷设用户线，以接通用户终端设备（电话机、传真机）。常用的配线方式如图 8-6 所示。

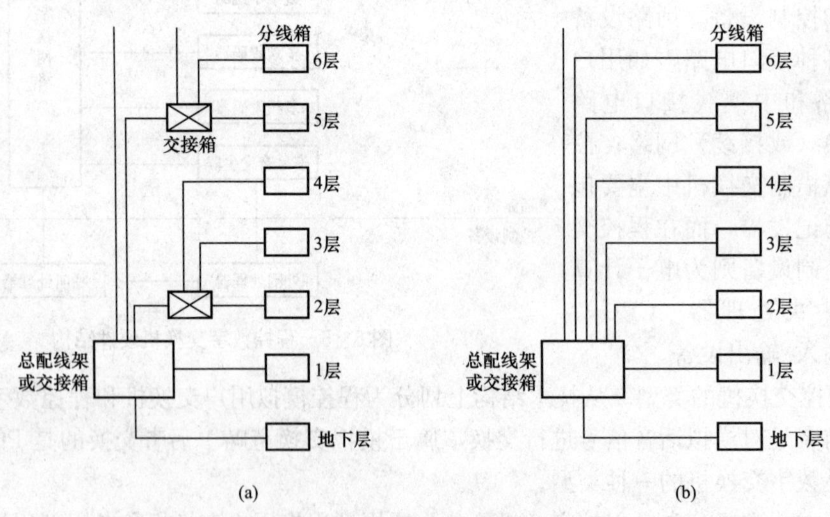

图 8-6 常用的配线方式
(a) 交接式配线；(b) 单独式配线

单独式配线的特点是，各个楼层的配线电缆采用分别独立的直接配线，因此，各楼层之间的配线电缆之间毫无直接关系，各楼层所需的电缆对数根据需要确定，互不影响。该配线

方式电话电缆数量多，工程造价较高。

交接式配线方式将高层建筑物按楼层分为几个交接配线区域，除总配线架或总交接箱所在楼层和相邻的几层用直接式配线外，其他各层电缆均由交接配线区内的交接箱引出。由于各层的电话电缆线路互不影响，所以故障影响范围小。这种配线方式的主干线电缆芯线利用率较高，适用于各楼层需要的电缆线对数不同的场所。

8.4 防盗与保安系统

8.4.1 防盗与保安系统概述

国民经济的发展使得人们对建筑物及建筑物内部物品的安全性要求日益提高，无论是金融大厦、证券交易中心、博物馆及展览馆，还是办公大楼、高级商场及住宅小区，对保安系统均有相应的要求。因此，保安系统已经成为现代化建筑，尤其智能建筑非常重要的系统之一。

早期保安系统的主要内容是保护财产和人身安全。随着科技的飞速发展，各单位的重要文件、技术资料、图纸的保护也越来越重要。在具有信息化和办公自动化的建筑内，不仅要对外部人员进行防范，而且要对内部人员加强管理。

防盗保安系统分防盗系统和保安系统两大类。

8.4.2 防盗系统的种类及应用

防盗系统的种类很多，在此选取一部分加以介绍，以便对防盗系统的原理有一个基本了解。

一、防盗系统的种类

(1) 玻璃破碎报警防盗系统。玻璃破碎报警器是一种探测玻璃破碎时发出的特殊信号的报警器。目前，国际上已有多种玻璃破碎报警器，有的是利用振动原理来检测的，有的是利用声音来检测的，如BSB型玻璃破碎报警器是利用探测玻璃破碎时发出的特殊声音来报警的。BSB主要由报警器和探头两部分组成，报警器可安装在值班室内等，探头设置在需要保护的现场，它的安装无严格的方向性要求。探头的作用是将声音信号转换为电信号，电信号经信号线传输给报警器。

玻璃破碎防盗报警器适宜设置在商场、展览馆、仓库、实验室、办公楼的玻璃橱柜和玻璃门窗处。这类报警装置对玻璃破碎的声音具有极强的辨别能力，而对讲话和鼓乐声却无任何反应。

(2) 超声波报警防盗系统。超声波防盗报警器是利用超声波来探测运动目标，探测室内有无异常人侵入的报警设备。当夜间有人侵入时，由发射机向现场发射的超声波射向入侵的运动目标，从而产生反射信号，使得远控报警控制器获得信号，并立即向值班人员发出报警声和光信号。这种报警器由三部分组成：发射机、接收机和远控报警器。发射机和接受机均安装于需要防范的现场，远控报警器安装在值班室内。它适宜于立体空间的监控，异常人物不论是从外部侵入或从天窗、地下钻出来，都在其监控范围内。

(3) 微波报警防盗系统。微波报警防盗器是利用微波技术进行工作的一种防盗装置，实际上是一种小型化的雷达装置。这种报警器是用在探测一定距离内的空间出现人体活动目标的，它能迅速报警，显示和记录数据。它不受环境、气候及温度的影响，能在立体范围内进行监控，而且易于隐蔽安装。

(4) 红外报警系统。红外报警控制器具有独特的优点：在相同的发射功率下，红外有极远的传输距离；它是不可见光，入侵者难以发现并躲避它；它是非接触警戒，可昼夜监控。

红外报警控制器分为主动和被动两种，主动式红外控制器是一种红外线光束截断型报警器。它由发射器、接收器和信息处理器三个单元组成。被动式红外报警控制器为一种室内型静默式的防入侵报警器，它不发射红外线，安装有灵敏的红外传感器，一旦接收到入侵者身体发出的红外辐射，即可报警。

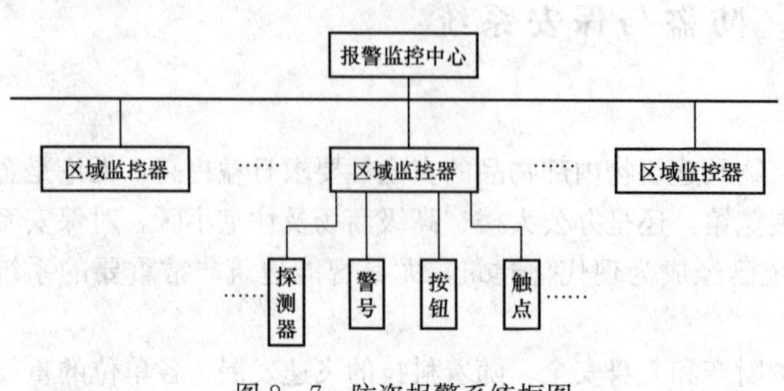

图 8-7 防盗报警系统框图

如图 8-7 所示为防盗报警系统框图。

二、防盗系统的应用举例

某大厦为一幢现代化的商务楼。根据大楼特点和安全要求，在首层 4 个入口处各配置一个红外探测器，二楼至八楼的每层走廊进出通道各配置 2 个红外探测器，同时每层各配置四个紧急按钮，紧急按钮安装位置视办公室具体情况而定。保安中心设在二楼电梯厅旁，防盗报警系统采用美国 4140XMPT2 型装置，该主机有 9 个基本接线防区，构成总线式结构，可扩充多达 87 个防区，并具备多重密码、布防时间设定、自动拨号及“黑匣子”等功能。整个防盗报警系统如图 8-8 所示，其中 4208 为总线式 8 区（提供 8 个地址）扩展区，可以连接 4 线探测器，6139 为 LCD 键盘。

8.4.3 保安系统

一、可视—对讲—电锁门保安系统

本系统在住宅楼入口设有电磁锁门，门平时总是关闭的，在门外墙上设有对讲总控制箱，来访者必须按下探方对象的楼层和住宅号相对应的按钮，则被访家中的对讲机铃响，当主人通过对讲机问清来访者的身份，并同意探访时，按动话筒上的按钮，这时电磁门才打开；否则，谈访者被拒之门外。若还希望能看清来访者的容貌及入口的现场，则在门外安装电视摄像机，将摄像机视频输出经同轴电缆接入调制器，再由调制器输出射频信号进入混合器，并引入大楼内公用天线系统，这就是可视—对讲—电锁门保安系统。

二、闭路电视保安系统

在人们无法或者不可能直接观察的场合，闭路电视监视系统能实时、形象、真实地反映监控对象的画面，并已成为现代化管理中监控的一种极为有效的监视工具。闭路电视监视系统通常由摄像、控制、传输和显示四部分组成。在重要场所安装摄像机，使保安人员在监控中心便可监视整个大楼内、外的情况。监视系统除起到正常的监视作用之外，在接到报警系统的信号后，还可实行实时录像，以供现场跟踪和事后分析。

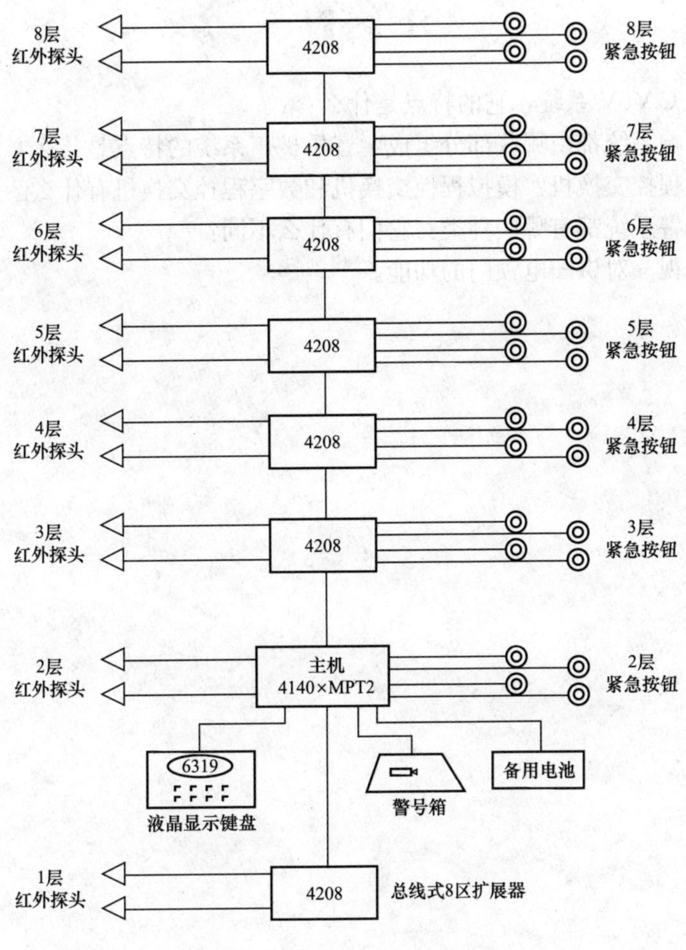

图 8-8 某大厦防盗报警系统

本章小结

有线电视系统由前端信号处理部分、中端传输部分及用户分配部分组成。其中，用户分配系统中用到的主要设备和材料有分配器、分支器、电缆线等。

广播音响系统分为语言扩声系统和音乐扩声系统两大类。语言扩声系统的特点是传输距离远、信号清楚等，主要用在车站、码头、学校等公共场所。音乐扩声系统对音质要求较高，一般用在音乐厅、歌厅、舞厅等场所。

电话的发展经历了从模拟通信到数字通信的发展。用来处理电话信号的设备是电话程控交换机。

防盗系统由探测器和报警器两大部分组成。目前，建筑中红外探测报警用得较多，除此之外，还有超声波探测报警、玻璃破碎报警等。可视对讲门禁系统由于其具有安全可靠的性能及工程造价低的特点，在住宅楼中得到了广泛的应用。

习　题

8.1　什么是CATV系统，它的特点是什么？

8.2　广播音响系统都由哪些部分组成？音乐扩声系统的特点是什么？

8.3　什么是程控交换机？模拟程控交换机和数字程控交换机有什么区别？

8.4　红外报警系统都有哪些种类？它们有什么不同？

8.5　简述可视—对讲—电锁门的功能。

第9章 建筑电气照明

【要点提示】建筑照明主要是为建筑物提供一个安全、舒适、美观的环境，以便人们生活、工作和休闲等。在电气照明设计中，为了满足建筑需求，保证照明质量，首先要根据电光源的性能指标，结合建筑环境特点来选择合适的电光源。因此，电光源的选用是很重要的一个内容。常用的电光源有白炽灯、荧光灯、碘钨灯、高压汞灯、高压钠灯、LED光源等。

9.1 概述

照明技术的实质是研究光的分配与控制，下面对光的基本概念作以介绍。

一、光的本质

现代物理学证实，关于光的本质有两种理论，即电磁理论和量子理论。光的电磁理论认为，光是在空间传播的一种电磁波，而电磁波的实质是电磁振荡在空间的传播。光的量子理论认为，光是由辐射源发射的微粒流。

二、光源的主要特性

(1) 色调。不同颜色光源所发出的或者在物体表面反射的光，会直接影响人们的视觉效果。如红、橙、黄、棕色光给人以温暖的感觉，这些光叫做暖色光；蓝、青、绿、紫色光给人以寒冷的感觉，这些光叫做冷色光。光源的这种视觉特性叫做色调。

(2) 显色性。同一颜色的物体在具有不同光谱功率分布的光源照射下，会显现出不同的颜色。与参考标准光源相比较时，光源显现物体颜色的特性叫做光源的显色性。

(3) 色温。光源发射光的颜色与黑体在某一温度下辐射的光色相同时，黑体的温度叫做该光源的色温。据实验，将一具有完全吸收与放射能力的标准黑体加热，温度逐渐升高，光度也随之改变，黑体曲线可显示黑体由红—橙红—黄—黄白—白—蓝白的过程。可见光源发光的颜色与温度有关。

(4) 眩光。光由于时间或空间上分布不均，造成人们视觉上不适，这种光叫做眩光。眩光分为直射眩光和反射眩光。眩光是衡量照明质量的一个重要参数。

三、光度量

(1) 光通量。光通量的实质是通过人的视觉来衡量光的辐射通量。光源在单位时间内向周围空间辐射并引起人的视觉的能量大小，叫做光通量。

光通量用符号 Φ 表示，单位是 lm（流明）。

(2) 照度。通常把物体表面所得到的光通量与这个物体表面积的比值叫做照度，即

$$E=\frac{\Phi}{S} \tag{9-1}$$

式中 Φ——光通量，lm；

S——面积，m^2；

E——照度，lx。

光通量主要用来表征光源或发光体发射光的强弱，而照度用来表征被照面上接收光的强弱。

表 9-1 中列出了各种环境条件下被照面的照度，以便对照度有一个大概的了解。

表 9-1 各种环境条件下被照面的照度

被照表面	照度（lx）	被照表面	照度（lx）
朔日星夜地面	0.002	晴天采光良好的室内	100～500
望日月夜地面	0.2	晴天室外太阳散光下的地面	1000～10 000
读书所需最低照度	＞30	夏日中午太阳直射的地面	100 000

9.2 照明的基本概念

9.2.1 我国的照度标准

为了限定照明数量，提高照明质量，需制定照度标准。制定照度标准需要考虑视觉功效特性、现场主观感觉和照明经济性等因素。制定照度标准的方法有多种：主观法，根据主观判断制定照度；间接法，根据视觉功能的变化制定照度；直接法，根据劳动生产率及单位产品成本制定照度。

随着我国国民经济的发展，各类建筑对照明质量要求越来越高，国家也制定了相关的照度标准，各类建筑的照度标准见表 9-2 和表 9-3。

表 9-2 住宅照明设计的照度标准

类别		参考平面及其高度	照度标准值（lx）
起居室	一般活动区	0.75m 水平面	100
	书写、阅读	0.75m 水平面	300
卧室	一般活动区	0.75m 水平面	75
	床头阅读	0.75m 水平面	150
餐厅或厨房操作台		0.75m 水平面	150
厨房一般活动区		0.75m 水平面	100
卫生间		0.75m 水平面	100
楼梯间		地面	30

表 9-3 中小学建筑照明的照度标准

类别	照度标准值（lx）	备注	类别	照度标准值（lx）	备注
教室	300	课桌面	美术教室	500	课桌面
实验室、自然教室	300	实验课桌面	阅览室	300	0.75m 水平面
多媒体教室	300	0.75m 水平面	办公室	300	0.75m 水平面
教室黑板	500	黑板面	饮水处、厕所、走道、楼梯间	75	地面

9.2.2 照明种类

一、正常照明

永久性安装及正常情况下使用的照明叫做正常照明。正常照明又分为四种方式：一般照明、分区一般照明、局部照明和混合照明。

二、应急照明

在正常照明电源因故障失效的情况下，供人员疏散、保障安全或继续工作用的照明叫做应急照明。应急照明包括疏散照明、安全照明和备用照明。

在下列的建筑场所应该装设应急照明：

(1) 一般建筑的走廊、楼梯和安全出口等处。

(2) 高层民用建筑的疏散楼梯、消防电梯及其前室、配电室、消防控制室、消防水泵房和自备发电机房。

(3) 医院的手术室和急救室。

(4) 人员较密集的地下室、每层人员密集的公共活动场所等。

值得注意的是，应急照明光源应采用能瞬时可点燃的照明光源，一般使用白炽灯、荧光灯、卤钨灯、LED灯等。

三、警卫值班照明

一般情况下，把正常照明中能单独控制的一部分或者应急照明的一部分作为警卫值班照明。警卫值班照明是在非生产时间内为了保障建筑及生产的安全，供值班人员使用的照明。

四、障碍照明

在可能危及航行安全的建筑物或构筑物上安装的标志灯叫做障碍照明。障碍照明应该按交通部门有关规定装设，如在高层建筑物的顶端应该装设飞机飞行用的障碍标志灯；在水上航道两侧建筑物上装设水运障碍标志灯。障碍照明灯应采用能透雾的红光灯具，有条件时宜采用闪光照明灯。

五、装饰照明

为美化和装饰某一特定空间而设置的照明，叫做装饰照明。装饰照明以纯装饰为目的，不兼作工作照明。

9.3 常用电光源及照明器

9.3.1 常用电光源

一、热辐射光源

根据光的产生原理，目前常用的照明电光源可分为热辐射光源、气体放电光源和LED光源三大类。热辐射光源是利用某种物质通电加热而辐射发光的原理制成的光源，如白炽灯和卤钨灯等。

(1) 白炽灯。白炽灯原理是电流将钨丝加热到白炽状态而发光。

白炽灯的性能特点是结构简单、成本低、显色性好、使用方便、有良好的调光性能，但发光效率很低，寿命短。一般情况下，室内外照明不应采用普通照明白炽灯；但在特殊情况下需采用时，其额定功率不应超过100W。

(2) 卤钨灯。卤钨灯是在白炽灯的基础上改进制成的。卤钨灯管内充入适量的氩气和微量卤素（碘或溴）。由于钨在蒸发时和卤素形成卤化钨，卤化钨在高温灯丝附近又被分解，使一部分钨重新附着在灯丝上，这样就提高了灯丝的工作温度和寿命。

卤钨灯的特点是体积小、寿命长、光效高、显色性好、使用方便，特别适用于电视转播照明，并用于绘画、摄影照明和建筑物投光照明等场所。

二、气体放电光源

气体放电光源是利用汞或钠气体辐射的紫外线激活荧光粉发光的原理制成的光源，如荧光灯、高压汞灯和高压钠灯等。根据气体的压力不同，气体放电光源又分为低压气体放电光源和高压气体放电光源。低压气体放电光源包括荧光灯和低压钠灯，这类灯中气体压力低；高压气体放电光源的特点是灯中气压高，负荷一般比较大，则灯管的表面积及灯的功率也较大，因此高压气体放电光源也叫做高强度气体放电灯。

(1) 荧光灯。荧光灯是常用的一种低压气体放电光源，它具有结构简单、光效高、显色性较好、寿命长、发光柔和等优点，一般用在家庭、学校、研究所、工业、商业、办公室、控制室、设计室、医院、图书馆等场所。

(2) 紧凑型高效节能荧光灯。紧凑型高效节能荧光灯是一种新型特种荧光灯，它集中白炽灯和荧光灯的优点，光效高、寿命长、显色性好、体积小、使用方便，一般用在家庭、宾馆等场所。

(3) 高压汞灯。高压汞灯又叫做水银灯，是一种高压气体放电光源。高压汞灯的特点是结构简单、寿命长、耐震性较好，但光效低、显色性差，一般可用在街道、广场、车站、码头、工地和高大建筑的室内外照明，但不推荐应用。

(4) 高压钠灯。高压钠灯是一种高压钠蒸气放电光源。它的特点是发光效率特高、寿命很长、透雾性能好，广泛用于道路、机场、码头、车站、广场、体育场及工矿企业等场所照明，是一种理想的节能光源，缺点是显色性差。

(5) 低压钠灯。低压钠灯是电光源中光效最高的品种。它的特点是光色柔和、眩光小、光效特高、透雾能力极强，适用于公路、隧道、港口、货场和矿区等场所的照明；缺点是其光色近似单色黄光，分辨颜色的能力差，不宜用在繁华的市区街道和室内照明。

(6) 金属卤化物灯。金属卤化物灯是在高压汞灯和卤钨灯工作原理的基础上发展起来的新型高效光源，其特点是发光效率高、寿命长、显色性好，一般用在体育场、展览中心、游乐场所、街道、广场、停车场、车站、码头、工厂等。

(7) 管型氙灯。管型氙灯的特点是功率大、发光效率较高、触发时间短、不需镇流器、使用方便，一般用在广场、港口、机场、体育场等照明和老化试验等要求有一定紫外线辐射的场所。

三、LED 光源

LED 光源是利用固体半导体芯片作为发光材料，在半导体中通过载流子发生复合放出过剩的能量而引起光子发射，直接发出红、黄、蓝、绿、青、橙、紫、白色的光。LED 照明产品就是利用 LED 作为光源制造出来的照明器具。随着电子技术的发展，目前这种光源在交通、汽车、建筑领域的应用也越来越广泛。

9.3.2 常用照明器

一、照明器的作用

在照明设备中，灯具的作用包括：合理布置电光源；固定和保护电光源；使电光源与电源安全可靠地连接；合理分配光输出；装饰、美化环境。

可见，照明设备中，仅有电光源是不够的。灯具和电光源的组合叫做照明器。有时候也把照明器简称为灯具，这样比较通俗易懂。值得注意的是，在工程预算上不要混淆这两种概念，以免造成较大的错误。

二、照明器的分类

灯具的类型很多，分类方法也很多，这里仅介绍几种常用的分类方法。

(1) 按照灯具结构分类。

1) 开启型。光源裸露在灯具的外面，即灯具是敞口的，这种灯具的效率一般比较高。

2) 闭合型。透光罩将光源包围起来，内外空气可以自由流通，透光罩内容易进入灰尘。

3) 密闭型。这种灯具透光罩内外空气不能流通，一般用于浴室、厨房、潮湿或有水蒸气的厂房内等。

4) 防爆型。这种灯具结构坚实，一般用在有爆炸危险的场所。

5) 防腐型。这种灯具外壳用耐腐蚀材料制成，密封性好，一般用在有腐蚀性气体的场所。

(2) 按安装方式分类。

1) 吸顶型。灯具吸附在顶棚上，一般适用于顶棚比较光洁而且房间不高的建筑物。

2) 嵌入顶棚型。除了发光面，灯具的大部分都嵌在顶棚内，一般适用于低矮的房间。

3) 悬挂型。灯具吊挂在顶棚上，根据吊用的材料不同可分为线吊型、链吊型和管吊型。悬挂可以使灯具离工作面近一些，提高照明经济性，主要用于建筑物内的一般照明。

4) 壁灯。灯具安装在墙壁上。壁灯不能作为主要灯具，只能作为辅助照明，并且富有装饰效果，一般多用小功率光源。

5) 嵌墙型。灯具的大部分或全部嵌入墙内，只露出发光面。这种灯具一般用于走廊和楼梯的深夜照明灯。

三、照明器的选择

选择灯具应该根据使用环境、房间用途等并结合各种类型灯具特性来选用。上面已经介绍了各种类型灯具适用的场所，在此，介绍不同环境下选择灯具应遵守的规定：

(1) 在正常环境中，适宜选用开启式灯具。

(2) 在潮湿房间，适宜选用具有防水灯头的灯具。

(3) 在特别潮湿的房间，应选用防水、防尘密闭式灯具。

(4) 在有腐蚀性气体和有蒸汽的场所，以及有易燃、易爆气体的场所，应选用耐腐蚀的密闭式灯具和防爆灯具等。

四、灯具的布置

合理布置灯具除了会影响到它的投光方向、照度均匀度、眩光限制等，还会关系到投资费用、检修是否方便等问题。在布置灯具时，应该考虑到建筑结构形式和视觉要求等特点。一般灯具的布置方式有以下两种：

(1) 均匀布置。灯具的均匀布置指的是灯具间距按一定的规律（如正方形、矩形、菱形等形式）均匀布置，使整个工作面获得比较均匀的照度。均匀布置适用于室内灯具的布置。

(2) 选择布置。灯具的选择布置指的是为满足局部要求的布置方式。选择布置适用于其他场所。

9.4 电气照明供电

9.4.1 电气照明负荷计算

一、住宅照明负荷计算

住宅照明的负荷可按以下方法估算。

1）普通住宅（小户型）。普通住宅面积在 60m² 以下，负荷可按 4～5kW/户计算。

2）中级住宅（中型户）。中级住宅面积在 60～100m²，负荷按 6～7kW/户计算。

3）高级住宅和别墅（大套型）。高级住宅和别墅面积在 100m² 以上，负荷按 8～12kW/户计算。

计算总负荷时，根据住宅用户的数量需用系数取值在 0.26～1 之间。

二、其他建筑物负荷照明计算

其他照明负荷的计算方法一般采用需用系数法。当接于三相电压的单相负荷三相不平衡时，可按最大相负荷的 3 倍计算。

9.4.2 电气照明供电电源

一、住宅照明供电电源

住宅照明的电源电压为 380V/220V，一般采用三相四线制系统供电。电源引入可采用架空进户和电缆埋地暗敷进户两种，其中架空进户标高应大于等于 2.5m。

二、办公楼、学校等建筑物照明供电电源

办公室照明的电源电压为 380V/220V，采用三相四线制系统供电，与住宅照明不同的是，办公室照明的电源引入线为 10kV 高压线。因此，需设置单独的变配电室，一般设在地下一层，采用干式变压器变压。电源引入方式为电缆埋地穿管引入。

三、厂房照明供电电源

在我国电能用户中，工业用电量占电力系统总用电量的 70%左右。而工厂的用电量大部分集中在动力设备中，照明只是其中很小一部分。对于大、中型工厂常采用 35～110kV 电压的架空线路供电，小型工厂一般采用 10kV 电压的电缆线路供电。工厂用电的负荷等级应为一级或二级。

工厂普通照明一般采用额定电压 220V，由 380V/220V 三相四线制系统供电。在触电危险性较大的场所采用局部照明和手提式照明灯具，应采用 50V 及以下的安全电压；在干燥场所不大于 50V，在潮湿场所不大于 25V。

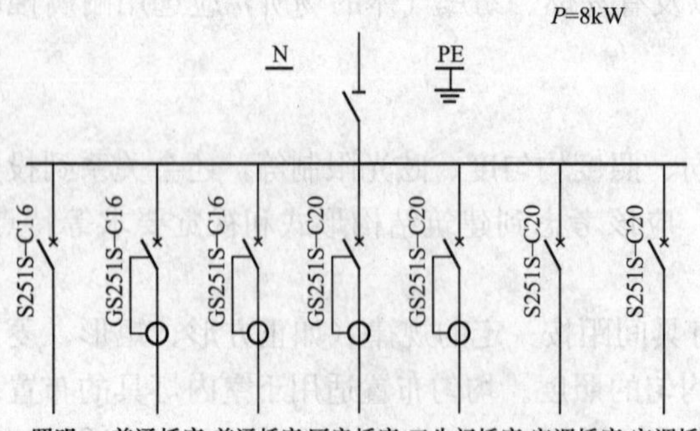

图 9-1 住宅室内配电形式

9.4.3 电气照明配电系统

(1) 住宅内导线应采用 BLV 或 BV 型绝缘线。目前，以 BV 型居多。导线敷设方式为穿 PVC 管（或其他管）暗敷。按照规范，住宅照明导线不得小于 2.5m²。配电方式可采用放射式与树干式结合的形式，如图 9-1 所示。

(2) 办公室照明配电干线，多采用电缆穿桥架或穿钢管敷设。配电支线可采用 BV

型绝缘线穿PVC管或线槽敷设。

(3) 学校宿舍楼、教学楼可采用PVC管暗配线；其他实验楼、综合楼干线宜采用钢管暗配，支线采用PVC管暗配。学生宿舍、实验楼、综合楼等配电方式一般采用放射式、树干式。

(4) 工厂变电所及各车间的正常照明，一般由动力变压器供电。如果有特殊需要可考虑用照明专用变压器供电，事故照明应有独立供电的备用电源。

本章小结

本章主要介绍了建筑电气照明的相关知识，其中包括：光的基本概念、照明的几种类型、照度标准的基本概念；几种常用照明电光源的特性；照明器的作用、类型、选用及布置方式；建筑物照明负荷的计算方法、照明供电电源及照明配电线路等。

习题

9.1 试述光通量和照度的物理意义和单位。

9.2 什么是照度标准，我国建筑物照度标准是如何规定的?

9.3 举例说明室内照明的照度要求。

9.4 试述常用几种电光源的特点及适用场所。

9.5 住宅楼照明供电电源采用什么样的供电方式?

第10章　建筑电气施工图识读

【要点提示】本章主要介绍建筑电气施工图识图的相关内容，要求熟悉常用的建筑电气图例符号，了解建筑电气施工图纸的组成，掌握建筑电气施工图的识图方法。

10.1　常用建筑电气图例

建筑电气工程图是阐述建筑电气系统的工作原理，描述建筑电气产品的构成和功能，用来指导各种电气设备、电气线路的安装、运行、维护和管理的图纸。它是沟通电气设计人员、安装人员、操作人员的工程语言，是进行技术交流不可缺少的重要手段。电气施工图是土建施工图的组成部分，建筑物的土建施工与电气安装施工之间有着密切的联系，土建施工人员也应该了解电气施工图的组成，会阅读简单的电气图纸。

10.1.1　电气图的基本概念

电气图是用各种电气符号、带注释的图框、简化的外形来表示的系统、设备、装置、元件等之间的相互关系的一种简图。识读电气图时，应了解电气图在不同的使用场合和表达不同的对象时，所采用的表达形式。《建筑电气制图标准》（GB/T 50786—2012）系列标准规定，电气图的表达形式分为以下四种。

一、图

图是用图示法的各种表达形式的统称，即用图的形式来表示信息的一种技术文件，包括用图形符号绘制的图（如各种简图）以及用其他图示法绘制的图（如各种表图）等。

二、简图

简图是用图形符号、带注释的图框或简化外形表示系统或设备中各组成部分之间相互关系及其连接关系的一种图。在不致引起混淆时，简图可简称为图。简图是电气图的主要表达形式。电气图中的大多数图种，如系统图、电路图、逻辑图和接线图等都属于简图。

三、表图

表图是表示两个或两个以上变量之间关系的一种图。在不致引起混淆时，表图也可简称为图。表图所表示的内容和方法都不同于简图。经常遇到的各种曲线图、时序图等都属于表图，之所以用"表图"，而不用通用的"图表"，是因为这种表达形式主要是图而不是表。国家标准把表图作为电气图的表达形式之一，也是为了与国际标准取得一致。

四、表格

表格是把数据按纵横排列的一种表达形式，用以说明系统、成套装置或设备中各组成部分的相互关系或连接关系，或用以提供工作参数等。表格可简称为表，如设备元件表、接线表等。表格可以作为图的补充，也可以用来代替某些图。

10.1.2　电气施工图的图例符号及文字标记

电气施工图只表示电气线路的原理和接线，不表示用电设备和元件的形状和位置。为了使绘图简便，读图方便和图面清晰，电气施工图采用国家统一制定的图例符号及必要的文字标记来表示实际的接线和各种电气设备和元件。

为了能读懂电气施工图，施工人员必须熟记各种电气设备和元件的图例符号及文字标记的意义。目前，有些设备和元件还没有规定标准的图例符号，允许设计人员自行编制，所以在读图时，还要弄清设计人员自行编制的符号及其意义。

目前，国家标准规定的部分电气施工图的图例符号见表 10－1，电气施工图中文字标注的意义见表 10－2，灯具安装方式的标注见表 10－3，常用弱电施工图的图例符号见表 10－4。

表 10－1　　电气施工图用图形符号

名　称	图形符号	名　称	图形符号
动力或动力照明配电箱		暗装	
多种电源配电箱			
信号板信号箱（屏）		密闭（防水）	
照明配电箱（屏）			
电流表	A	防爆	
电压表	V	带保护触点的插座（带接地插孔的单相插座）	
电铃		暗装	
电源自动切换箱（屏）		密闭（防水）	
电阻箱		防爆	
断路器箱		带接地插孔的三相插座	
刀开关箱		暗装	
		灯或信号灯一般符号	
带熔断器的刀开关箱		防爆灯	
开关一般符号		投光灯一般符号	
双控开关（单极三线）		聚光灯	
单极开关		荧光灯一般符号	
暗装		五管荧光灯	5
密闭（防水）		分线盒一般符号	
防爆		室内分线盒	
单相插座		室外分线盒	

续表

名　　称	图形符号	名　　称	图形符号
避雷针		顶棚灯	
弯灯		防水防尘灯	
壁灯		球形灯	
应急灯		局部照明灯	
广照型灯（配照型灯）		带接地插孔的三相插座密闭（防水）	
双极开关		防爆	
暗装		避雷器	
密闭（防水）		安全灯	
防爆			

表 10-2　　电气施工图中文字标注的意义

序　号	名　称	代号	
		旧代号	新代号
交流系统电源导体	电源 电源第一相 电源第二相 电源第三相	 A B C	 L1 L2 L3
交流系统电源导体 保护导体	设备端第一相 设备端第二相 设备端第三相 中性线 保护导体		U V W N PE
敷设方式	电缆沟敷设 电缆桥架敷设 金属线槽敷设 用塑料线槽敷设 穿水煤气管敷设 穿焊接钢管敷设 穿电线管敷设 穿聚氯乙烯硬质管敷设 用塑料夹敷设 穿金属软管敷设	 XC G DG VG VJ SPG	TC CT MR PR RC SC MT（JDG、KBG） PC PCL CP
敷设部位	沿屋架敷设 沿柱敷设 沿墙面敷设 沿顶棚敷设 暗敷设在梁内 暗敷设在柱内 暗敷设在墙内 暗敷设在地面内 暗敷设在顶板内 吊顶内敷设	LM ZM QM PM LA ZA QA DA PA 	AB AC WS CE BC CLC WC FC CC SCE

表 10-3 灯具安装方式的标注

序 号	灯具安装方式的标注		
	名 称	旧代号	新代号
1	线吊式	X	SW
2	链吊式	L	CS
3	管吊式	P	DS
4	壁装式	B	W
5	吸顶式	D	C
6	嵌入式	R	R
7	顶棚内安装	DR	CR
8	墙壁内安装	BR	WR
9	支架上安装	J	S
10	柱上安装	Z	CL
11	座装	ZH	HM

表 10-4 常用弱电施工图的图例符号

名 称	图形符号	名 称	图形符号
电话插座	TP	放大器一般符号	
电视插座	TV	电视接收机	
天线一般符号		彩色电视接收机	
用户一分支器		电话机一般符号	
用户二分支器		壁盒交接箱	
用户三分支器		落地交接箱	
用户四分支器		分线盒一般符号	
二路分配器		室内分线盒	
三路分配器		室外分线盒	

10.2 建筑电气图纸基本内容及识读方法

10.2.1 电气施工图纸的组成及内容

一、首页

首页主要内容包括：电气工程图纸目录、设备材料表和电气设计说明三部分。

电气设计说明是对图纸中不能用符号标明的与施工有关的或对工程有特殊技术要求的补充。比如与强弱电线路并排敷设时的线间距离要求及电气保护措施等。

二、电气外线总平面图

电气外线总平面图以建筑总平面图为依据，绘出架空线路或地下电缆的位置，并注明有关做法。图中还注明了各幢建筑物的面积及分类负荷数据（光、热、力等设备安装容量），注明总建筑面积、总设备容量、总需要系数、总计算容量及总电压损失。此外，图中还标注了外线部分的图例及简要做法说明。对于建筑面积较小、外线工程简单或只是做电源引入线的工程，就没有外线总平面图。

三、电气系统图

电气系统图是用来表示供电系统的组成部分及连接方式，通常用粗实线表示。系统图通常不表明电气设备的具体安装位置，但通过系统图可以清楚地看到整个建筑物内配电系统的情况与配电线路所用导线的型号与截面、采用管径及总的设备容量等，从而可以了解整个工程的供电全貌和接线关系。

四、各层电气平面图

电气平面图详细、具体地标注了所有电气线路的具体走向及电气设备的位置、坐标，并通过图形符号将某些系统图无法表达的设计意图表达出来，具体指导施工。它包括动力平面图、照明平面图、防雷平面图、弱电（电话、广播等）平面图等。在图纸上主要标明电源进户线的位置、规格、穿管管径，各种电气设备的位置，各支路的编号及要求等。

五、原理图

原理图用来表示电气设备的工作原理及各电器元件的作用，相互之间的关系的一种表示方式，并将各电气设备及电气元件之间的连接方式，按动作原理用展开法绘制出来，便于看清动作顺序。原理图分为一次回路（主回路）和二次回路（控制回路）。二次回路包括控制、保护、测量、信号等线路。一次回路通常用粗实线绘制，二次线路通常用细实线绘制。原理图是指导设备制作、施工和调试的主要图纸。

六、安装图

安装图又称安装大样图，用来表示电气设备和电气元件的实际接线方式、安装位置、配线场所的形状特征等。对于某些电气设备或电气元件在安装过程中有特殊要求或无标准图的部分，设计者绘制了专门的构件大样图或安装大样图，并详细地标明施工方法、尺寸和具体要求，以指导设备制作和施工。

10.2.2 识图方法

先看图上的文字说明。文字说明的主要内容包括施工图图纸目录、设备材料表和电气设计说明三部分。比较简单的工程只有几张施工图纸，往往不另单独编制设计说明，一般将文字说明内容表示在平、剖面图或系统图上。

其次，看图上所画的电源从何而来，采用哪些供电方式，使用多大截面的导线，配电使用哪些电气设备，供电给哪些用电设备等。不同的工程有不同的要求，图纸上表达的工程内容一定要搞清。

当看比较复杂的电气图时，首先看系统图，了解有哪些设备组成，有多少个回路，每个回路的作用和原理。然后再看安装图，各个元件和设备安装在什么位置，如何与外部连接，采用何种敷设方式等。

另外，要熟悉建筑物的外貌、结构特点、设计功能和工艺要求，并与电气设计说明、电气图纸一道配套研究，明确施工方法。尽可能地熟悉其他专业（给水排水、动力、采暖通风等）的施工图或进行多专业交叉图纸会审，了解有争议的空间位置或相互重叠现象，尽量避免施工过程中的返工。

10.3　建筑电气施工图识读

10.3.1　电气照明施工图识图

电气照明施工图有三种：电气照明系统图、电气照明平面图和防雷平面图。阅读电气照明施工图时，要将系统图和平面图对照起来读，才能弄清设计意图，指导正确施工。现在分别介绍这三种施工图的内容。

一、电气照明系统图

图 10-1～图 10-12 所示为某小型住宅楼的电气设计施工图，其中图 10-2 和图 10-3 为电气照明系统图。从电气照明系统图上可以读懂以下几个问题：

(1) 供电电源。从系统图上可以看出电源是三相还是单相供电。表示方法是在进户线上画短撇数，如果不带短撇则为单相。也可以从标在线路旁边的文字看出。

(2) 干线的接线方式。从系统图上可以直接看出配线方式是树干式还是放射式或混合式，还可以看出支线的数目及每条支路供电的范围。

(3) 导线的型号、截面、穿管直径、管材以及敷设方式和敷设部位。

导线的型号、截面、穿管直径及管材可以从导线旁的文字标记看出。电气线路文字标记的形式为

$$ab-c(d\times e+f\times g)i-jh \tag{10-1}$$

式中 a——线缆编号；

b——线缆型号；

c——线缆根数；

d——电缆线芯数；

e——线芯截面；

f——PE 及 N 线芯数；

g——线芯截面；

i——导线敷设方式，参见表 10-2 中“敷设方式”项；

j——导线敷设部位，参见表 10-2 中“敷设部位”项；

h——导线敷设高度。

住宅内部均采用绝缘线，各户内支线一般使用 2.5～4mm^2 的绝缘铜线。绝缘线是在裸导线外面加一层绝缘层的导线，主要有塑料绝缘电线、橡皮绝缘电线两大类、其型号和特点见表 10-5。导线型号中第 1 位字母 B 表示布置用导线；第 2 位字母表示导体材料，铜芯不表示（省略），铝芯用“L”表示；后几位为绝缘材料及其他。

表 10－5　　绝缘电线的型号和特点

名称	类型		型号		主要特点
			铝芯	铜芯	
塑料绝缘电线	聚氯乙烯绝缘线	普通型	BLV，BLVV（圆型），BLV－VB（平型）	BV，BVV（圆型）、BVVB（平型）	这类电线的绝缘性能良好，制造工艺简便，价格较低。缺点是对气候适应性能差，低温时变硬发脆，高温或日光照射下增塑剂容易挥发而使绝缘老化加快。因此，在未具备有效隔热措施的高温环境、日光经常照射或严寒地方，宜选择相应的特殊类型塑料电线
		绝缘软线		BVR，RV，RVB（平型），RVS（双绞型）	
		阻燃型		ZR－RV，ZR－RVB（平型），ZR，RVS（双绞型）ZRRVV	
		耐热型	BLV105	BV105，RV－105	
	丁腈聚氯乙烯复合绝缘软线	双绞复合物软线		RFS	它是塑料绝缘线的新品种，这种电线具有良好的绝缘性能，并具有耐寒、耐油、耐腐蚀、不延燃、不易老化等性能，在低温下仍然柔软，使用寿命长，远比其他型号的绝缘软线性能优良。适用于交流额定电压 250V 及以下或直流电压 500V 及以下的各种移动电器、无线电设备和照明灯座的连接线
		平型复合物软线		RFB	
橡皮绝缘电线	棉纱编织橡皮绝缘线		BLX	BX	这类电线弯曲性能较好，对气温适应较广，玻璃丝编织线可用于室外架空线或进户线。但是由于这两种电线生产工艺复杂，成本较高，已被塑料绝缘线所取代
	玻璃丝编织橡皮绝缘线		BBLX	BBX	
	氯丁橡皮绝缘线		BLXF	BXF	这种电线绝缘性能良好，且耐油、不易霉、不延燃、适应气候性能好、光老化过程缓慢，老化时间约为普通橡皮绝缘电线的两倍，因此适宜在室外敷设。由于绝缘层机械强度比普通橡皮线弱，因此不推荐用于穿管敷设

例如，在一段导线旁注有：BV－3×25－RC40FC，即表示导线型号为 BV（铜芯聚氯乙烯绝缘导线），共有 3 根导线，其中每根截面均为 25mm²，采用水煤气钢管配线，暗敷设在地面内。又如图 10－3 中，由 AL1 向 AL2、AL3、AL4 的配出线旁标有：BV－3×16－PC40－WC 标记，即表示铜芯聚氯乙烯绝缘导线 3 根，每根截面均为 16mm²，穿直径为 40mm 的聚氯乙烯硬质管暗敷设在墙内。

（4）配电箱中的设备。配电箱中的开关、保护、计量等设备只能在系统图中表示，平面图中看不出来。照明配电箱的标注格式为

$$\frac{a}{b} \tag{10-2}$$

式中　a——设备型号；

　　　b——设备功率。

如图 10－3 中采用的家用保护箱，其中 AL1～AL4 均为配电箱编号，其中 AL1 配电箱尺寸为 450×300×120。保护箱内还有漏电保护开关，型号为 GS261－C20/0.03。

为了计量电能，配电箱 AW 内还装有电度表。为了管理人员查表的方便，一般把各户

电度表在户外集中安装。

二、电气照明平面图

图 10－5～图 10－8 所示为某小型住宅楼电气照明各层平面图。

电气照明平面图中，按规定的图形符号和文字标记表示出电源进户点、配电箱、配电线路及室内灯具、开关、插座等电气设备的位置和安装要求。同一方向的线路不论有几根导线，都可以用单线表示，但要在线上用短撇表示导线根数。多层建筑物的电气照明平面图应分层来画，标准层可以用一张图纸表示各层的平面。从电气照明平面图上可以读懂以下几个问题：

(1) 进户点、总配电箱和分配电箱的位置。由图 10－5 可以看出，配电箱在一层①轴墙上。

(2) 进户线、干线、支线的走向，导线根数，导线敷设位置，敷设方式。从一层平面图上可以看出，总进楼线 VV22－4×35RC80 埋地引入配电箱 AW，户内配电箱 AL1 进线 BV－3×25－RC40 FC 从 AW 中引来。从一至四层平面图及户内配电箱系统图可以看出，自配电箱 AL1 引出导线 BV－3×16－PC40WC 穿聚氯乙烯硬质塑料管沿墙暗敷设至二、三、四层。

(3) 灯具、开关、插座等设备的种类、规格、安装位置、安装方式及灯具的悬挂高度。照明灯具的标注方式一般为

$$a-b\frac{cdL}{e}f \qquad (10-3)$$

式中　a——灯具的数量；

b——灯具的型号或代号；

c——每盏灯具的灯泡数；

d——每个灯泡的瓦数，W；

e——灯泡安装高度，m；

f——灯具安装方式，参见表 10－3；

L——光源的种类，白炽灯为 LN、荧光灯为 FL、碘钨灯为 I、水银灯为 Hg。

如标注有 $5-\frac{60}{2.5}CS$，表明共有 5 盏灯，每盏灯内有 1 个 60W 的灯泡，链吊式安装，安装高度为距地 2.5m。

除特殊情况外，在平面图上一般不标注哪个开关控制那盏灯具，电气安装人员在施工时，可以按一般规律根据平面图连线关系判断出来。

对图线和结构比较简单的电气施工平面图，经常将照明线路和弱电（电话、电视）线路画在一张图纸上。

三、照明设计说明

在照明系统图和平面图中表达不清楚而又与施工有关系的一些技术问题，往往在照明设计说明中加以补充，如配电箱安装高度，灯具及插座的安装高度，图上不能注明的支线导线的型号、截面、穿管直径、敷设方式，接地方式及重复接地电阻要求，防雷装置施工要求等。因此，在阅读照明施工图时，还应仔细阅读照明设计说明。

10.3.2　弱电施工图的识读

弱电施工图包括图纸目录、设计说明、系统图、平面图、剖面图、各弱电项目供电方式等。

一、首页

首页包括设计说明、设备材料表及图例。其中，设计说明包括施工时应注意的主要事项，各弱电项目中的施工要求、建筑物内布线、设备安装等有关要求。

二、系统图

包括电话、电视等各分项工程系统图。

(1) 电话系统图。电话系统图包括主干电缆和分支电缆，图中应注明电缆编号、电缆线序，并标明分线箱的型号和编号。电话线选用一般导线时，应注明导线的对数，选择电话线时，应留出余量，以备今后发展的需要。

(2) 电视系统图。电视系统图是在各分配系统计算完毕的情况下绘制的。系统图中包括主干电缆和分支电缆，应将电视天线、天线放大器、混合器、主放大器、分配器、分支器、终端匹配电阻等一一画出来并标识清楚。系统图是示意图，可不按比例绘制。

三、平面图

平面图包括电话、电视平面图等。图线和结构比较简单的电气施工平面图，往往将弱电平面图和照明平面图画在一张图纸上。

(1) 电话平面图。先描绘土建专业的建筑平面图，并标明主要轴线号、各房间名称，绘出有关设备的位置及平面布置，并标出有关尺寸，标明设备、管线编号、型号规格，说明安装方式等。绘出地沟、支架、电缆走向布置，并标出有关尺寸。平面图上还需注明预留管线、孔洞的平面布置及标高。对于不能表达清楚的，还应加注文字说明。

(2) 电视平面图。电视平面图应标注线路走向、线路编号、各房间名称，一般应采用穿管暗敷设。前端箱（电视系统控制器）在平面图上应标清楚布设的位置，距交流电源配电箱应保持 0.5m 以上。电视平面图上的管线敷设，应避免与交流电源线路交叉，并应沿最短的线路布置，图形符号应按国家标准绘制。

四、识图举例

某单元四层住宅楼，为一梯两户，局部有跃层。图 10-1～图 10-12 所示为其电气设计施工图，图 10-4 为该楼弱电系统图，图 10-9～图 10-12 为该楼弱电平面图。

序号	图例	名　称	规　格	单位	备　注
1		电话网络交接箱		台	距顶 0.3m 暗装
2		户内配电箱		台	距地 1.4m 暗装
3		电表箱		台	距地 1.4m 暗装
4		车库电动门插座		盏	吸顶
5	○	环形节能灯	1×40W	盏	吸顶
6	⊗	防水防尘灯	1×40W	盏	吸顶
7		暗装单极开关	250V，10A	个	安装高度为 1.3m
8		暗装双极开关	250V，10A	个	安装高度为 1.3m
9		暗装三极开关	250V，10A	个	安装高度为 1.3m
10	LEB	局部等电位连接箱		个	
11	K	空调插座	250V，16A	个	
12		安全型单相五孔暗装插座	250V，10A	个	安装高度为 0.3m
13	TP	电话插座		个	安装高度为 0.3m
14		电视插座		个	安装高度为 0.3m
15		卫生间防溅暗装插座	250V，10A	个	安装高度为 2.3m

图 10-1　图例（一）

序号	图例	名　　称	规　　格	单位	备　　注
16		卫生间防溅暗装插座	250V，10A	个	安装高度为1.8m
17		排烟机防溅暗装插座	250V，10A	个	安装高度为1.8m
18		排气扇		个	详见暖通
19	ADD	家庭智能接线箱		个	安装高度为1.5m
20	TO	网络插座		个	安装高度为0.3m
21		过线箱		个	安装高度为1.5m

图10-1　图例（二）

电气设计说明

一、设计依据

（1）建筑概况：

工程名称：××小区××号楼

建筑层数：四层；建筑高度：××层

建筑面积：××××平方米

占地面积：××××平方米

（2）相关专业提供的工程设计资料。

（3）各市政主管部门对初步设计的审批意见。

（4）建设单位提供的设计任务书及设计要求。

（5）中华人民共和国现行主要标准和法规。

JGJ 16—2008《民用建筑电气设计规范》

GB 50096—1999（2003）《住宅设计规范》

GB 50057—1994（2000）《建筑物防雷设计规范》

国家及行业有关规范和各院各有关专业提供的设计资料

二、设计范围及内容

（1）照明配电系统。

（2）电话系统和宽带网络系统。

（3）有线电视系统。

三、供配电设计

本工程电源进线采用电缆埋地敷设，室外埋深为0.7m。电缆入户做法见05D5-112，在进线处做好重复接地，重复接地做法见05D10-85。系统采用TN-C-S系统，电源电压为380V/220V。

四、导线的选型及敷设

室内所有照明管线均采用BV-500V塑料绝缘铜芯导线，穿硬质阻燃塑料管沿墙或楼板暗敷设，管线敷设遇交叉或拐弯处可根据需要增设接线盒。

五、电视电话系统

电视、电话、宽带系统进线为埋地引入，室外埋深为0.7m；弱电线缆金属外皮及套管需与接地体相连，室内电话宽带系统采用超五类非屏蔽双绞线穿钢管；电视系统采用

SYV-75-5 穿钢管沿墙或楼板暗敷设。

六、设备选型及安装

(1) 配电箱成型铁质暗装，箱下皮距地 1.5m，沿配电箱垂直敷设接地线，自一层配电箱引出一根 40×4 镀锌扁钢至基础接地体，各配电箱内需设接地端子并与接地干线相连，所有带接地插座接地线需与配电箱接地端子排可靠连接。

(2) 插座均为安全型，厨房、卫生间为防溅型，安装方式为暗装，一般插座、电视、电话插座下皮距地 0.3m，卫生间内电话插座距地 1m。客厅、餐厅插座距地 0.3m，其他空调及厨房插座距地均为 1.8m，卫生间防溅型插座见图例，灯具翘板开关下皮距地 1.3m。

(3) 灯具安装低于 2.4m 的照明回路应增设一根接地保护线（PE 线）。

七、接地系统

(1) 电源进线处做总等电位连接，总等电位连接做法见 02D501-2-11～14。总等电位连接箱设于进线箱处，距地 0.5m。建筑物内应将下列导电体做总等电位连接。

1) PE、PEN 干线。

2) 电气装置接地极的接地干线。

3) 建筑物内水管、煤气管、采暖与空调管道等金属管道。

4) 条件许可的建筑物金属构件等导电体，等电位连接中金属管道连接处应可靠地连通导电。

(2) 设洗浴设备的卫生间做局部等电位连接做法见 02D501-2-16；卫生间插座 PE 线局部等电位连接做法见 02D501-2-6。

八、设计及施工要求

本工程图例和符号和有关设计要求见《建筑电气通用图集》。施工时须符合国家施工及验收规范，施工时与各专业做密切配合。

由图 10-4 可以看出，进户电话电缆、电视电缆，网络电缆采用埋地自小区引来，穿水煤气钢管保护进户。进户电话电缆采用 HYV-10（2×0.5）电缆，电视电缆采用 SYV-75-5 电缆，进户网络电缆采用超五类非屏蔽网络双绞线。

由图 10-5 和图 10-6 可以看出，电话分线箱、电视分配器箱在卫生间 B-C 轴之间墙上，弱电插座安装高度均为距地 0.3m 暗装。

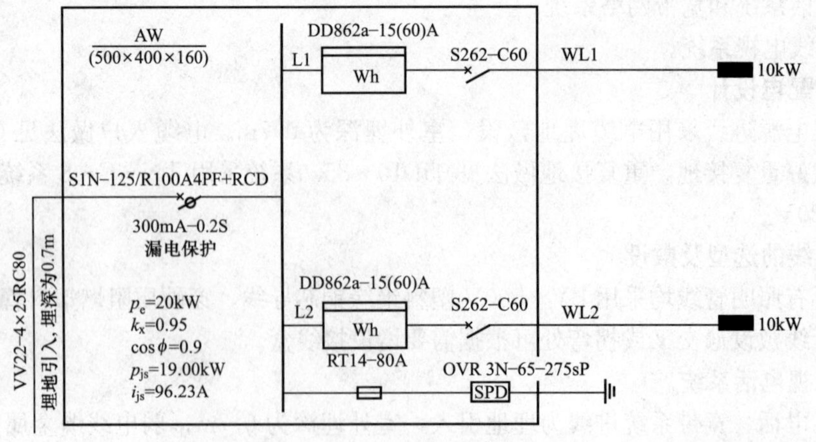

图 10-2 照明系统图

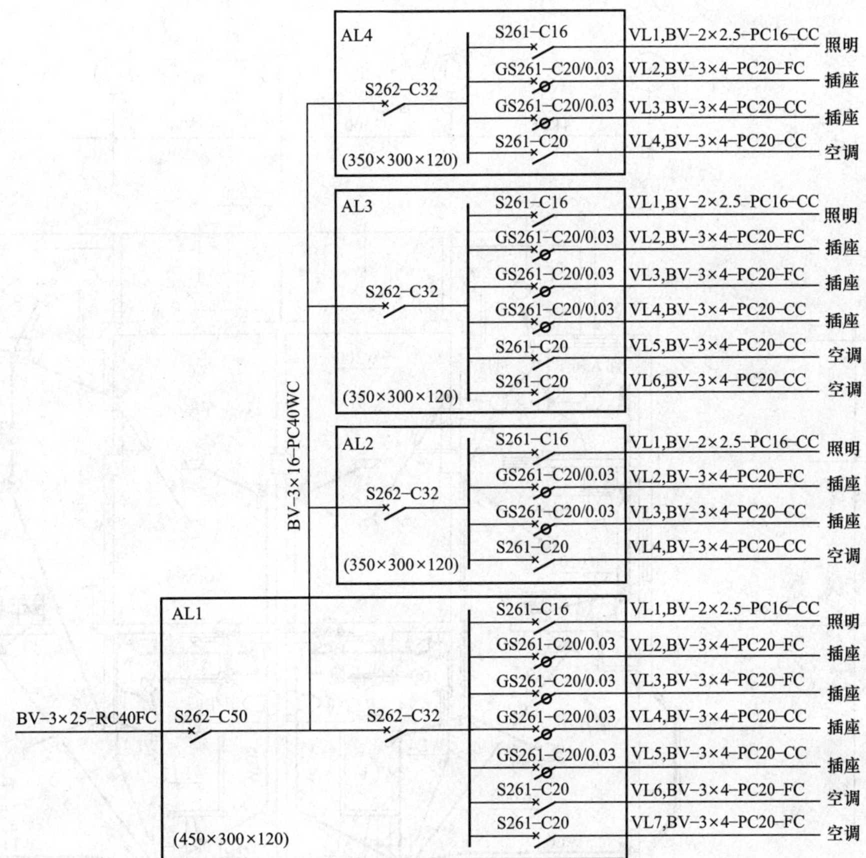

图 10-3　户内配电箱系统图

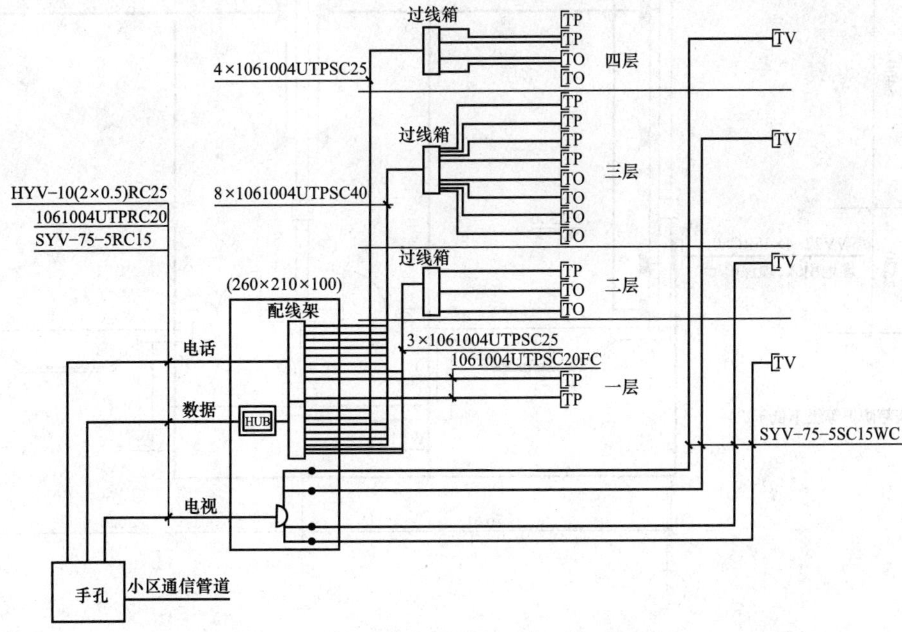

图 10-4　家庭信息接线箱(ADD)接线示意图

注：ADD 箱如需电源接自就近插座回路。

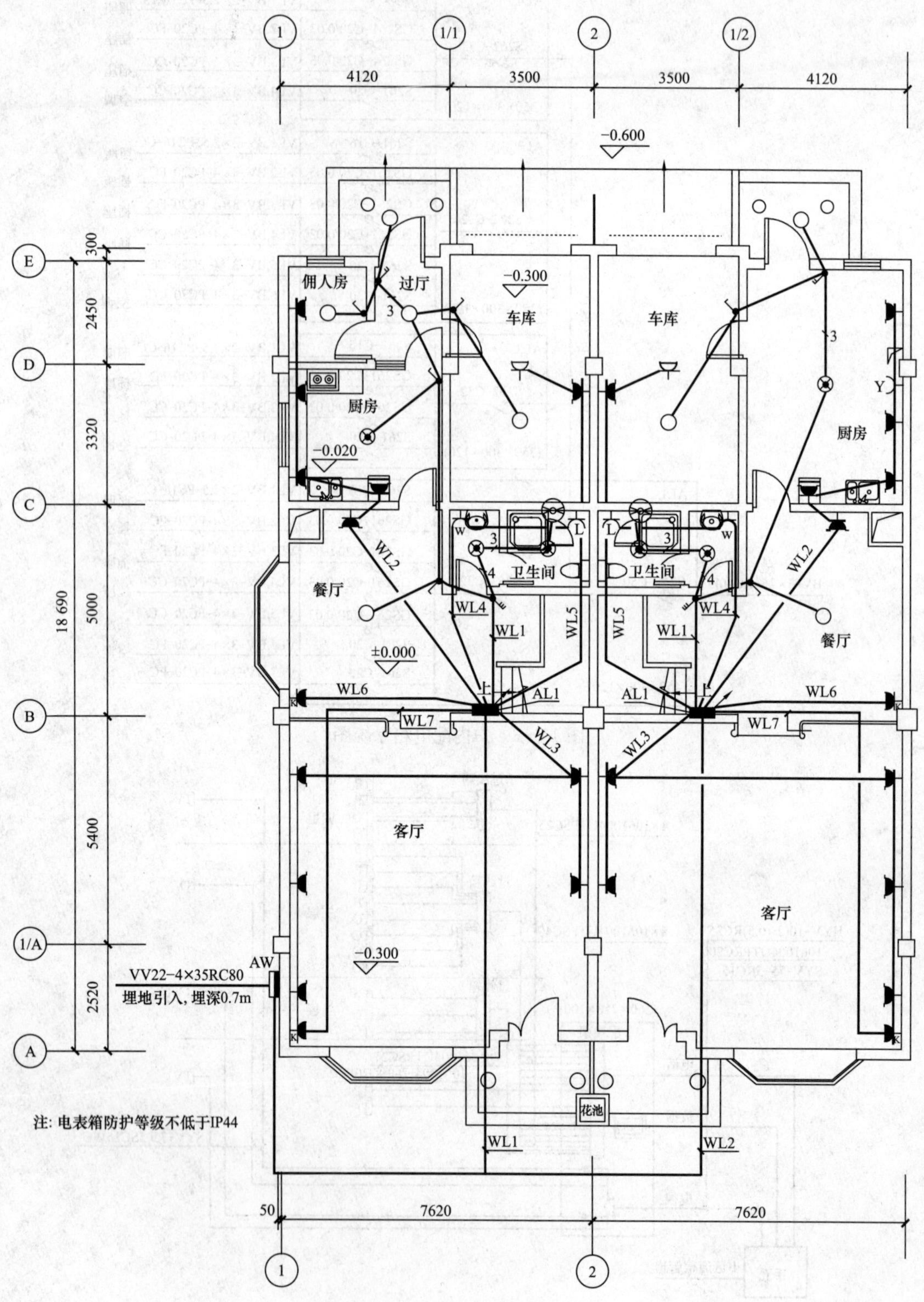

图 10-5　一层照明平面图

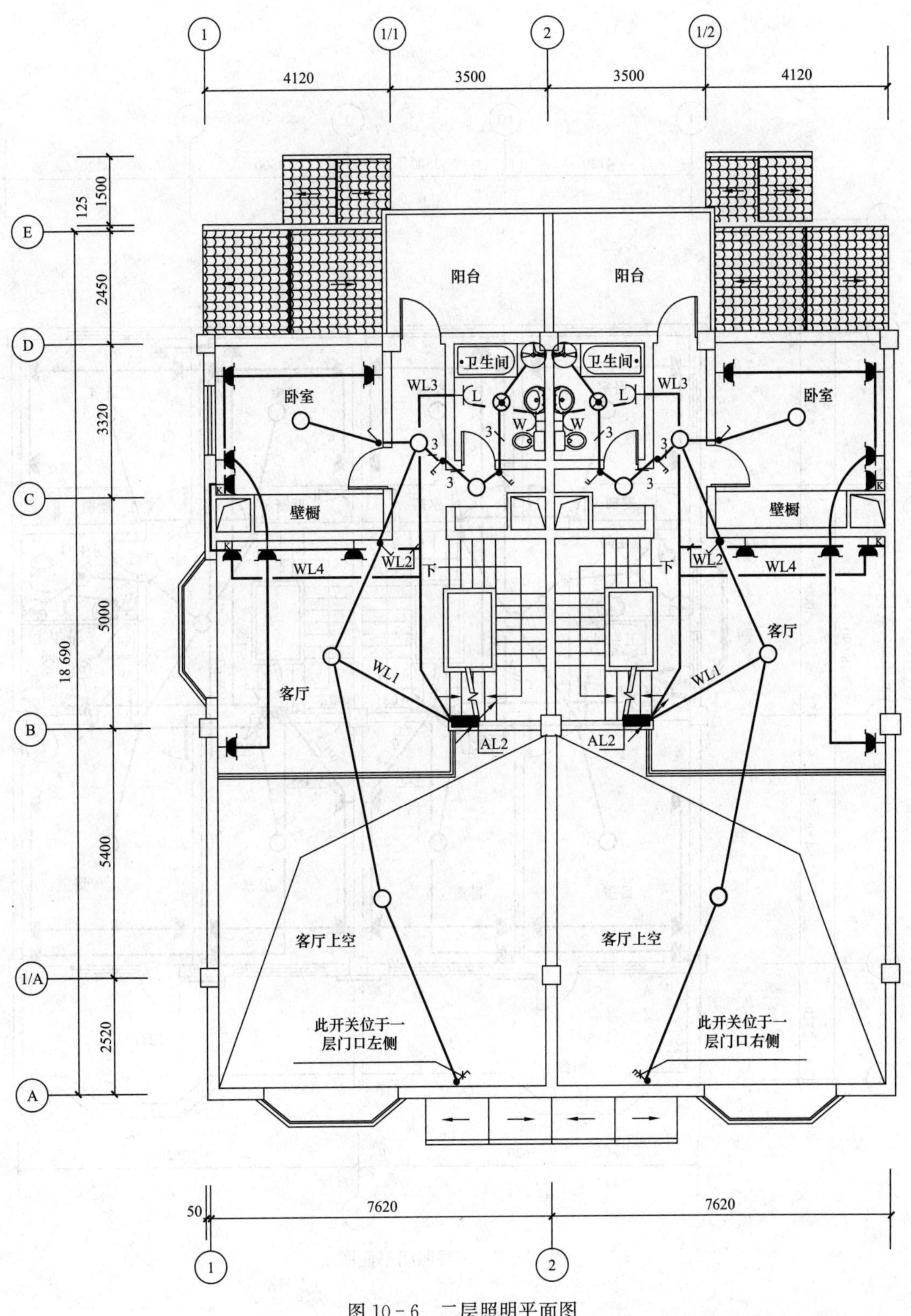

图 10－6　二层照明平面图

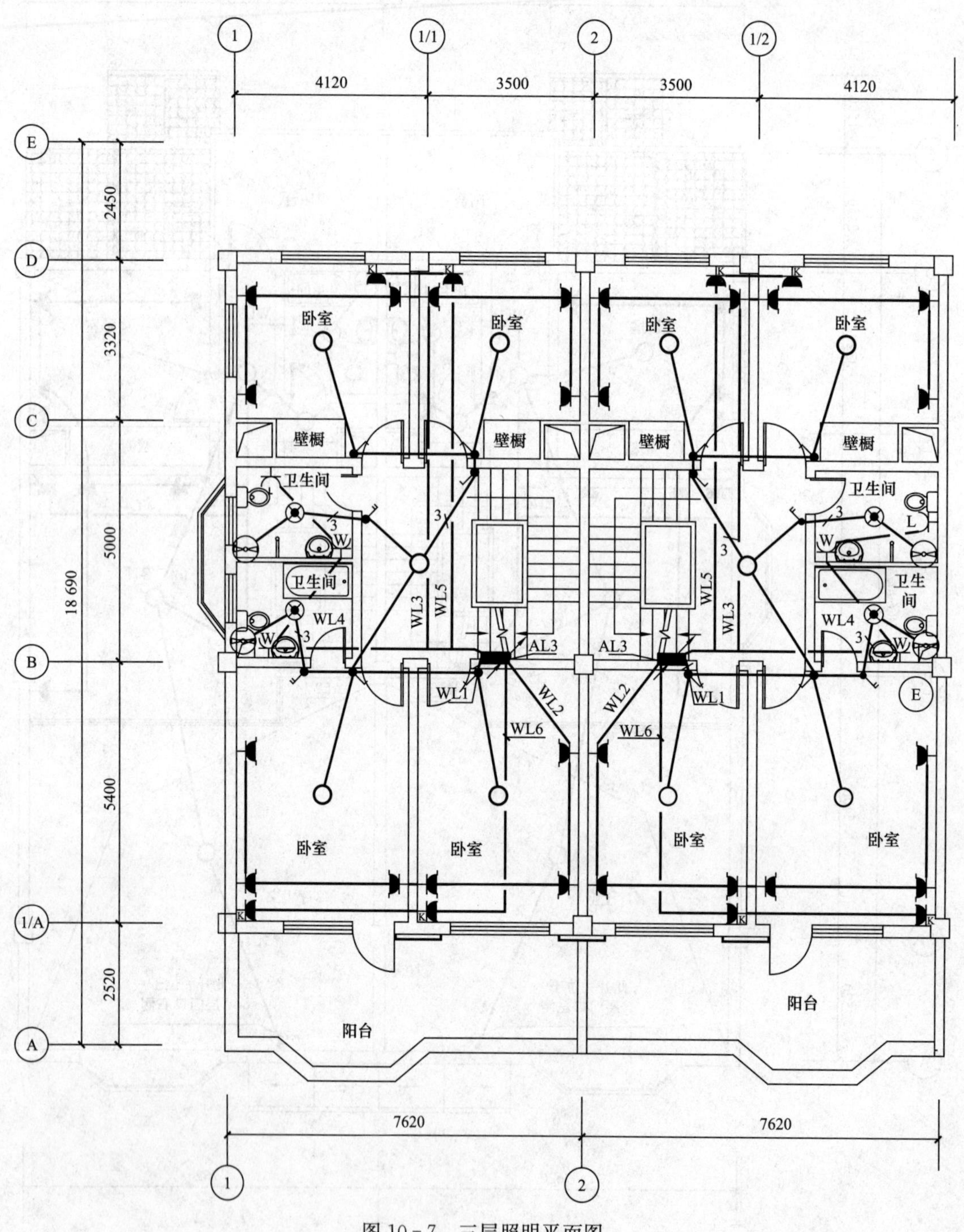

图 10-7　三层照明平面图

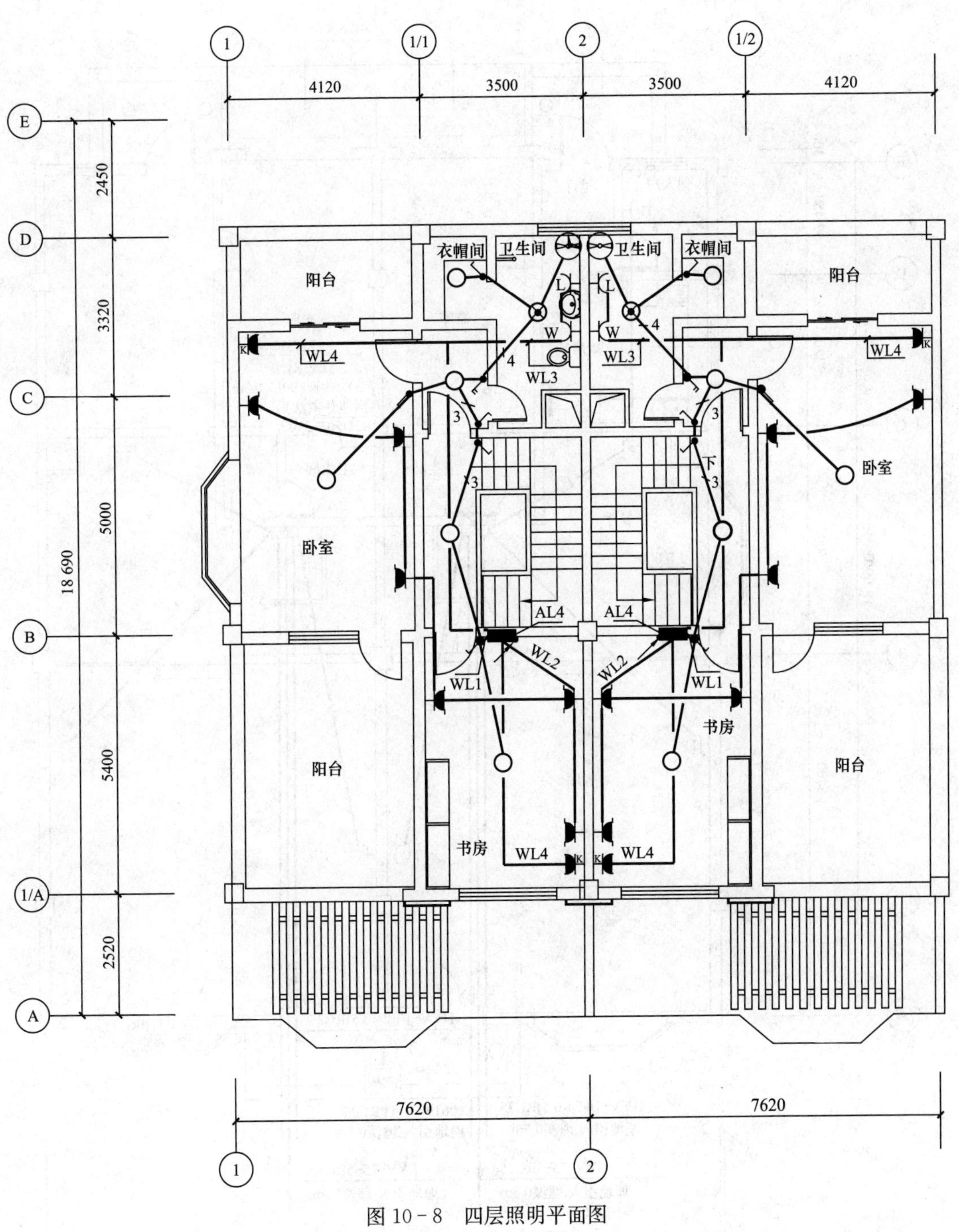

图 10 - 8　四层照明平面图

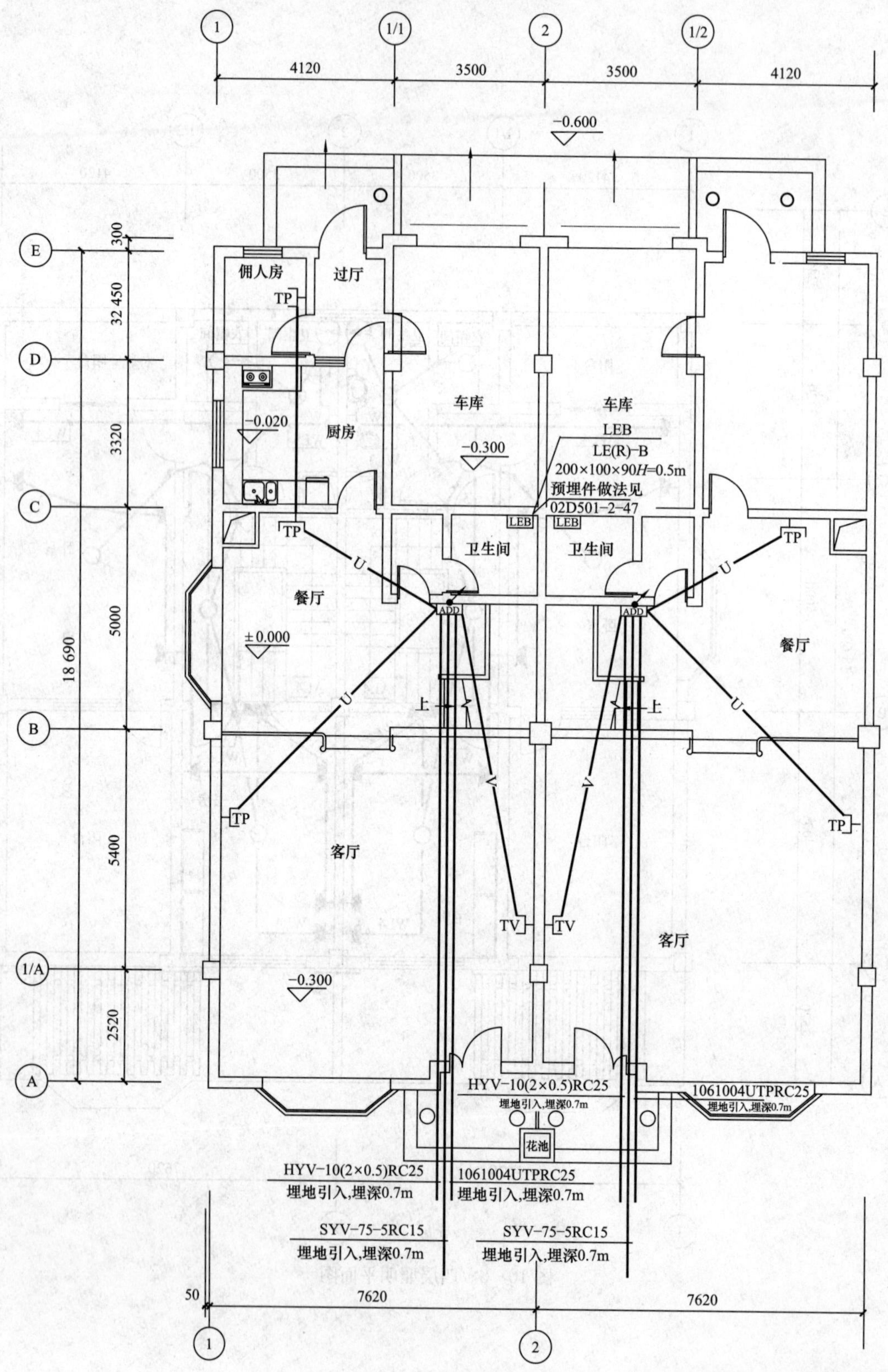

图 10－9　首层弱电平面图

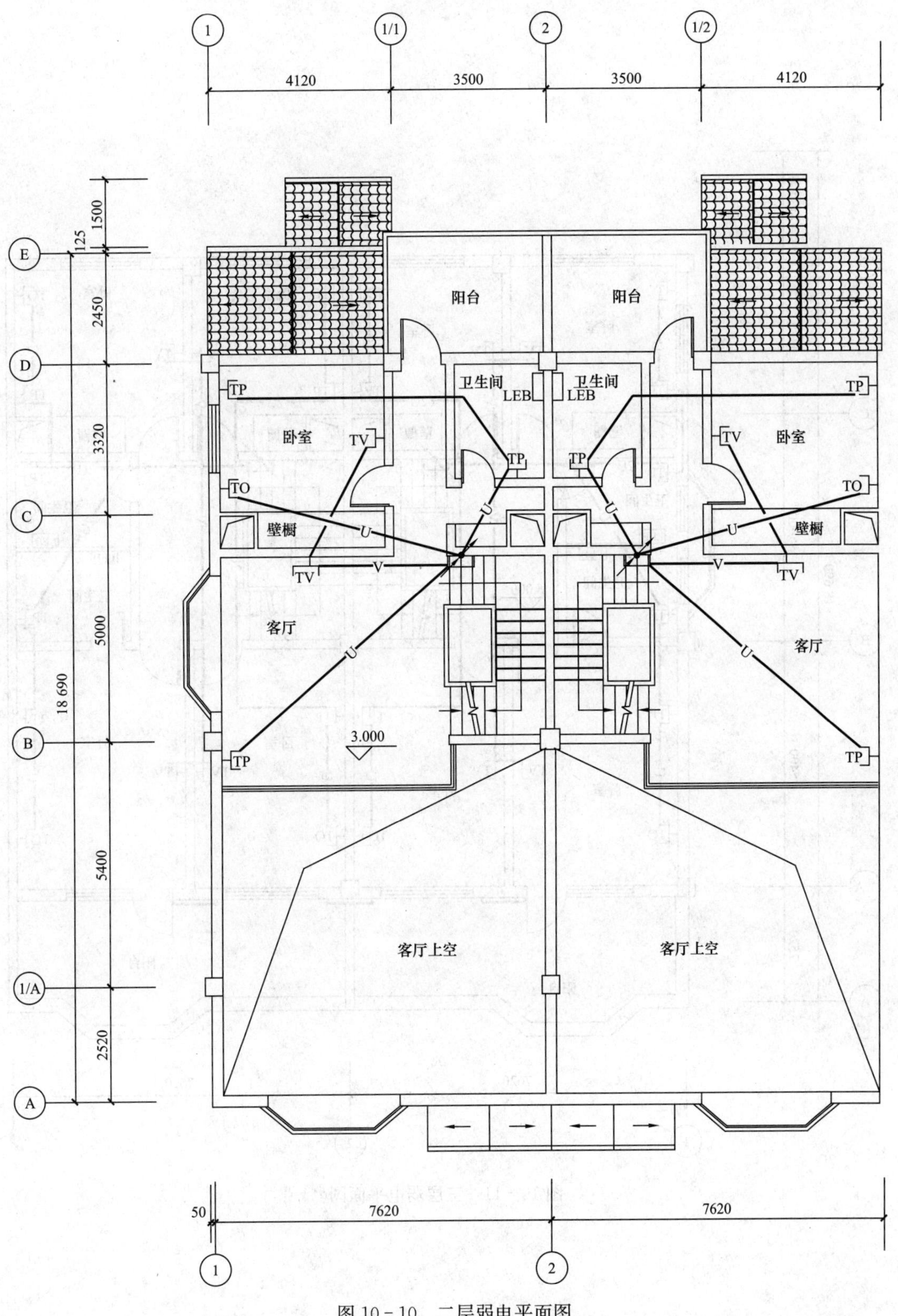

图 10－10　二层弱电平面图

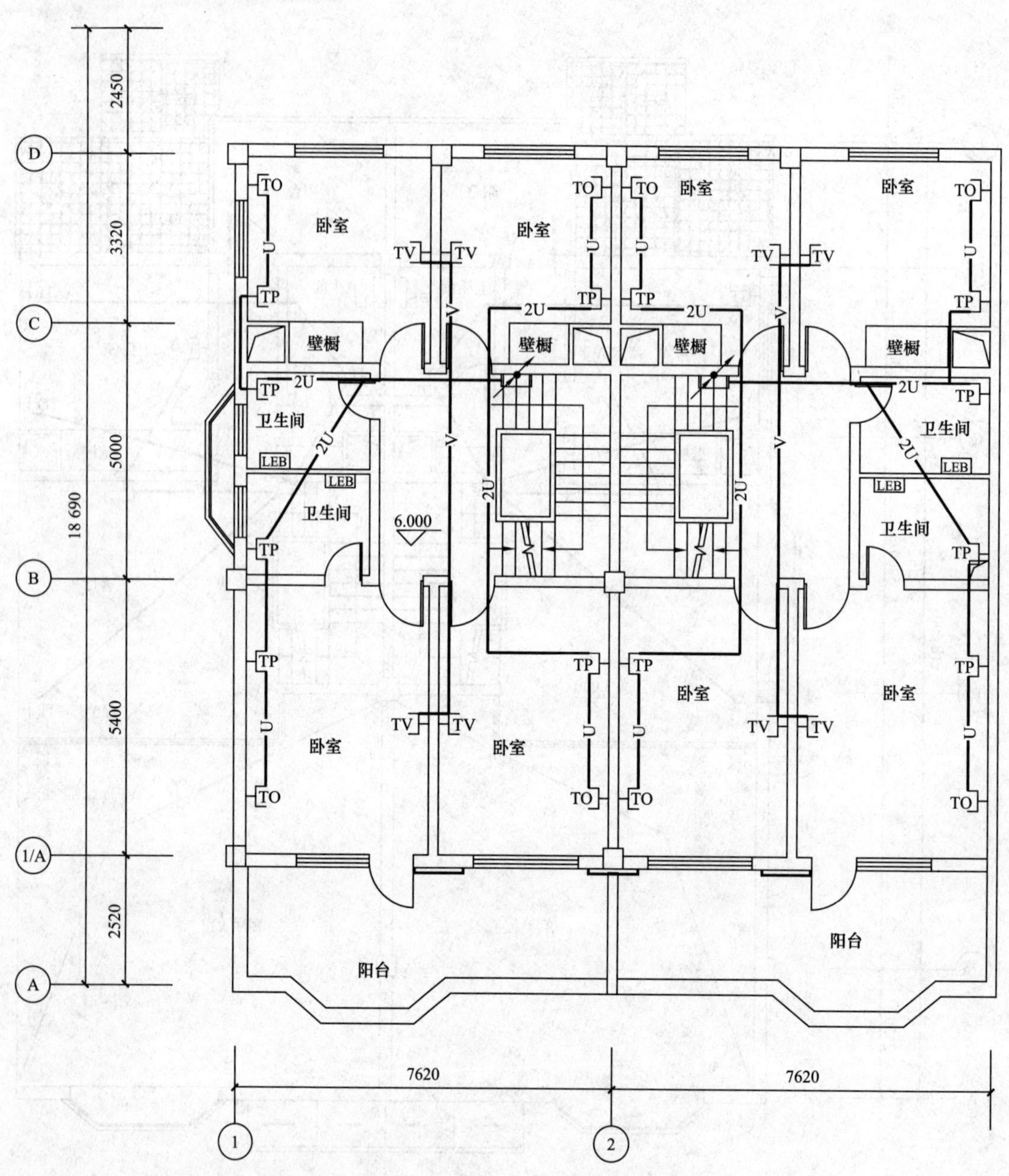

图 10-11　三层弱电平面图

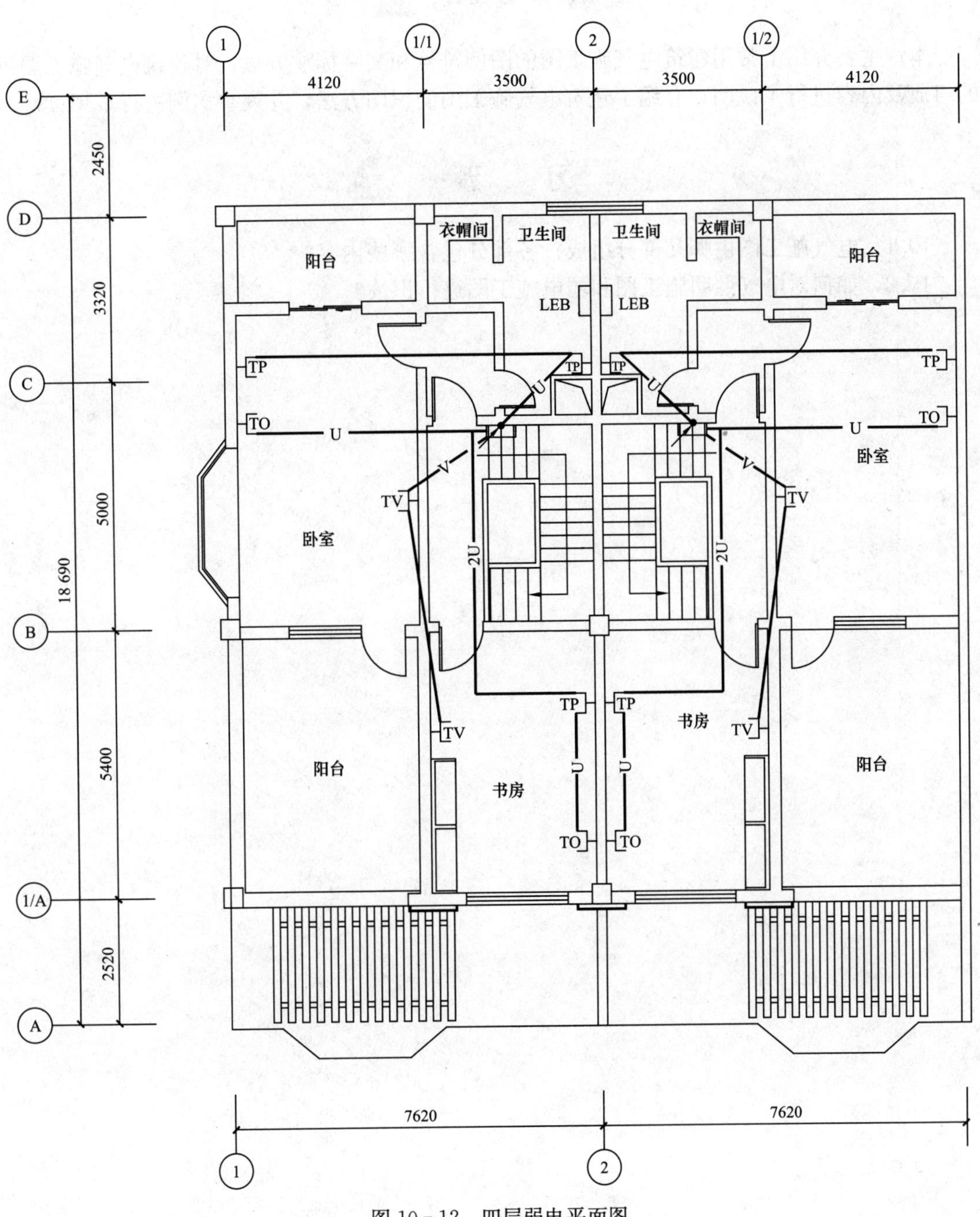

图 10-12　四层弱电平面图

本章小结

本章主要介绍了常用建筑电气施工图的图例符号和文字标注方法，对建筑电气施工图纸的组成及内容进行了说明，介绍了建筑电气施工图的识图方法，并列举实例进行了识读。

习题

10.1 电气施工图由哪几部分组成？各部分包含哪些内容？

10.2 如何对电气照明施工图和弱电施工图进行识读？

参 考 文 献

建筑给水排水设计手册．北京：中国建筑工业出版社，1992.

建筑给水排水工程．北京：清华大学出版社，2004.

健．建筑给水排水工程．北京：中国建筑工业出版社，2005.

] 岳秀萍．建筑给水排水工程．北京：中国建筑工业出版社，2015.

[5] 张玉先．给水工程．北京：中国建筑工业出版社，2015.

[6] 龙腾锐，等，排水工程．北京：中国建筑工业出版社，2015.

[7] 秦树和，等，管道工程识图与施工工艺．重庆：重庆大学出版社，2010.

[8] 陆耀庆．供暖通风设计手册．北京：中国建筑工业出版社，1987.

[9] 陆耀庆．实用供热空调设计手册．北京：中国建筑工业出版社，2008.

[10] 贺平，孙刚．供热工程．北京：中国建筑工业出版社，1993.

[11] 马志彪．供热系统调试与运行．北京：中国建筑工业出版社，2005.

[12] 李向东，于晓明．分户热计量采暖系统设计与安装．北京：中国建筑工业出版社，2004.

[13] 卜广林，李海琦．供热工程．北京：中国建筑工业出版社，1999.

[14] 杨爱华．房屋卫生设备．北京：高等教育出版社，2000.

[15] 马铁椿．建筑设备．北京：高等教育出版社，2013.

[16] 刘昌明，等．建筑设备工程．武汉：武汉理工大学出版社，2012.

[17] 朱小清．照明技术手册．上海：同济大学出版社，1995.

[18] 韩风．建筑电气设计手册．北京：中国建筑工业出版社，1991.

[19] 丁文华，等．建筑供配电与照明．武汉：武汉理工大学出版社，2008.

[20] 喻建华，等．建筑弱电应用技术．武汉：武汉理工大学出版社，2009.

[21] 刘思亮．建筑供配电．北京：中国建筑工业出版社，2003.

[22] 于永君．建筑电工与电气设备．北京：高等教育出版社，2002.

[23] 全国勘察设计注册工程师公用设备专业管理委员会秘书处．暖通空调专业考试复习教材．北京：中国建筑工业出版社，2013.